농산물 유통의 길을 묻다

농산물 유통의 길을 묻다

양승룡 편저

KOREA
UNIVERSITY
PRESS
고려대학교
출판문화원

프롤로그

가락시장은 우리가 매일 먹는 농산물의 가격을 결정하고 유통시키는 대한민국 대표 시장이다. 표준규격화가 어려운 상품적 특성과 기상이변 및 병충해로 인한 생산의 불확실성, 그에 따른 가격의 급등락은 가락시장이 풀어야 하는 고질적 난제이다. 그러나 가락시장은 이런 농산물의 유통을 비교적 훌륭하게 처리하고 있다. 전자식 경매를 이용한 공정하고 투명한 가격결정과정과 결정된 가격을 실시간으로 시장참여자에게 전달해 생산, 유통, 소비의 효율적 의사결정을 가능케 하는 시스템은 전 세계 어느 시장도 견주지 못한다. 출하자에게 당일로 대금을 결제해주는 효율적 정산시스템과 중도매인의 신속한 물량 분산기능도 타의 추종을 불허한다.

그러나 안타깝게도 가락시장은 그에 맞는 평가를 받지 못하고 있다. 가격이 폭등하면 상인들의 독점과 매점매석을 의심하고, 가격이 폭락하면 법인의 수집능력을 비난한다. 유통에 문외한인 정치인이나 유통을 안다고 자부하는 전문가나 크게 다르지 않다. 농산물 유통에 무엇이 왜 문제인지 알지 못한 채 유통구조와 경매제를 탓하는 것이 전문적 식견인 양 치부되고 있다. 오늘날 우리 농산물 유통이 직면한 가장 커다란 도전이다.

본질적으로 위탁상 제도와 동일한 시장도매인제가 다시 거래제도의 대안으로 등장한 것은 이런 답답한 현실을 그대로 보여주는 것이다. 가락시장은 20여 년 전 위탁상 제도의 극심한 폐해를 방지하고 농산물 유통을 효율화시키는 목적으로 설립되어 그 역할을 훌륭하게 수행하고 있다. 오늘날 농산물 유통마진 중 도매단계가 차지하는 비중이 8.6%로 산지의 10%, 소매의 23%에 비해 매우 효율적이다. 이는 또한 미국이나 일본 등 선진국의 도매유통과 비교해도 우수하다. 가락시장 운영시스템은 외국에도 수출할 수 있는 훌륭한 공공서비스 상품임에 틀림없다. 실제로 적지 않은 개도국들이 가락시장의 시스템을 배우기 위해 견학오고 있다.

그간 경제성장과 도시화, 그리고 식품소비패턴의 변화로 가락시장의 수용능력이 한계에 이르러 시장의 물적 기능을 강화하고 물류효율화를 목적으로 한 시설현대화사업이 2011년부터 추진되고 있다. 그러나 이런 국가적으로 시급한 사업이 시장도매인제의 도입 여부를 놓고 수년 째 표류하고 있다. 시장도매인제 도입의 가장 커다란 명분은 경매제에 비해 유통마진이 줄어들고 가격이 안정적이라는 것이다. 검증되지도 않은 이런 주장은 실제로 10년 전 설립된 강서시장에 도입되어 실험적으로 운영되어 왔다. 그러나 경매제를 건너뛰어 절감된 경매수수료는 적정가격을 찾기 위한 가격발견비용이나 계약이행비용 등 거래비용에 미치지 못한다. 경쟁을 통해 결정된 가격이 실시간으로 공개되는 경매제에 비해 출하자와 시장도매인 간 비공개계약으로 이루어지는 시장도매인제가 시장의 효율성을 얼마나 저해할지 명약관화하다. 이는 현재 8.6%인 도매마진에서 추가로 경매비용을 줄이는 것에 비할 수 없는 엄청난 사회적 비용을 초래할 것이다.

시장도매인제가 초래할 문제는 수산물 임의상장제의 경험을 통해 가늠할 수 있다. 1997년 YS 정부는 규제개혁 차원에서 수산물의 강제상장제를 폐지하고 임의상장제를 도입했다. 당시에는 수산자원의 보호와 거래의 공정성을 위해 모든 수산물은 일차적으로 산지위판장을 통하게 했다. 그러나 투명한 거래로 세원이 노출되는 것을 꺼린 산지수집상들이 어민들에게 좀 더 높은 가격 등 좋은 조건을 제시하고 산지위판장을 우회하는 편법이 빈번하게 이루어졌다. 우회유통의 우월한 조건에 현혹된 어민들은 점차 강제상장제의 폐지를 요구하였고, "강제"라는 단어를 행정규제로 해석한 당시 정부는 임의상장제를 전격적으로 도입하였다. 그러나 어민들이나 정부 모두 상인들이 제시한 좀 더 좋은 계약조건이 강제상장제 하에서만 가능한 것임을 간과하였다. 강제상장제가 폐지된다면 가격결정의 공정성과 투명성이 상실되어 어민들에게 오히려 큰 폐해가 될 것이라는 것이 1984년 필자의 석사학위 논문 결론이었다.

임의상장제가 가져온 문제는 오래지 않아 나타났다. 유통질서가 문란함은 물론 수산물 생산과 유통에 관한 통계체계가 무너져 수산정책과 국제협상에도 커다란 차질이 빚게 되었다. 급기야 2005년 해양수산부는 수산물유통구조개선의 일환으로 강제상장제의 재도입과 산지위판장 운영활성화를 모색하게 되었다. 그러나 MB정부 시절 해양수산부가 폐지되면서 이러한 노력이 무산되어 수산물 유통은 정상적으로 보기 어려울 정도가 심각한 문제에 봉착해 있었다. 급기야 정부는 2016년 수산물 의무상장제를 복원해 수산물 유통의 정상화를 꾀하게 되었다.

농산물 유통도 임의상장제의 경험을 통해 교훈을 얻어야 한다. 경매제가 건강하게 운영될 경우 시장도매인제는 대안적인 유통경로로 보일 수 있다. 그러나 시장도매인제가 득세하여 경매제의 위치를 차지하게 되면 심각한 문제가 발생할 것이다. 가락시장은 경매제를 중심으로 운영되어야 하며, 경매제가 훼손될 경우 커다란 비용을 치뤄야 함을 명심해야 한다. 몇몇 중도매인의 이익을 위해 다수 농민과 소비자의 희생을 담보하는 우를 범하지 말아야 할 것이다.

농산물유통의 효율화는 농산물의 대표가격을 결정하는 가락시장의 효율화에서 시작되어야 한다. 그러나 이는 경매단계를 건너뛰거나 경매 기능을 약화시키는 방향이 아니라 왜곡되고 불합리한 유통조성(marketing promotion) 기능의 정상화로부터 시작되어야 한다. 유통조성 기능이란 상품의 거래(상류)와 흐름(물류)을 신속, 정확하고 비용 효율적으로 이루어질 수 있도록 하는 기능을 의미한다.

투명한 가격결정과 신속한 가격발견은 효율적 유통의 전제 조건이다. 이를 위해서는 합리적이고 명확한 등급표준화가 필수적이다. 증권시장이나 선물시장 등 현대적 시장은 경매라는 가격결정과정을 채택하고 있다. 시장의 모든 정보를 즉시적으로 반영하여 경쟁적으로 가격을 결정하는 과정이 가장 효율적이기 때문이다. 상품의 경우도 다르지 않다. 그런데 여기에는 거래대상의 표준화가 전제되어 있다. 상품 품질에 따라 등급을 나누고 각 등급에 해당하는 표준을 정하는 것은 거래상품을 직접 확인하지 않는 견본거래나 신용거래를 가능하게 한다. 이는 정보의 비대칭성을 완화하여 가격결정을 신속하게 할 뿐만 아니라 거래비용도 하락시킨다.

그런데 가락시장에 출하되는 농산물은 모두 출하자가 자의적으로 판단해 등급을 표기하고, 가락시장은 출하자 등급과 관계없이 경락가격에 따라 다시 등급을 표시한다. 이러한 현실은 품질을 정확하게 적시해 적정가격을 결정하거나 샘플경매를 통해 거래비용을 줄이고 고품질화를 촉진하는 등급화 본연의 기능을 불가능하게 한다. 우리도 제도적으로는 농산물 등급표준화를 운영하고 있다. 그런데 문제는 정부의 등급표준이 소비자 선호나 평가의 합리성과 상관없이 일방적으로 정해져 있기 때문에 시장에서 작동하지 않는다는데 있다. 소비자 중심의 합리적인 등급표준화는 유통효율화를 위한 최우선 과제이다.

2001년에 보다 신속하고 투명한 가격결정을 위해 도입된 전자경매는 좀 더 효율적인 가격을 가능하게 했지만, 기존의 영국식 경매 방식이 최고입찰가 방식으로 바뀌면서 중도매인들은 상대방의 응찰가격을 알지 못하게 되었다. 영국식 경매는 시장 수급여건에 따라 과대응찰의 가능성이 있지만 최고입찰가 방식은 소위 '승자의 저주'를 피하기 위해 자신의 진정한 지불의사보다 낮은 응찰가격을 제시한다고 알려져 있다. 상품의 종류와 시장의 특성에 따라 다양한 방식의 가격결정과정이 고려되어야 한다. 또한 정부가 의욕적으로 추진하고 있는 정가수의거래도 신속한 가격전파를 통해 경매의 가격발견 기능을 약화시키지 않아야 한다.

1994년 농안법 개정으로 중도매인들은 복수의 도매법인과 거래할 수 있게 되었다. 그러나 가락시장 청과 중도매인의 복수법인 거래는 2012년 현재 전체 거래량의 7.5%에 지나지 않는다. 중도매인들의 복수법인 거래는 법인 간 경쟁을 촉진하고 가격 격차를 줄여 일물일가를 이루는 데 중요하다. 뿐만 아니라, 복수법인 거래는 거래수수료를 인하하고 우수 농산물의 수집활동을 촉진하는 등 중도매인에 대한 서비스의 질을 높이는데도 기여할 것이다. 중도매인의 복수법인 거래를 저해하는 요인을 분석하여 복수법인 거래를 촉진하는 노력도 가락시장의 효율화를 위해 중요하다.

최근 설립된 정산회사에 산지에서 이루어지는 밭떼기 등 선도거래의 청산기능을 탑재하는 것도 필요하다. 배추와 무 등 수시로 가격파동을 겪는 품목의 경우 밭떼기 거래가 전체 산지유통의 80% 이상을 차지하지만, 가격폭락 시 상인들에 의한 계약파기는 오랫동안 농민들의 원성과 경영위험의 주원인이 되어 왔다. 2008년 미국의 서브프라임 금융위기 이후 결제위험이 큰 선도거래의 계약이행을 보장하기 위해 국제결제은행(BIS)의 주도로 설립된 중앙청산소(Central Counterpart, CCP)는 금융시장의 안정에 중요한 역할을 하였다. 우리의 농산물 선도거래에도 청산소의 도입을 통해 계약불이행의 폐해를 근본적으로 없애고 농민들의 경영을 안정시키는 것이 필요하다. 이와 함께 현물시장인 가락시장에 선물거래를 도입해 가격위험이 큰 채소의 헤징을 가능하게 하고, 시장의 효율성을 제고하는 방안도 전향적으로 검토해야 한다.

농업문제를 악화시키는 주요인은 주기적으로 반복되는 가격파동이다. 농산물의 가격변동성을 줄이기 위해서는 무엇보다 정확하고 신뢰할 수 있는 관측시스템이 필수적이다. 가락시장은 농산물거래와 관련된 가장 풍부하고 상세한 정보를 가지고 있다. 이러한 정보를 활용해 시장에 필요한 가격예측 정보를 제공한다면 유통의 효율화와 농가경영의 안정화를 크게 제고시킬 수 있을 것이다.

농산물유통의 효율화는 유통구조의 인위적인 축소가 아니라 유통조성 기능의 효율화로 풀어야 하며, 유통정책은 조성 기능을 정상화 시키는데 초점을 맞춰야 한다. 효율적인 유통조성 기능은 유통뿐만 아니라 생산과 소비의 효율화도 가능하게 한다.

이 책은 필자가 지난 20년간 농산물도매시장, 특히 가락시장을 직간접적으로 대상으로 연구해 전문학술지에 게재한 11편의 논문을 엮어 농산물유통 효율화라는 하나의 주제를 중심으로 엮었다. 이 작업이 우리 농산물유통의 중심축인 가락시장을 보다 효율화하고 경쟁력을 강화하여 궁극적으로 농산물유통의 실질적인 혁신을 이루는데 조금이나마 도움이 되기를 소망한다.

2018. 1.
양승룡 편저

차례

II. 농산물 유통 조성 기능과 시장 선진화

I. 도매시장 거래제도와 시장효율성

1장 농안법 개정이 농산물 도매시장의 효율성에 미치는 효과 분석

> 1994년 5월의 이른바 '농안법 파동'은 굴곡진 농산물 유통시장 역사의 한 단면이란 점에서 가락시장 역사에서 빠지지 않는 부분이다.
>
> — 농민신문, 2015.06.17

I. 서론

농산물 유통은 농산물의 생산구조와 농산물 자체의 물리적 특징으로 인해 복잡한 유통단계와 전근대적인 물류체계, 운영의 비효율성 등 많은 문제를 가지고 있다. 1993년 말 UR 협상이 타결되고 농산물 시장이 전면 개방됨에 따라 정부는 1994년 5월 1일 농수산물의 유통효율을 향상시키기 위해 「농수산물유통및가격안정에관한법률」(이하 농안법)을 새로이 개정하였다. 그러나 이 개정안은 가락동 도매시장을 비롯하여 전국 도매시장 중매인의 경매 불참으로 산지가격은 폭락하고 소비자가격은 몇 배로 폭등하는 소위 '농안법 파동'을 불러와 전국의 농산물 유통이 일시에 마비되는 사태를 가져왔다.

동 법률의 시행이 공포된 이후 1994년 5월 4일까지 농수산물 유통의 실종이라는 사회적으로 엄청난 파국을 가져온 농안법 파동의 주범은 기존 도매거래의 80% 이상을 담당하였던 중도매인들의 도매행위를 금지하여 이들은 매수의 중개만 하도록 제한하고, 도매는 시장의 지정도매법인만 할 수 있도록 하는 유통행위의 인위적 제한에 있다. 이러한 규제의 목적은 당시 최인기 농림부장관의 대국민 발표문에 담겨 있는 바와 같이, 유통단계의 축소에 따른 유통비용의 절감과 일부 중매인에 의해 이루어지는 매점매석과 밭떼기

등 부정거래 행위를 방지하여 생산자와 소비자를 동시에 보호하고자 한 것이었다.[1]

농림부차관을 비롯한 담당 공무원들의 문책인사와 6개월 간 도매행위에 대한 처벌 유보를 통하여 일단락된 농안법 파동은 농안법의 전면적인 재개정을 가져왔다. 재개정된 농안법에서는 현실적으로 다른 도매유통경로가 없는 상태에서 중매인의 도매행위가 불가피하며, 위험을 감수하고 상품을 저장하여 수급을 조절하는 기능의 필요성을 인정하여 '중매인'을 '중도매인'으로 명칭을 변경하여 도매기능을 허용하였다. 또한 전 품목 상장경매의 원칙도 출하량이나 취급 중도매인의 수가 극히 적은 품목과 특산품에 한해서는 예외를 인정하여 수탁 판매할 수 있도록 하였다. 이와 함께 도매유통의 문제는 도매시장의 비효율성에서만 기인하는 것이 아니라 산지와 소비지유통의 효율화와 함께 접근하여야 한다는 인식에 따라 산지유통시설의 확충과 표준규격화 및 공동정산 확대, 밭떼기의 제도화 등 산지유통개선안과 물류센타 건설, 직거래 확대 등 소비지 유통개선안도 포함되었다.[2]

1994년 11월에 발효된 재개정 농안법이 시행된 지 7년이 지난 지금 농산물 유통시장은 안정적인 성장을 계속하고 있다. 정부는 농업예산의 30%를 유통부문에 할애하면서 유통효율화를 추진하고 있다. 도매부문에서는 전국적으로 34개 공용도매시장의 건립을 통하여 유사도매시장을 흡수하는 한편, 물류의 현대화와 전자경매가 확산되고, 산지시장에서는 산지수집센터나 가공처리장 시설의 확대에 따른 공동정산과 품질고급화가 이루어지고 있다. 소비지시장에서는 물류센터(현 종합유통센터)가 도입되어 도매시장의 대체 경로로서 부상하고 있다.

그러나 한편에서는 아직도 한국의 농산물 유통이 비효율적이라는 지적이

---

1 1994년 개정 농안법에는 이외에도 소매상의 협동조합 형태로의 경매참여 허용, 수입농산물의 도매시장 경유 의무화, 전 품목 상장경매와 경매방식의 전자화 추진, 중매인 소속제 폐지 등 농산물 도매유통의 효율화를 위한 중요한 내용을 담고 있다.

2 보다 상세한 내용은 〈농수산물 유통개혁 백서농안법 파동과 농수산물 유통개혁 대책 수립〉(한국농촌경제연구원 1995. 6) 참조 바람.

적지 않다. 유통개혁을 위한 농업정책이 도매시장이나 물류센터, 산지수집센터 건설 등 하드웨어 위주로 이루어지고 있어 실제로 그 효과에 대해 회의적인 시각을 보이고 있다. 농산물의 표준·등급화가 아직도 충분하지 않을 뿐만 아니라, 상장예외품목이 지속적으로 확대되어 도매시장의 가격예시기능이 저하되고 있다. 도매시장의 대안으로 계획된 물류센터의 도매기능이 아직 소기의 목적을 달성하지 못하고 있으며(김남욱 외 2000), 과잉투자된 산지유통시설은 대표적인 전시행정의 표본으로 비난받고 있다(한국농촌경제연구원 1997).

이에 따라 농안법에 의한 농산물 유통개혁의 효과에 대한 실증적인 분석이 요구되고 있다. 이는 막대한 예산이 투입된 농업정책의 효과를 검증하는 한편, 유통개혁의 방향을 점검한다는데 중요한 의미가 있다. 본 연구에서는 1994년 농안법이 실제로 시장의 효율화에 얼마나 기여하였는지에 대하여 검정하고자 한다. 구체적으로 농산물 도매시장이 각 정보에 얼마나 신속하게 반응하며, 시장간 일물일가의 법칙을 형성하고 있는지 분석하고자 한다. 또한 유통효율화를 통하여 농산물 유통의 고질적인 문제의 하나인 가격변동성이 얼마나 개선되었는지를 분석하여 농산물 유통개혁의 실질적 성과를 종합적으로 검정하고자 한다. 시장효율성은 Fama(1970)의 약형 가설을 채택하여 검정한다. 이를 위해서 도매가격의 자기상관(autocorrelation)과 시장가격간 공적분(cointegration) 관계를 검정한다. 시장의 변동성은 가격의 변이계수와 가격신축성 계수를 통하여 추정된다.

실증 분석은 전국의 5대 주요 공영도매시장(서울, 대전, 부산, 광주, 대구)의 주요 농산물(배추, 양파, 마늘, 건고추, 배)을 대상으로 한다. 분석기간은 농안법 개정을 전후로 각 3년간의 일별 자료를 이용한다. 다만 농안법에 담긴 기본방향을 구체적으로 실행에 옮길 세부시행방안이 마련되고, 이에 의한 제도 및 시설의 변화가 효과를 얻기 위해서는 다소간의 시간이 소요될 것으로 판단되어 1996년을 기점으로 하고, 정책효과의 과도기를 고려하여 1996년은 분석기간에서 제외하였다. 이에 따라 본 「수산물유통및가격안정에관한법률」이 탄생하였다. 농안법은 이후 9회에 걸쳐 개정되어 농산물 유통정책의 제도적 기반을 이루고 있다.

표 1. 초기 유통정책의 연혁

연도	법안명	주요사항
1923.3	「중앙도매시장법」	최초의 유통 관련 법안
1951.6	개정 「중앙도매시장법」	상공부에서 도매시장 관련 업무 관장
1973.2	「농수산물도매시장법」	도매시장 업무의 상공부에서 농림부로 이관
1976.12	「농수산물유통 및 가격안정에 관한 법률」	「농수산물도매시장법」과 「농수산물가격안정기금법」의 통합

자료한국농수산물도매시장법인협회, 2001.

1976년 농안법에 의해 본격적으로 공영 농수산물도매시장 건설이 착수되어 1985년 6월 가락동 농수산물도매시장이 전면 개장되었다. 그러나 가락동 도매시장은 개장과 함께 혼란과 불법거래가 난무하여 공영도매시장의 본연의 기능을 충분히 발휘하지 못하였다. 이에 따라 정부는 1991년 공영도매시장에 상장경매제를 전면적으로 도입하여 과거 위탁상의 은닉적이고 탈법적인 위탁거래를 근절하고 투명한 공개경쟁 거래를 통한 공정성 확보가 가능하도록 하였다. 상장경매는 가락동 도매시장의 경우 1991년 7월부터 본격적으로 확대되기 시작하였고, 지방 공영도매시장의 경우는 1992년 1월부터 전 품목에 대해 실시하였다. 이는 가격결정의 투명화와 신속하고 저렴한 가격발견과정의 제공 등을 통하여 농산물유통의 효율화에 중요한 영향을 미친 정책으로 평가될 수 있다.

1990년대 중반에 접어들면서 WTO체제의 출범에 따라 국내 유통환경의 변화가 본격화되었다. 유통서비스 시장의 전면개방과 함께 유통의 주도권이 제조업과 도매업에서 대형 소매업으로 이전되기 시작하였고, 특연구에 이용된 시계열 자료의 분석기간은 농안법 개정 전(1993. 1~1995. 12)과 개정 후(1997. 1~1999. 12)로 구분하였다. 본 연구의 결과는 향후 도매시장의 효율화를 위한 정책방향을 수립하고 한정된 예산을 효과적으로 배분하는 데 중요한 의미를 가질 것이다.

본 논문의 구성은 다음과 같다. II장에서는 농산물 유통정책의 변화과정과 주요 내용을 요약하여 정리하고, III장에서는 시장효율성 검정에 필요한 이론과 방법론을 설명한다. IV장에서는 자료의 선정과 분석결과를 제시하고, 마지막 V장에서 요약과 결론을 맺는다.

II. 농수산물 유통정책의 변화 과정 및 내용

한국 최초의 농수산물 유통정책은 1923년 3월 「중앙도매시장법」으로 시작되었다. 동 법은 1951년 6월 부산 피난국회에서 재개정 되었으며 도매시장 관련업무는 상공부에서 관장하였다. 총 18조항으로 이루어진 동 법은 도시민에게 공급되는 식료품의 원활한 수급과 적정한 가격을 보장할 것을 주요 내용으로 하고 있다. 1973년 2월 도매시장업무가 상공부에서 농림부로 이관되면서 「농수산물도매시장법」이 제정되었고, 1976년 12월 「농수산물도매시장법」과 「농수산물가격안정기금법」이 통합되어 농히 선진국 유통업체는 막강한 자본력과 현대적 경영기법을 바탕으로 소매시장에 성공적으로 진출하였다. 농산물 시장과 유통산업의 개방, 대형 유통매장의 확산에 따라 산지유통체계의 재정립이 절실하게 요구되었고, 도매유통단계인 공영도매시장과 유사도매시장의 효율성 제고 및 투명성 확보가 중요한 과제로 거론되었다.

이에 따라 정부는 1994년 5월 「농수산물유통및가격안정에관한법률」을 개정하였다. 그러나 앞에서 언급한 바와 같이 '중매인의 도매행위금지' 조항으로 말미암아 소위 '농안법 파동' 발생하여 농수산물 유통에 마비되는 사태가 발행하였다. 정부는 이에 대한 수습책으로 1994년 11월 수정 「농수산물유통및가격안정에관한법률」을 제시함으로써 산지에서소매에 이르기까지 전반적인 유통구조개선의 제도적 장치를 마련하였다. 농안법이 시장과 실제 유통에 미치는 효과는 농업법 시행규칙이 제정되어 실행에 옮겨진

표 2. 농수산물 유통개혁 방안의 주요내용(1994년 11월)

구분	주요 개혁목표
산지개혁 부분	- 영세 농어민의 품목별 전문조직으로 육성을 통한 시장 대응능력 제고 - 농어민조직에 의한 산지에서 선별, 규격포장, 저장, 가공능력 함양 지원 - 고품질 생산 유도 및 소비자 신뢰도 제고를 위한 표준규격, 품질인증제 정착 - 밭떼기 제도화에 의한 산지유통의 공정거래 실현
도매개혁 부분	- 중매인의 폭리방지 및 적정이윤 실현을 위한 중도매인제도 도입 - 공공성 및 경영효율성 제고를 위한 공익법인설립 - 출하자 부담 경감을 위한 도매시장의 상장수수료 인하정책 - 주요품목의 정상적인 상장거래 추진(무, 배추 등 6개) - 경매의 투명성 담보 및 출하자의 최저가격 제시제 도입
소매개혁 부분	- 물류센터의 건설 - 생산자단체의 유통자회사 건립 - 농어민 장터를 통한 도 · 농간 자매결연 확대 (직거래)

자료: 농림수산부, 《농수산물유통 및 가격안정에 관한 법률》, 1994.

1995년 이후 본격화되었다.

1999년 12월 정부는 1994년 농안법을 개정하여 2000년 6월 시행에 들어갔다. 아홉 번째로 개정된 2000년 농안법은 농수산물 유통환경의 변화에 능동적으로 대처하기 위하여 농수산물도매시장 등에 대한 불합리한 규제를 폐지 또는 완화하고, 정부재정의 효율적인 운영을 위해 사업목적이 중복되거나 유사한 유통 관련 기금을 통폐합하였다. 또한 산지유통 기능을 강화하기 위한 방안으로 농업 관측 강화, 하한가격 예시, 유통명령제 등의 조항들이 도입되었다. 2000년 농안법은 1994년 농안법을 골격으로 농산물 가격변동 문제를 접근하는 보완적 성격을 띠고 있다.

Ⅲ. 시장효율성(Market Efficiency) 가설과 검정방법

1. 시장효율성 가설

본 연구는 Fama(1970)의 시장효율성 가설을 검정한다. 이 가설은 만약 시장이 효율적이라면 시장가격이 모든 가용한 정보에 신속하고 합리적으로 반응하여 현재의 시장가격이 미래가격의 불편 추정치가 됨을 의미한다.[3] 이는 궁극적으로 시장가격에는 이미 모든 정보가 반영되어 있기 때문에 이미 알려진 정보를 이용해서는 경제적 이윤을 창출할 수 없다는 것을 함축하고 있다. 이에 따라 효율적인 시장의 가격은 가장 공정한 가격으로서 최적의 자원배분을 가능하게 하고, 시장참여자들의 가격발견비용을 최소화시킴을 의미하는 것이다.

효율적인 시장가설은 식 (1)과 같은 Martingale 과정으로 표현할 수 있다.

$$(1)\ E(P_{t+1} \mid \theta_t) = P_t \Leftrightarrow E(\pi_{t+1} \mid \theta_t) = E(\pi_{t+1}) = 0$$

P_t = t기의 시장가격
θ_t = t기까지 가용한 모든 시장정보의 집합
π_{t+1} = $t+1$기의 이윤

시장효율성 가설은 정보집합(θ_t)의 범위에 따라 약형(weak form), 중간형(semi-strong), 강형(strong) 효율성 가설로 구분될 수 있다. 정보의 집합이 시장내의 모든 과거 정보로 구성되어 있으면 약형 가설이며, 모든 가용한 공공정보의 경우는 중간형, 내부자 정보(inside information)를 포함한 모든 정보의 경우는 강형 효율성 가설이라고 한다.

본 연구에서는 농산물 도매시장의 약형 효율성을 검정한다. 시장이 효율적이면 현존하는 모든 시장정보가 현재의 시장가격에 반영되어 이들 정보가 더 이상 다음 기의 가격에 영향을 미치지 않아야 한다. 만약 어떤 가격의 시계열 자료가 이러한 상태에 있다면 식 (2)와 같은 임의보행과정(random walk process)을 가질 것이다.

3 시장효율성 가설은 정보의 범위에 따라 약형, 중간형, 강형 효율성 가설로 구분될 수 있다. 정보의 집합이 시장내의 모든 과거 정보로 구성되어 있으면 약형 가설이며, 모든 가용한 공공정보의 경우는 중간형, 내부자 정보(inside information)를 포함한 모든 정보의 경우는 강형 효율성 가설이라고 한다.

$$(2)\ f(\Delta P_t|\theta_{t-1}) = f(\Delta P_t)$$

$f(\cdot)$: 확률밀도함수

$P_t - P_{t-1} = \Delta P_t$

즉 $t-1$기까지의 가격정보(θ_{t-1})에 의한 가격변화의 조건부 분포는 비조건부 분포와 동일하며, 따라서 차분 가격 $\Delta P \sim \text{iid}(0, \sigma^2)$ 임을 의미한다. 약형 효율성 가설은 자기상관(autocorrelation)의 유무로 검정할 수 있다.

2. 단위근(unit root) 검정을 통한 자료의 정상성(stationarity) 검정

도매가격 자료를 이용한 가격 효율성 검정에 앞서 자료의 정상성(stationarity)에 대한 검정이 선행되어야 한다. 만약 시계열 자료가 정상적이지 않다면 이 자료는 무한히 표류하며 이를 이용한 시계열 분석은 허구적인 회귀(spurious regression) 현상을 보여 모수적 통계검정에 오류를 발생하게 한다.[4] 본 연구에서는 Dickey and Fuller(1979)의 검정을 보완하여 오차항이 자기상관 관계를 가지고 있을 경우 자기상관의 영향을 제거하기 위해 차분항을 추가시킨 ADF(Augmented Dickey and Fuller) 검정을 이용하였다. 만약 가격자료가 정상적이지 않다면(즉 단위근 존재) 식 (3)의 γ=0이라는 귀무가설이 채택되어야 한다.[5]

$$(3)\ \Delta y_t = \mu + \gamma y_{t-1} + \delta_1 \Delta y_{t-1} + \cdots + \delta_{p-1} \Delta y_{t-p+1} + \epsilon_t$$

만약 상기 귀무가설을 기각하지 못하면 단위근이 존재하므로 자기상관을

4 자료의 안정성에 대한 검정은 또한 공적분 검정의 전제가 되기 때문에 이에 대한 검정은 필수적이다.

5 본 모형을 이용한 단위근 검정 시 추세의 여부가 검정결과에 중요한 영향을 미치기 때문에 추세의 존재에 대한 검정이 먼저 이루어져야 한다. 실제 검정은 상수항, 추세변수, 시차구조 등을 고려한 사전검정(pretesting)의 결과를 이용하여 가장 적절한 모형을 이용하여 실시하였다.

검정하기 위해서 먼저 시계열의 정상성을 회복시켜야한다. 이를 위해서 1차 차분한 자료에 대해 단위근 검정을 실시하고 만약 1차 차분한 자료가 정상적이면 이 자료를 이용하여 자기상관을 검정한다.

자기상관을 검정하기 위한 자기회귀모형 AR(q)는 다음과 같다,

$$(4)\ \Delta P_t = \beta_0 + \sum_{i=1}^{q} \beta_i \Delta P_{t-i} + u_t$$

여기서 β_i는 계열상관계수이고 ut~iid(0, σ^2)이다. 만약 모든 계열상관계수가 0이면($\beta_i = 0,\ \forall i = 1, \cdots, q$), 가격자료는 임의보행과정을 따른다.

3. 일물일가(一物一價)의 검정

광의의 시장이 효율적이기 위해서는 지역 시장간 일물일가의 법칙이 성립하여야 한다. 즉 시장에 들어 온 모든 정보가 즉각적이고 저렴하게 모든 거래자에게 전달되어 시장가격에 반영된다면 하나의 동일한 상품에 대해서 지역에 관계없이 하나의 가격만이 존재해야 한다. 이는 식 (5)에서 모든 시장에 대해 α_1 =1이 되어야 함을 의미한다.[6] 즉 시장간 가격이 일시적으로는 상이할 수 있으나 궁극적으로는 서로 다른 두 지역의 가격이 항상 같은 방향과 같은 크기로 움직여야 한다.

$$(5)\ E(P_i) = \alpha_0 + \alpha_1 P_j,\ \ \text{for}\ \ all\ \ i, j$$

전술한 바와 같이 시계열 자료가 단위근을 가지고 있을 경우 허구적 검정결과를 가져온다. 이 경우 차분하여 정상화된 시계열을 이용하여 공적분을 통한 일물일가를 검정할 수 있다.[7] 공적분 검정은 단위근을 가지고 있는 시

6 그러나 각 지역간의 거래비용과 위험프레미엄 등이 존재하기 때문에 α_0 =0일 필요는 없다.

7 일단의 변수가 공적분 관계를 가지고 있다는 것은 그 변수들이 개별적으로는 무한히 표류하는 과정을 보이고 있지만, 집단으로서는 장기적인 균형관계를 가지는 것을 의미한다.

계열 자료들의 가격효율성 검정을 위한 선행 단계로서, 공적분 관계가 성립할 경우 일물일가의 법칙은 모든 두 가격간의 공적분 벡터가 (1 –1) 또는 α_1=1임을 의미한다(Yang and Koo 1995).

공적분 검정에는 Engle and Granger(1987)가 제안한 공적분 방정식의 잔차에 대해서 안정성을 검정하는 방법과, Johansen(1988)의 우도비 검정 방법이 있다. EG 방법은 공적분 방정식의 잔차에 대해서 정상성을 검정하는 방법으로 Johansen의 검정 방법에 비해서 간단하다는 장점이 있으나, 3개 이상의 변수들간의 검정을 하기 어려울 뿐만 아니라 종속변수의 선정에 따라 검정 결과가 달라질 수 있는 단점을 가지고 있다. 반면 Johansen 방법은 공적분 검정에 있어서 설명변수와 종속변수의 선정에 대한 제약이 없으며, 3개 이상 시계열 변수간의 공적분 방정식을 추정할 수 있다. 또한 장기균형 관계의 개수(number of cointegration equation)와 장기 균형에서 일시적으로 이탈한 변수들이 얼마나 빨리 균형으로 회귀하는지를 추정하는 속도조정계수를 알 수 있으며, 공적분 벡터에 대한 제약을 검정할 수 있다는 장점을 가지고 있다.[8] 본 연구에서는 지역시장 간 장기균형의 존재를 검정하기 위하여 Johansen의 우도비 검정을 사용하였다.

4. 가격 변동성 분석모형

농산물 가격의 극심한 변동은 생산자들의 생산이나 출하의사결정을 어렵게 하고 소비자들의 소비 행태에 부정적인 영향을 미친다. 농산물 가격의 변동성은 시장에 반영되는 정보의 질과 양 등 정보자체의 특성뿐만 아니라 정보전달기구의 효율성과 시장운영제도의 효율성이 의해서도 결정된다. 따라서

8 선행연구들은 Johansen 방법을 주로 이용하고 있다. 양승룡 · 조재환(1997)의 국제 쌀 시장에서 중립종과 장립종 간의 장기 추세, 인과성 관계 및 일물일가의 검정을 실증적으로 분석하여 국제 쌀시장에서 장립종과 중립종이 하나의 통합시장을 형성하고 있는가를 분석하였다. 최규섭 · 권용덕(1998)은 축산물 도매가격을 이용하여 각 지역간 장기적으로 인과관계를 가지고 있으며, 각 도매시장 내에서 이들 육류간에 장기적으로 가격차별화가 존재하는지를 분석하였다.

농안법에 의해 제고된 시장제도의 효율성이나 상장경매제도, 전자경매제도 등은 농산물 가격의 변동성을 감소시킬 것으로 기대된다.

농산물 도매가격의 변동성을 분석하기 위해 본 연구에서는 전국 5개 지역 시장의 품목별 변이계수(coefficient of variation)를 계측하였다. 변이계수는 표준편차를 평균으로 나눈 비율로 단위가 없기 때문에 측정치의 단위가 같은 경우뿐만 아니라 측정단위가 서로 다른 집단들을 비교하거나 또는 규모가 서로 다른 집단들을 비교하는 데 유용하다.

5. 가격 신축성

농산물의 경우 단기적으로 공급이 고정되어 있기 때문에 시장에 유입되는 물량의 변화에 따라 가격이 내생적으로 결정되는 특성을 가지고 있다. 가격 신축성은 가격탄력성의 역수로서 시장에 유입되는 물량이 1% 변할 때 가격이 몇 % 변하는가를 나타낸다. 즉 농산물 수급의 변화에 따라 가격이 얼마나 민감하게 반응하는가를 분석하는 지표로서, 도매시장 내 가격결정과정에서의 독과점력을 나타낸다. 다수의 농업생산자(판매자)에 대해서 중도매인(구매자)의 가격결정력이 클수록 물량변화에 대한 가격의 반응이 경직적이 될 것이다. 극단적인 예로 만약 중도매인들이 담합하여 구매독점을 할 수 있다면 도매시장에 반입되는 물량의 변화와 관계없이 독점가격이 형성될 수 있으며, 따라서 가격신축성이 하락할 것이다.

가격신축성 계수를 추정하기 위해 본 연구에서는 가격의 변화를 종속변수로 하고 물량의 변화를 설명변수로 하는 양대수(double log) 모형을 이용하였다. 추정된 모형의 물량에 대한 계수가 가격신축성 계수가 된다. 수요의 가격탄력성과 같이 가격신축성 계수는 (-)부호를 가진다. 이는 수량이 증가하면 가격은 하락하기 때문이다. 시장의 정보반영 능력이 제고되면 독과점력이 약화되고 가격신축성 계수가 증가할 것으로 기대된다.

Ⅳ. 분석결과

1. 자료의 선정

농산물 유통정책 전환에 따른 농산물 도매시장의 효율성 변화를 분석하기 위하여 분석기간을 농안법 시행 전(1993~1995년)과 후(1997~1999년) 각 3개년의 일별 자료를 이용하였다. 1994년 11월 발효된 농안법의 세부시행규칙이 제정되어 본격적으로 농안법의 정책적 효과가 발휘되기까지의 시차와 정책효과의 과도기를 제외하기 위해 1996년을 제외하였다.

본 연구의 분석 품목은 생산의 계절성과 자료의 가용성을 기준으로 농가판매가격지수의 가중치가 높고 도매시장의 거래비중이 비교적 큰 배추, 양파, 마늘, 건고추, 배 등 5개 품목을 선정하였다. 지역별로는 시장규모가 가장 커 농산물시장의 선도역할을 한다고 간주되는 서울, 대전, 대구, 부산 및 광주의 5대 공영도매시장을 대상으로 하였다.

2. 자기회귀모형(AR)을 이용한 랜덤워크의 검정결과

우선 자료의 정상성을 검정하기 위하여 5개 지역 도매가격을 대상으로 단위근 검정을 시행한 결과 모든 품목의 가격자료에 단위근이 있는 것으로 나타났다. 이는 이들 시계열 자료들이 비정상성을 가지고 있어, 모수적 검정에 허구적 결과를 초래할 수 있음을 의미한다. 1차 차분한 자료를 이용하여 단위근 검정을 다시 시행한 결과 단위근이 제거되어 자료의 정상성이 회복되었다.

이에 따라 1차 차분한 자료를 이용하여 자기상관을 검정한 결과 농안법 개정 전후의 모든 경우 자기상관이 존재하는 것으로 나타났다(표 3). 이는 Fama의 약형 효율성 가설이 성립되지 않음을 의미한다. 즉 과거의 정보가 즉각적으로 시장가격에 모두 반영되지 못하고 최소 2일에서 최대 6일까지 지속적으로 미래가격에 영향을 미침을 의미한다. 그러나 대부분의 경우 농안법 개정 전에 비해 개정 이후 자기상관의 시차(lag)가 짧아져 정보에 대해 반응하는 속도가 개선되었다는 것을 의미한다. 이는 두 분석기간 모두 시장이 완전히 효율적이지 않지만, 농안법 개정 이후 시장의 효율성이 제고되었음을 의미한다. 특히 부산과 대구 도매시장의 개선이 두드러진다.

표 3. 자기상관의 검정결과와 시차구조

품목	서울		부산		대구		광주		대전	
	전	후	전	후	전	후	전	후	전	후
배추	14.7632 (0.0000) AR(4)	14.6128 (0.0000) AR(3)	4.2806 (0.0052) AR(6)	8.7330 (0.0000) AR(3)	6.7179 (0.0000) AR(4)	10.9274 (0.0000) AR(2)	6.6158 (0.0000) AR(4)	9.5169 (0.0001) AR(3)	6.6158 (0.0000) AR(3)	7.2921 (0.0000) AR(2)
양파	8.7691 (0.0000) AR(2)	11.9250 (0.0000) AR(2)	3.8975 (0.0206) AR(4)	10.6141 (0.0000) AR(2)	9.6470 (0.0000) AR(5)	5.3797 (0.0011) AR(2)	2.4866 (0.0421) AR(4)	6.3453 (0.0000) AR(2)	4.4913 (0.0005) AR(2)	10.2357 (0.0000) AR(2)
마늘	14.9068 (0.0000) AR(3)	19.9266 (0.0000) AR(2)	11.5124 (0.0000) AR(4)	11.0841 (0.0000) AR(2)	7.7224 (0.0000) AR(3)	17.8498 (0.0000) AR(3)	4.0103 (0.0010) AR(4)	3.6978 (0.0132) AR(3)	20.2802 (0.0000) AR(4)	19.5019 (0.0000) AR(2)
고추	18.3657 (0.0000) AR(3)	11.2325 (0.0000) AR(2)	7.2921 (0.0000) AR(4)	13.2564 (0.0000) AR(3)	15.3695 (0.0000) AR(5)	6.9886 (0.0000) AR(2)	4.0057 (0.0004) AR(6)	9.3266 (0.0000) AR(5)	8.2357 (0.0000) AR(4)	5.2699 (0.0011) AR(4)
배	20.0365 (0.0000) AR(3)	9.9988 (0.0000) AR(3)	9.4578 (0.0001) AR(5)	13.2647 (0.0000) AR(2)	3.4590 (0.0153) AR(3)	14.5870 (0.0000) AR(2)	6.5583 (0.0000) AR(4)	4.0113 (0.0009) AR(2)	11.2225 (0.0000) AR(4)	11.3660 (0.0000) AR(3)

주: ( )은 Q-통계량(Portmanteau χ^2 test)의 p-값.

3. 일물일가의 검정

단위근 검정결과 모든 도매가격 시계열 자료가 비정상적이기 때문에 일물일가의 법칙을 검정하기 위해서는 공적분을 이용한 검정이 필요함을 제시하였다. 각 품목별로 전국 5개 지역 간에 장기균형이 성립하는지를 분석하기 위한 공적분 검정결과가 〈표 4〉에 제시되어 있다.

검정결과 모든 품목의 경우 법 개정 전과 후 모두 5개 지역시장 간에 1% 유의 수준에서 장기적 균형관계가 존재하는 것으로 판명되었다. 이는 5개 지역시장이 개별적으로는 임의적으로 표류하지만 대체로 각 시장의 정보가 서로 신속하게 이전되고 가격결정과정에 반영되어 장기적으로 하나의 균형을 이루면서 움직임을 의미한다.

표 4. 품목별 도매시장의 Johansen 공적분 결과

품목	귀무가설(Ho)	우도비(LikelihoodRatio)		5% 임계치	1% 임계치
		이 전	이 후		
배추	No. of CE=0	322.1225**	336.5803**	59.46	66.52
	No. of CE=1	163.1721**	175.7881**	39.89	45.58
	No. of CE=2	84.81323**	85.71962**	24.31	29.75
	No. of CE=3	26.81396**	32.84659**	12.53	16.31
	No. of CE=4	1.776472	0.960995	3.84	6.51
양파	No. of CE=0	310.184**	444.3114**	59.46	66.52
	No. of CE=1	202.0245**	228.6074**	39.89	45.58
	No. of CE=2	117.5108**	110.6061**	24.31	29.75
	No. of CE=3	48.515**	33.21093**	12.53	16.31
	No. of CE=4	0.335865	2.787227	3.84	6.51
마늘	No. of CE=0	125.2059**	117.1389**	59.46	66.52
	No. of CE=1	65.59127**	72.95163**	39.89	45.58
	No. of CE=2	36.76889**	33.88794**	24.31	29.75
	No. of CE=3	15.26705*	12.86729*	12.53	16.31
	No. of CE=4	0.79564	1.211652	3.84	6.51
고추	No. of CE=0	127.2783**	123.2246**	59.46	66.52
	No. of CE=1	81.87835**	54.19365**	39.89	45.58
	No. of CE=2	44.31582**	19.03809**	24.31	29.75
	No. of CE=3	14.64007*	6.879744	12.53	16.31
	No. of CE=4	0.001365	0.013285	3.84	6.51
배	No. of CE=0	82.98893**	160.8305**	59.46	66.52
	No. of CE=1	53.18136**	101.0899**	39.89	45.58
	No. of CE=2	28.68789*	46.96495**	24.31	29.75
	No. of CE=3	12.74048*	18.86845**	12.53	16.31
	No. of CE=4	0.151444	0.488448	3.84	6.51

주: *(**) 5%(1%) 유의수준에서 귀무가설 기각

한편 〈표 5〉에서 보는 바와 같이 각 시장가격이 장기균형에서 이탈하였을 경우 균형으로 회귀하는 속도를 나타내는 속도조정계수는 서울과 광주의 경우 배를 제외하고는 4개 품목에서 모두 농안법 개정 이후 속도가 개선되었음을 알 수 있다. 그러나 여타 지역시장에서는 품목별로 혼재된 결과를 보이고 있어 일반적인 결과를 얻을 수 없었다. 품목별로는 마늘과 고추의 경우 모든 지역시장에서 농안법 개정 이후 장기균형으로 회귀하는 속도가 개선되었으나, 배의 경우는 모든 지역시장에서 속도가 악화되었음을 알 수 있다.

표 5. 속도조정계수 추정치

품목	시기	서울	부산	대구	광주	대전
배추	농안법 이전	-0.018	-0.019	-0.023	-0.034	0.030
		(-4.792)	(-4.56)	(-4.86)	(-7.090)	(-5.585)
	농안법 이후	▲0.025	▲0.041	▲0.029	▲0.042	▽0.001
		(-5.169)	(-9.771)	(-2.770)	(-9.121)	(-0.189)
양파	농안법 이전	0.006	0.088	0.042	0.013	-0.002
		(-0.581)	(-9.530)	(-3.937)	(-1.694)	(-0.221)
	농안법 이후	▲-0.012	▽0.025	▽0.019	▲0.017	▲-0.003
		(-0.749)	(-7.991)	(-2.693)	(-2.269)	(-0.768)
마늘	농안법 이전	0.036	0.028	0.150	0.180	0.264
		(-0.641)	(-0.590)	(-2.472)	(-3.340)	(-6.082)
	농안법 이후	▲-0.193	▲-0.129	▲-0.188	▲0.190	▲0.294
		(-4.107)	(-2.905)	(-1.281)	(-0.383)	(-2.379)
고추	농안법 이전	-0.001	0.001	0.000	0.043	0.000
		(-1.278)	(-0.582)	(-0.030)	(-2.619)	(-0.286)
	농안법 이후	▲-0.002	▲0.013	▲-0.006	▲0.123	▲0.005
		(-0.540)	(-4.642)	(-1.528)	(-1.880)	(-1.431)
배	농안법 이전	0.014	0.064	0.051	0.031	0.029
		(-1.086)	(-4.750)	(-2.903)	(-2.394)	(-1.997)
	농안법 이후	▽0.005	▽0.006	▽-0.005	▽-0.001	▽0.002
		(-2.780)	(-4.967)	(-4.208)	(-1.007)	(-1.229)

주: ( )는 t-값

공적분 관계를 가진 가격들이 일물일가를 이루기 위해서는 시장통합성의 보다 엄격한 조건인 일물일가가 모든 가격쌍의 경우에 성립하여야 한다.[9] 〈표 6〉에 나타난 검정결과, 각 품목별로 농안법 개정 전후 모두 일물일가의 법칙이 성립하지 않고 있다.

이는 농안법을 통하여 가격결정과정에 상장경매제와 출하예약제가 도입되고, 전국공영도매시장의 정보망 구축과 품목별 관측사업 운영 등 가격효율성 제고를 위한 많은 노력에도 불구하고 농안법 개정 전에 비해 뚜렷한 개

9 5개 지역의 가격들이 한꺼번에 공적분 관계를 형성하더라도 어느 두 시장 간에는 장기균형이 없을 수 있다. 식 (2)를 이용하여 두 시장 간 일물일가를 정확하게 검정하기 위해서는 해당 가격 간에 공적분 관계가 있어야 한다. 본문에는 제시하지 않았으나 모든 가격쌍을 대상으로 한 공적분 검정결과, 모든 경우에 공적분 관계가 있음이 밝혀졌다. 이에 대한 결과는 저자에게 요청할 경우 가용하다.

표 6. 일물일가 조건 검정결과(배추, 양파, 마늘)

품목	지역	우도비 통계량		우도비 통계량	
		이 전	검정결과	이 후	검정결과
배추	서울-부산	33.427**	기각	55.251**	기각
	서울-대구	603.504**	기각	15.859**	기각
	서울-광주	539.169**	기각	164.827**	기각
	서울-대전	223.612**	기각	11.523**	기각
	부산-대구	326.254**	기각	14.061**	기각
	부산-광주	884.114**	기각	147.416**	기각
	부산-대전	300.530**	기각	0.985	성립
	대구-광주	15.591**	기각	818.695**	기각
	대구-대전	24.825**	기각	370.447**	기각
	광주-대전	12.940**	기각	32.632**	기각
양파	서울-부산	1.297	성립	132.055**	기각
	서울-대구	23.091**	기각	150.900**	기각
	서울-광주	0.280	성립	31.063**	기각
	서울-대전	17.137**	기각	69.931**	기각
	부산-대구	82.985**	기각	31.413**	기각
	부산-광주	8.065**	기각	0.123	성립
	부산-대전	0.003	성립	2.121	성립
	대구-광주	0.359	성립	13.215**	기각
	대구-대전	20.237**	기각	7.805**	기각
	광주-대전	0.000	성립	61.773**	기각
마늘	서울-부산	13.458**	기각	1.570	성립
	서울-대구	5.625*	기각	10.576**	기각
	서울-광주	5.428*	기각	0.325	성립
	서울-대전	11.515**	기각	4.387*	기각
	부산-대구	71.332**	기각	13.104**	기각
	부산-광주	63.412**	기각	1.157	성립
	부산-대전	0.030	성립	5.835*	기각
	대구-광주	2.432	성립	0.021	성립
	대구-대전	15.593**	기각	6.664**	기각
	광주-대전	34.301**	기각	3.139	성립
고추	서울-부산	0.602	성립	502.395**	기각
	서울-대구	244.707**	기각	187.292**	기각
	서울-광주	1.008	성립	195.993**	기각
	서울-대전	42.282**	기각	11.486**	기각
	부산-대구	477.909**	기각	20.402**	기각
	부산-광주	48.464**	기각	22.586**	기각
	부산-대전	35.966**	기각	334.144**	기각
	대구-광주	33.222**	기각	22.088**	기각
	대구-대전	272.754**	기각	22.969**	기각
	광주-대전	80.019**	기각	156.285**	기각
배	서울-부산	69.791**	기각	281.013**	기각
	서울-대구	335.799**	기각	181.257**	기각
	서울-광주	57.863**	기각	257.254**	기각
	서울-대전	262.218**	기각	64.033**	기각
	부산-대구	256.782**	기각	66.731**	기각
	부산-광주	25.847**	기각	55.639**	기각
	부산-대전	198.315**	기각	472.596**	기각
	대구-광주	3.812	성립	21.858**	기각
	대구-대전	33.449**	기각	321.357**	기각
	광주-대전	245.683**	기각	286.153**	기각

주: 귀무가설은 식 (5) $P_i = \alpha_0 + \alpha_1 P_j + \epsilon_i,\ \text{for}\ all\ i, j$에서 $\alpha 1 = 1$임.

*(**)는 5%(1%) 유의수준에서 귀무가설 기각

선이 이루어지지 않고 있음을 의미한다.

4. 가격변동성 분석결과

전국 5개 지역 도매가격의 변동성을 분석하기 위한 변이계수 추정 결과는 〈표 7〉에 나타나 있다. 배추의 경우 서울과 부산을 제외 한 모든 지역에서 농안법 개정 이후 가격 변동성이 낮아졌고, 양파, 마늘, 고추의 경우 대부분 지역에서 농안법 개정 이후 가격변동성이 낮아졌으며, 특히 중요한 소득 작목인 마늘의 가격변동성 하락이 두드러졌다. 이는 농안법 개정으로 인한 정보전달 기구의 효율성이 제고되었음을 시사한다.

그러나 배의 경우에는 농안법 개정 이후 모든 지역시장의 변이계수가 높

표 7. 품목별 도매가격 변이계수

품목	지역	농안법 이전	농안법 이후	
		CV1	CV2	CV2/CV1
배추	서울	0.666	0.712	1.069 ▲
	부산	0.631	0.660	1.046 ▲
	대구	0.716	0.581	0.811 ▽
	광주	0.691	0.678	0.981 ▽
	대전	0.646	0.611	0.946 ▽
양파	서울	0.567	0.463	0.817 ▽
	부산	0.548	0.501	0.914 ▽
	대구	0.574	0.523	0.911 ▽
	광주	0.554	0.490	0.884 ▽
	대전	0.535	0.493	0.921 ▽
마늘	서울	0.439	0.260	0.592 ▽
	부산	0.381	0.246	0.646 ▽
	대구	0.437	0.255	0.584 ▽
	광주	0.438	0.254	0.580 ▽
	대전	0.372	0.230	0.618 ▽
고추	서울	0.179	0.186	1.039 ▲
	부산	0.165	0.117	0.709 ▽
	대구	0.227	0.204	0.899 ▽
	광주	0.162	0.121	0.747 ▽
	대전	0.127	0.123	0.969 ▽
배	서울	0.181	0.397	2.193 ▲
	부산	0.193	0.306	1.585 ▲
	대구	0.224	0.329	1.469 ▲
	광주	0.181	0.312	1.724 ▲
	대전	0.223	0.354	1.587 ▲

게 나타나 여타 시장과 다른 결과를 보여주고 있다. 이는 채소와 과수시장의 특징을 대별하는 결과로서 다년생 작물인 배의 경우 시장공급 조절이 채소에 비해 상대적으로 어려운 점이 반영된 것으로 판단된다. 특히 최근 배 작부면적의 급증과 과일 수입의 증가로 인한 가격변동폭 증가가 주요 원인으로 사료된다.

5. 가격신축성 계수의 추정결과

자료의 제약으로 인하여 가락시장을 대상으로 한 가격 신축성계수를 추정한 결과 든 품목의 경우 이론적으로 기대된 바와 같이 음(-)의 부호로 추정되었다(표 8). 모든 품목의 경우 농안법 개정 전에 비해 법 개정 이후 가격신축성 계수가 크게 추정되어 농안법으로 인하여 시장물량의 변화에 따른 가격변화의 신축성이 증가하였음을 의미한다. 특히 배추와 고추의 경우 시장의 민감도가 크게 제고되었다.

표 8. 가락시장의 품목별 가격신축성계수 추정결과(5개 품목)

구분	농안법 이전(1993~1995)	농안법 이후(1997~1999)
고추	- 0.1972 (0.0655)	- 0.7635 (0.0281)* ▲
마늘	- 0.5288 (0.0907)	- 0.5922 (0.0853) ▲
배	- 1.2874 (0.0097)*	- 1.4395 (0.0529) ▲
배추	- 0.0416 (0.3391)	- 0.0925 (0.0931) ▲
양파	- 0.1444 (0.1227)	- 0.2046 (0.0004)* ▲

주: ( )은 t-검정의 p-값

V. 결론

1993년 12월 UR이 타결된 후 정부는 농업경쟁력 제고를 위한 농업정책의 중점사업으로 농산물 유통개혁을 추진하여 왔으며, 이를 위한 제도적 기반이 1994년에 개정된 농안법이다. 그러나 엄청난 예산과 제도적 지원에도 불구하고 농산물 유통개혁의 효과에 대해 부정적인 견해가 지배적이다. 본 연구는 1994년 농안법이 실제로 농산물 도매시장의 효율성을 제고하였는지를 분석하기 위해 일물일가에 바탕을 둔 시장효율성과 가격의 변동성 및 신축성을 분석하였다. 분석기간을 농안법 개정 전과 개정 후로 나누어 전국 5대 공영도매시장의 5개 주요 품목(배추, 마늘, 건고추, 양파, 배)를 대상으로 효율성과 변동성 지표의 변화를 분석하였다.

개별 시장의 효율성을 계측하기 위한 자기상관 분석결과 농안법 개정과 관계없이 모든 품목의 시장에서 자기상관이 발견되어 시장에 도달한 정보가 즉각적으로 가격에 반영되지 않음을 보여 주고 있다. 그러나 자기상관의 시차구조가 농안법 개정 이후 짧아져 시장이 정보를 반영하는 속도가 개선되었음을 알 수 있다.

전국적 시장의 효율성 분석결과 5개 지역 시장 간에 장기균형이 존재함에도 불구하고 일물일가는 성립하지 않아 시장효율성이 제고되어야 하는 여지가 아직 많음을 보여 주고 있다. 다만 지역시장간 장기균형에서 이탈된 가격은 농업법 개정 이후 보다 신속하게 균형으로 수렴하여 대체로 시장의 효율성이 개선되고 있음을 유추할 수 있다. 이와 함께 농안법 개정 이후 가격변동성이 감소하였고, 시장에 출하되는 물량에 대한 가격변화의 민감도가 개선되어 농안법에 의한 유통개혁정책이 제한적인 효과를 얻고 있는 것으로 판단된다.

우여곡절 끝에 시행된 1994년 「농수산물유통 및 가격안정에 관한 법률」 개정 이후 수 차례에 걸친 유통개선 대책과 과감한 예산투자로 농산물 가격의 효율성 및 변동성 측면에서는 어느 정도 긍정적인 효과를 거두고 있으나, 농산물 유통개혁이라는 거창한 구호와 농업예산의 30% 배분이라는 측면에서 볼 때 농산물 유통의 효율성을 제고시키는데 소기의 효과를 충분히 거두었다고 보기 어렵다. 특히 가격정보의 신속한 전달과 효과적인 배분을 통한 가격결정과 가격발견과정의 효율성이 만족할 만한 수준에 이르지 못하는 것으로 판단된다.

따라서 각 시장간 정보전달기구의 효율화를 제고시킬 필요가 있다. 이런 관점에서 현재 정부가 강력하게 추진 중인 전자경매제도는 각 시장의 경락가격을 실시간으로 모든 시장의 참여자에게 매우 저렴한 비용으로(또는 거의 추가적인 비용 없이) 전달하여 농산물 도매시장의 효율성을 제고시키고 일물일가 법칙을 성립시키는 데 도움이 될 것이다. 이와 함께 현재 각 유통기관에서 개별적으로 운영하고 있는 정보시스템의 개선과 통합된 시스템 개발이 필요하다. 산지 유통정보망 구축과 출하전략시스템 개발 등도 조속히 완결되어야 하며, 대농민 정보화교육과 정보표준화 및 전자상거래 활성화 지원 등도 지속적으로 이루어져야 할 것이다.

정부의 농산물 유통정책은 물량 위주의 하드웨어 위주로 이루어졌다는 비판이 많다. 이제 농산물 시장의 효율성을 제고하기 위해 소프트웨어 중심의 유통정책으로 전환이 이루어져야 한다. 이와 같은 정책 전환을 통해 각 시장 주체간의 정보 비대칭성으로 발생하는 높은 비용과 비효율의 요인을 제거하고 전체 농산물 유통의 효율을 제고할 수 있을 것이다.

참고문헌

김남욱 · 양승룡 · 한두봉 · 정복조, 〈양재물류센터와 가락도매시장의 가격비교분석〉, 《농업경제연구》 41(3), 2000. 91-110쪽.

농림수산부, 《농수산물유통 및 가격안정에 관한 법률》, 1994.

양승룡 · 조재환, 〈국제 쌀 가격의 동태적 분석: 중립종과 장립종을 중심으로〉, 《농업정책연구》 24(2), 1997, 33-46쪽.

최규섭 · 권용덕, 〈육류도매시장의 통합성 검정과 가격의 동태적 연계성 분석〉, 《농업경제연구》 39(2), 1998, 37-62쪽.

한국농촌경제연구원, 《농수산물 유통개혁백서》, 1995.

한국농촌경제연구원, 《21세기에 대응한 농수산물 유통개선대책 연구》, 1997.

Dickey, D. A. and Fuller, W. A., "Likelihood Ratio Statistics for Autoregressive Time Series with a Unit Root", *Journal of the American Statistical Association* 74, 1979, pp.427-431.

Engle, R. F. and Granger, C., "Cointegration and Error Correction : Representation, Estimation and Testing", *Econometrica* 55(2), 1987, pp, 251-276.

Fama, E., "Efficient Capital Markets: A Review of Theory and Empirical Work," *Journal of Finance* 25, 1970, pp.383-417.

Johansen, S., "Statistical Analysis of Cointegration Vectors", *Journal of Economic Dynamics and Control* 12, 1998, 231-254.

Yang, Seung-Ryong and Won W. Koo, "Hicksian Aggregation and Price Dynamics: Tests for a Single Price Index in the U.S. Wheat Markets", *Journal of Rural Development*, 18(2), 1995, pp.227-242.

2장 전자식 경매 도입이 가락시장의 가격효율성에 미치는 영향 분석

> 기존의 수지호가식 경매방식은 경매사의 재량권이 크기 때문에 경매사가 경락을 좌지우지 하는 경우가 많았던 폐혜를 차단하고자, 공사는 가락시장에 전자 경매를 도입하기로 결정…
>
> — 한국농촌경제신문, 2014.4.25

Ⅰ. 서론

서울시가락동농수산물도매시장(이하 가락시장)이 개설되기 전 농산물 유통은 법정도매시장과 농 · 수협 공판장에서 경매를 통해 중도매인들과 소매상, 소비자로 이어지는 유통 경로를 이루고 있었다. 그러나 유사 도매시장이 제도적 시장의 규모를 능가하여 위탁상에 의한 폐해가 심각하였다. 이에 정부는 농수산물의 원활하고 공정한 거래를 도모하고 기준가격을 형성할 시장을 조성하기 위해 1985년 최초의 공영도매시장인 가락시장을 개설하였다.[1]

투명한 가격결정을 위해 용산시장의 소수 도매시장법인(이하 '법인'이라 한다.)에서 운영되던 경매제가 본격적으로 실시된 것은 가락시장이 개장된 이후부터이다. 1985년 1단계로 과일류 4개 품목과 채소류 2개 품목이 경매품목으로 지정되었다. 유사도매시장의 개인위탁 행위가 상존하는 상태에서 상장경매제를 도입할 경우 중도매인들의 타 시장 유출, 이중 영업행위 등으로 시장기능이 위축될 것이 우려되는 상황에서도 정부의 강력한 의지에 힘

1 용산시장 상인들은 표면적으로는 교통 불편, 기 지급된 선대금 회수 곤란, 수지식 경매의 어려움 등을 이유로 가락시장 이전에 반대하였으나, 실질적인 이유는 상장경매제 실시로 모든 거래 실적이 투명하게 노출되어 음성적 거래에 의한 이익을 향유할 수 없었기 때문이다.

입어 1995년에는 청과 부류 전체의 상장매매를 추진되었다.

그러나 거수 수지식 경매제도는 담합 등 경매과정에 대한 불신, 경매업무 처리의 후진성 등 문제가 발생하여 1994년 농안법 파동[2] 이후 정부의 유통 개혁 대책의 일환으로 거래과정의 투명성 확보와 경매가격의 신속한 전파를 위한 전자식 경매가 2001년부터 본격 추진되었다. 전자식 경매가 도입된 지 9년이 지난 현재, 전자식 경매는 가락시장을 비롯한 대다수 공영도매시장으로 확대되고 있다. 그러나 전자식 경매의 효과에 대한 연구는 거의 이루어지지 않고 있다. 본 연구는 전자식 경매 전후 법인의 시장효율성 개선 여부와 법인 간 인과성 검정을 통해 전자식 경매의 효과를 분석하고 개선방안을 모색하고자 한다.

시장 효율성 및 시장 간 통합에 관한 선행연구로는 김남욱 외(2000), 이병훈 외(2002), 최병옥 · 김원태(2007), 윤창식 · 양승룡(2008) 등이 있다. 김남욱 외(2000)는 가락시장과 양재물류센터의 가격 분석에서 정부가 유통혁신의 일환으로 의욕적으로 추진한 양재물류센터가 가락시장보다 가격 면에서 전반적으로 높고 안정적이라 할 수 없으며, 농산물의 분산 기능을 충분히 수행하지 못함을 보이고 있다. 이병훈 외(2002)는 농안법 개정이 농산물 도매시장의 효율성에 미치는 효과를 분석한 결과, 전국 5개 지역 시장 간에 장기균형이 존재함에도 불구하고 일물일가는 성립하지 않아 시장 효율성이 더욱 제고되어야 함을 보여 주었다. 또한 시장의 효율성을 검정하기 위한 자기상관 분석결과, 농안법 개정 이후에도 여전히 자기상관이 발견되어 시장에 도달한 정보가 즉각적으로 가격에 반영되지 않고 있음을 지적하였다.

최병옥 · 김원태(2007)는 참외 주산지와 도매시장 가격 간의 동태적 인과성을 분석하였다. 분석 결과, 두 시장 간 공적분 관계가 존재하며, 외부 충격으로 인해 균형 상태로부터 벗어난 가격이 균형 상태로 조정되는 속도가 산

2 농안법 제정 후(1976) 동법을 1993년 6월 11일까지 총 6차례 개정하여 운영하던 중 중도매인 도매행위 금지로 1994년 5월 3일 소위 "농안법 파동"이 발생하여 가락시장 농수산물 거래가 전면 마비되는 사태가 발생하였다. 정부에서는 농수산물 유통개혁 대책을 발표(1994년 9월 1일)하고, 농안법을 개정 공포(1994년 11월 1일)하였다.

지시장이 도매시장보다 빠르고, 산지가격이 도매가격을 선도함을 보이고 있다.

윤창식 · 양승룡(2008)은 경매제와 시장도매인제 가격의 동태적 비교 분석에서 양 제도 간에는 일물일가 법칙이 성립되어 강서시장이 전체적으로 효율적으로 움직이고 있음을 확인하였다. 전반적으로 경매제가 시장도매인제에 가격 정보를 주고 있으나, 감귤 · 양파의 경우 양 제도 간 서로 정보를 주고받는 것으로 나타났다.

대부분의 선행연구에서 가격 효율성 분석은 도매시장 간, 도매시장과 산지시장 간, 또는 한 시장 내에서 거래제도(경매제와 시장도매인제)간 분석에 초점을 맞춘 반면, 본 연구는 가락시장 내에서 전자식 경매가 개별 법인의 효율성과 가격결정 과정에 어떤 영향을 미쳤는지를 분석한다는 점에서 선행 연구와 차별성을 가진다.

본 연구는 시계열 가격자료를 이용하여 5개 법인의 가격분포의 동일성과 약형 시장효율성을 검정하였다. 또한 Granger 인과성 검정을 통해 전자경매 전후의 법인간의 인과 관계의 방향을 분석하였다. 연구대상 품목은 가락시장에서 거래 비중이 크고, 법인 간 경매일자가 일치하는 날짜가 많은 4개 신선품목 즉, 토마토, 오이, 고추, 호박을 선정하였다. 가격자료는 서울시농수산물공사 내부 자료를 이용하였다.

Ⅱ. 가락시장 전자식 경매 현황

서울시는 1983년 12월 말 용산, 중부, 남대문, 청량리시장을 이전 대상 시장으로 선정하고 1985년에 5개 법인을 지정하여 가락시장을 개장하였다. 법인은 출하자들이 위탁한 농수산물을 법으로 정한 절차에 따라 공정하고 투명하게 적정가격을 형성하고, 경락가격을 신속하게 전파하는 역할을 한다. 법인은 농안법 제32조에 따라 농수산물을 경매 또는 입찰을 통해 매매하게 되어 있다.[3] 가락시장에서는 최초 가격에서 점차 높은 가격을 제시하여 최고 가격에 낙찰하는 상향식(영국식) 경매방법을 운영하고 있다.

경매 방식에는 사람의 손을 이용한 거수 수지식(open outcry) 경매와 전자 장치를 이용한 전자식(electronic) 경매가 있다(표 1). 수지식 경매는 농수산물 표준 경매수지도에 의거하여 경매 참가인이 경락 희망가격을 손가락으로 표시하고, 경매사는 최고가격을 제시한 자에게 낙찰시키는 방법으로 경락 가격 등을 종이 판매원표에 기록한다. 수지식 경매의 장점은 짧은 시간에 많은 물량 처리가 가능한 반면, 경매담합이나 기록상장 등 경매불신이 있을 수 있으며, 경매업무 처리과정이 복잡한 문제가 있다. 이에 정부에서는 경매 불신을 해소하고 가격 전파를 획기적으로 개선하기 위해 1994년 농안법 파동에 따른 유통개혁 후속 대책으로 전자식 경매를 원칙으로 하는 농안법 관련 규정[4]을 개정하였다. 가락시장 개설권자인 서울시는 5년마다 행하는 청과부류 법인 재지정 시 전자식 경매를 법인이 반드시 실시하도록 명시하고, 법인 평가 등을 통해 전자식 경매를 정착시켰다.[5]

전자식 경매는 전광판에 출하자명, 출하지역, 품목, 품종, 수량, 품위등급이 표시되면 경매참가인은 응찰기를 작동하여 경락 희망가격을 입력하고, 경매사는 최고가격 응찰자에게 경락시키는 방법이다. 경락 후 전광판에는 낙찰자 번호, 낙찰단가가 표시된다. 또한 각 법인은 경매와 동시에 경매가격 등을 서울시농수산식품공사(이하 공사)에 전송하면 공사는 법인별 경매 내역을 취합하여 전국에 실시간으로 전파한다.

3 경매 및 입찰의 방식을 Vickley(1961)와 Milgrom and Weber(1982)는 5가지로 분류하였다. 경매는 영국식 경매(English Auction, 상향식 경매)와 네덜란드식 경매(Dutch Auction, 하향식 경매)로, 입찰은 최고가격 입찰(First-Price Sealed-Bid Auction)과 차선가격 입찰(Second-Price Sealed-Bid Auction), 경매와 입찰의 혼합형으로 크게 구분하였다.

4 농안법 제33조에 경매 또는 입찰의 방법은 전자식을 원칙으로 하되, 필요한 경우 거수 수지식, 기록식, 서면입찰식 등의 방법으로 행할 수 있도록 명시하고 있다.

5 청과부류 상장경매 52개 품목에 대한 연도별 전자경매 비율은 2002년 59.5%, 2003년 67.3%, 2004년 75.7%, 2005년 80.6%, 2006년 81.6%, 2007년 85.9%, 2008년 86.3%, 2009년 10월 현재 89%에 이르고 있다.

표 1. 거수 수지식과 전자식의 경매 비교

구분	수지식	전자식
경매 절차	① 송품장 확인/종이 판매원표 작성 ② 거수 수지식 경매 ③ 경매결과 입력/정산 ④ 출하주에 통보(전화, 팩스 등)	① 송품장 확인/전산 판매원표 입력 ② 전자식 경매(검산과 정산 동시 수행) ③ 출하 · 소비자에 경락가격 전파
가격 제시	중도매인 및 매매참가인이 제시한 손가락	중도매인 및 매매참가인이 응찰기로 입력
경매 인력	3명	2명
낙찰자 결정	최고 가격 제시자	최고 가격 제시자
경매업무 처리	처리과정의 불투명성, 복잡성	처리과정의 신속성, 정확성, 간소성
경매 신뢰	경매담합 등 불신 상존	경매과정의 공정성, 투명성 제고
경매 시간	빠름	상대적으로 늦음
경매 참여	경매입찰 방식에 대한 전문 지식이 필요하여 신규 참여가 제한적임	응찰기 사용으로 경매 참여자 저변 확대

전자식 경매의 장점은 경매가격 결정에 있어서 공정성과 투명성이 상당부분 확보되고, 경매 내역이 전산 판매원표에 자동으로 작성됨에 따라 경매가격 임의 정정에 따른 불신을 해소시킬 수 있다. 또한 경매내역 실시간 전파 등 경매업무의 신속성 및 간소화에 기여한 반면, 경매시간이 많이 소요되고 가격정보 공개에 따른 도매시장 위축 등의 문제도 있다. 이에 반해 수지식 경매는 경매시간이 빠르다는 큰 장점이 있으나, 경매절차와 업무처리가 복잡하여 경매담합 등 불신이 상존하고 있다.

Ⅲ. 연구 방법

본 연구는 전자식 경매가 가격정보의 신속하고 저렴한 확산을 통해 도매시장의 효율성을 높였는지를 검정한다. 거수 수지식 경매의 경우 법인을 포함한 시장거래자들이 경락가격을 포함한 경매정보를 알기 위해서는 특정 법인의 산지 출하자 등을 통해 정보를 얻을 수밖에 없었다. 그러나 전자식 경매가 도입된 이후 공사 인터넷 홈페이지를 통해 모든 법인에서 경매와 동시에 실시간으로 경매정보를 제공하여 출하자와 법인, 법인과 중도매인, 그리고 법인 간 정보 접근 여건이 획기적으로 개선됨에 따라 가격변동성이 감소하고 법인 간 가격분포가 균등화되었을 것으로 추정된다. 이에 따라 본 연구는 다음과 같은 가설을 설정하였다.

가설 1. 전자식 경매는 가격변동성을 완화시킨다.
가설 2. 전자식 경매는 법인 간 가격 분포의 동일성을 강화시킨다.
가설 3. 전자식 경매는 시장의 효율성을 제고시킨다.
가설 4. 전자식 경매는 법인 간 일물일가를 제고시킨다.
가설 5. 전자식 경매는 시장 주도 법인의 가격리더 역할을 강화시킨다.

가설 1은 평균에 대한 상대적 변동성을 나타내는 변이계수로 검정하고, 가설 2는 5개 법인 간 평균과 분산이 동일하다는 귀무가설을 검정한다. 평균은 t-검정, 분산의 비교검정은 F-검정을 통해 단측 검정을 실시한다. 동일 분포를 검정하기 위한 식은 식 (1)과 (2)와 같다.

(1) $H_0: M_i = M_j, i,j=1, \cdots ,5$

$H_1: M_i \rangle M_j$

검정통계량 $t = (\overline{M_i} - \overline{M_j}) / Sp\sqrt{\frac{1}{n_i} + \frac{1}{n_j}} i$

여기서, M_i=법인 i의 평균가격, M_j=법인 j의 평균가격, Sp는 평균간 차이의 표준편차, n_i는 법인 i의 가격 표본 수, n_j는 법인 j의 가격 표본 수이다.

(2) $H_0: \sigma^2 i = \sigma^2 j, i, j=1, \cdots ,5$

$H_1: \sigma^2 i > \sigma^2 j$

검정 통계량 $F=S^2 i/S^2 j$

여기서, $\sigma^2 i$: 높은 수치의 분산, $\sigma^2 j$: 낮은 수치의 분산이며, $S^2 i$은 $\sigma^2 i$의 표본분산, $S^2 j$ 는 $\sigma^2 j$의 표본분산이다.

가설 3은 Fama(1970)의 세 가지 시장효율성 가설 중 시장 내의 모든 과거 정보가 가격에 충분히 반영되었음을 의미하는 약형(weak form) 가설을 통해 검정한다(이병훈 외, 2002; 이한식 · 장병문, 2002).[6] 본 연구에서는 Ljung-Box Q-통계량을 이용하여 가격의 자기상관을 검정하였다. 또한 식 (3)의 자기회귀 모형을 이용하여 과거의 가격이 현재의 가격에 미치는 영향의 지속성을 검정하였다. 자기 회귀 모형의 최대 시차는 SIC(Schwarz Information Criterion)를 이용하여 결정하였다.

$$(3)\ P_t = \alpha + \sum_{k=1}^{q} \beta_k P_{t-k} + \epsilon_t$$

가설 4의 일물일가에 대한 검정은 식 (4)의 β=1에 대한 검정을 통해 이루어진다(Ardeni, 1989; Chowdhury, 1991). 여기서 α=0일 필요는 없다. 이는 각 법인 간의 거래비용 등을 반영하기 때문이다. 본 연구에서는 SUR(Seemingly Unrelated Regression) 모형을 이용하여 5개 법인 간 일물일가가 성립하는지 여부를 Wald-검정을 이용하여 분석하였다.

$$(4)\ Y_{i,t} = \alpha + \beta X_{j,t} + e_t (i, j = 5\text{개 법인}, i \neq j)$$

시계열 자료들은 대부분 표본의 분포가 시간에 따라 변동하는 비정상성(non-station-arity)을 가지고 있다. 만약 자료가 비정상성을 가지고 있으나 이를 고려하지 않는 회귀분석을 통한 검정은 귀무가설을 잘못 기각하는 오류(spurious regression)가 발생한다. 따라서 분석의 순서는 먼저 시계열 자료의 비

6 정보의 집합이 시장 내의 모든 과거 정보로 구성되어 있으면 약형 가설이고, 모든 이용 가능한 공공정보(public information)의 경우는 중간형, 내부자 정보(inside information)까지 포함한 모든 정보의 경우에는 강형 효율성 가설이라 한다.

정상성으로 인해 초래되는 허구적 결과를 피하고 표본 통계량에 대한 점근적 속성(asymptotic property)을 얻기 위해 시계열 자료의 정상성(stationarity)을 판별하는 단위근 검정을 실시한다. 이를 위해 본 연구는 DF(Dickey- Fuller) 검정을 보완한 ADF(Augmented DF) 검정을 이용하였다.

가설 5의 인과성은 VAR(vector autoregressive) 모형을 이용하여 검정한다(Sims, 1977). 만약 식 (5)에서 Ho: $\beta_{1k}=0$, $\forall_k$의 귀무가설이 기각될 경우 '***X***가 ***Y***를 Granger Cause'함을 의미하고, Ho:$\gamma_{2k}=0$, $\forall_k$의 귀무가설이 기각될 경우 '***Y***가 ***X***를 Granger Cause'함을 의미한다.[7]

$$(5)\quad Y_t = \alpha_1 + \sum_{k=1}^{q} \beta_{1k} X_{t-k} + \sum_{k=1}^{q} \gamma_{1k} Y_{t-k} + \epsilon_{1t}$$

$$X_t = \alpha_2 + \sum_{k=1}^{q} \beta_{2k} X_{t-k} + \sum_{k=1}^{q} \gamma_{2k} Y_{t-k} + \epsilon_{2t}$$

Ⅳ. 분석 결과

1. 자료

본 연구는 가락시장에 반입되는 품목 중 거래 비중이 크고, 법인별 거래일자가 일치하는 경우가 많은 토마토, 오이, 고추, 호박을 대상으로 분석하였다. 거래단위는 일일 총 거래금액을 총 거래물량으로 나눈 1일 평균가격을 사용하였으며, 원/kg 단위로 환산하여 분석하였다. 같은 일자에 경매가 이루어지지 않는 법인의 경매가격은 전일 가격을 사용하였다. 이는 새로운 가격이 형성되기까지는 전일 가격이 유효한 시장가격이기 때문이다.

연구 기간은 1994년 1월 1일부터 2008년 12월 31일까지 15개년이며,

7 그러나 불안정 시계열 자료들 간에 공적분 관계가 성립할 경우 오차수정항(Error Correction Term)을 모형에 반영시킨 VECM(Vector Error Correction Model)를 이용함으로써 분석의 효율성을 제고시킬 수 있다. 불안정시계열 자료의 경우 공적분 검정을 실시한 후 공적분 관계가 성립할 경우에는 VECM을 이용해 인과성을 검정하고, 공적분 관계가 성립하지 않을 경우 1차 차분한 시계열 자료를 활용한 VAR 모형을 이용한 인과성 검정을 실시한다.

전자식 경매 시작시점을 기준으로 기간 1(1994.1.1~2000.12.31)과 기간 2(2002.1.1~2008.12.31)로 나누어 분석하였다. 전자식 경매의 경과기간인 2001년은 분석대상에서 제외하였다.[8] 이에 따라 품목별 분석 자료의 수는 기간 1 평균 2,163개, 기간 2는 평균 2,150개이다.

윤병삼 · 양승룡(2004)은 가락시장 가격에 요일효과가 존재함을 보이고 있다. 요일효과는 약형 효율성과 인과성 검정 등에 중요한 영향을 미칠 수 있으므로 본 연구에서도 요일효과를 제거한 가격을 이용하여 분석하였다.[9]

2. 가격변동성 분석

전자경매 도입 전후의 변이계수 추정 결과는 〈표 2〉에 나타나 있다. 전자경매 이후 (주)중앙청과의 풋고추 한 품목을 제외하고 모든 경우 변이계수가 감소하고 있다. 이는 전자식 경매가 가격정보의 신속하고 저렴한 확산을 통해 가격변동성을 완화시켜 줄 것이라는 기대에 부응하는 것이다.

3. 가격 분포의 동일성에 대한 검정결과

법인 간에 '평균적으로 가격이 동일하다'는 귀무가설을 t-검정을 이용하여 양측 검정하였다(표 3). 검정결과를 기간 별로 비교하면 고추와 호박의 경우 기대한 바와 같이 기간 2가 기간 1에 비해 동일 평균의 개수가 증가하였다. 특히 고추의 경우 모든 법인의 가격이 평균적으로 동일한 것으로 검정되었

8 전자식 경매 및 실시간 전파는 2000년 12월부터 청과 부류 29개 품목에 대하여 실시하였다. 그러나 법인별 · 품목별 경매비율이 낮고 경매내역 실시간 전파 시점도 차이가 있어 과도기인 2001년은 분석대상에서 제외하고, 청과 부류 49개 상장경매 전 품목에 대한 전자경매를 실시한 시점인 2002년부터 기간 2를 시작하였다.

9 요일효과의 제거는 다음의 가변수(dummy variable) 모형을 이용하여 실시하였고, 최종적으로 아래 모형에서 산출된 $\widehat{P}_t$을 분석에 활용하였다.

$$P_t = c + b_1 Mon + b_2 Wen + b_3 Thu + b_4 Fri + b_5 Sat + b_6 Sun + e_t$$
$$\widehat{P}_t = c + \widehat{e_t}$$

여기서 P_t는 일일 경매가격을 의미하고, 가변수는 각각 월요일(Mon), 수요일(Wen), 목요일(Thu), 금요일(Fri), 토요일(Sat), 일요일(Sun)을 나타낸다.

표 2. 전자식 경매 전후의 변이계수

구분		명목가격			실질가격		
		기간 1(A)	기간 2(B)	대비(B/A)	기간 1(A)	기간 2(B)	대비(B/A)
오이	서울	0.44	0.39	0.89	0.43	0.40	0.93
	농협	0.44	0.39	0.89	0.44	0.40	0.91
	중앙	0.41	0.39	0.95	0.41	0.39	0.95
	동화	0.42	0.38	0.90	0.42	0.39	0.93
	한국	0.41	0.39	0.95	0.41	0.39	0.95
풋고추	서울	0.53	0.53	1.00	0.54	0.53	0.98
	농협	0.54	0.51	0.94	0.54	0.51	0.94
	중앙	0.51	0.52	1.02	0.52	0.52	1.00
	동화	0.52	0.52	1.00	0.52	0.51	0.98
	한국	0.52	0.51	0.98	0.52	0.50	0.96
호박	서울	0.52	0.46	0.88	0.51	0.48	0.94
	농협	0.50	0.34	0.68	0.48	0.33	0.69
	중앙	0.54	0.45	0.83	0.53	0.46	0.87
	동화	0.52	0.44	0.85	0.50	0.45	0.90
	한국	0.51	0.42	0.82	0.51	0.43	0.84
토마토	서울	0.45	0.39	0.87	0.46	0.40	0.87
	농협	0.46	0.39	0.85	0.47	0.39	0.83
	중앙	0.41	0.38	0.93	0.41	0.38	0.93
	동화	0.53	0.40	0.75	0.55	0.41	0.75
	한국	0.51	0.39	0.76	0.52	0.40	0.77

표 3. 가격 평균의 동등성에 대한 검정결과

구분		서울 ↔ 농협	서울 ↔ 중앙	서울 ↔ 동화	서울 ↔ 한국	농협 ↔ 중앙	농협 ↔ 동화	농협 ↔ 한국	중앙 ↔ 동화	중앙 ↔ 한국	동화 ↔ 한국
오이	기간1	2.16*	0.63	3.41**	2.47*	1.60	1.17	0.23	2.88**	1.91	0.98
	기간2	2.93**	0.29	1.88	0.40	2.66**	4.87**	3.36**	2.20*	0.70	1.49
고추	기간1	0.28	2.57**	1.45	1.30	2.28*	1.16	1.02	1.14	1.28	0.14
	기간2	0.83	1.09	1.70	1.62	0.27	0.89	0.80	0.60	0.51	0.10
호박	기간1	17.97**	7.34**	3.00**	5.08**	10.41**	15.06**	13.05**	4.40**	2.36*	2.08*
	기간2	17.28**	2.03*	0.73	1.11	15.59**	17.14**	17.42**	1.34	1.01	0.38
토마토	기간1	4.13**	4.94**	3.73**	4.22**	0.57	0.11	0.28	0.64	0.25	0.37
	기간2	3.30**	0.51	2.90**	8.36**	2.84**	0.33	5.12**	2.45*	8.01**	5.32**

주: 각 수치는 t값이고, *(**)은 5%(1%) 유의수준에서 해당 귀무가설을 기각함을 의미

다. 그러나 오이의 경우는 동일 평균의 개수가 비슷하였고, 토마토는 오히려 감소하였다. 법인 간의 가격이 평균적으로 같지 않는 것은 법인별 주거래 중도매인이 분산하는 상품의 양과 품질이 다르기 때문으로 사료된다.

〈표 4〉는 법인 간 '가격의 분산이 동일하다'는 F-검정결과이다. 기간 2에 기간 1에 비해 오이, 고추, 토마토의 경우 법인 간 분산이 동일한 개수가 증가하였고, 호박은 약간 증가하였다. 특히 고추는 모든 경우에 동일 분산 가설이 수용되어 동일 평균의 검정결과를 고려할 때 가격분포가 모든 법인에서 동일한 것으로 나타났다.

〈표 5〉는 가격분포의 동일성에 대한 검정결과를 요약한 것이다. 법인 간 가격평균이 동일한 경우는 기간 1의 20개에서 기간 2에 23개로 3개 증가하였다. 법인 간 분산이 동일한 경우는 기간 1의 19개에서 기간 2에 25개로 6개

표 4. 가격 분산의 동등성에 관한 검정결과

구분		서울↔농협	서울↔중앙	서울↔동화	서울↔한국	농협↔중앙	농협↔동화	농협↔한국	중앙↔동화	중앙↔한국	동화↔한국
오이	기간1	1.09*	1.13**	1.00	1.04	1.24**	1.09*	1.14**	1.14**	1.09	1.05
	기간2	1.10*	1.05	1.02	1.03	1.04	1.08	1.06	1.03	1.02	1.01
고추	기간1	1.03	1.02	1.01	1.01	1.01	1.04	1.02	1.03	1.01	1.02
	기간2	1.04	1.02	1.02	1.03	1.07	1.06	1.01	1.01	1.05	1.05
호박	기간1	1.89**	1.17**	1.10*	1.18**	1.61**	1.72**	1.60**	1.07	1.00	1.08
	기간2	2.90**	1.14**	1.13**	1.27**	2.55**	2.58**	2.29**	1.01	1.11*	1.12**
토마토	기간1	1.07	1.39**	1.23**	1.11*	1.29**	1.32**	1.19**	1.71**	1.54	1.11*
	기간2	1.11*	1.09	1.00	1.23	1.02	1.10*	1.11*	1.08	1.13**	1.23**

주: 각 수치는 F값이고, *(**)은 5%(1%) 유의수준에서 해당 귀무가설을 기각함을 의미

표 5. 가격 분포의 동일성에 관한 검정결과

구분	가격평균의 동일성			가격분산의 동일성		
	기간 1(A)	기간 2(B)	대비(B/A)	기간 1(C)	기간 1(D)	대비(D/C)
합계	20	23	115.0%	19	25	131.6%
오이	6	5	83.3%	4	9	225.0%
풋고추	8	10	125.0%	10	10	100.0%
호박	0	5	0.0%	3	1	33.3%
토마토	6	3	50.0%	2	5	250.0%

증가하여 전자식 경매가 법인 간 가격분포의 동일성을 강화시켜 줄 것이라는 기대가 대체로 충족되고 있음을 보여 준다.

4. 가격의 효율성 검정결과

1) 시계열의 정상성

시계열 자료의 비정상성으로 인한 허구적 회귀현상을 피하기 위해 ADF 단위근 검정을 실시하였다. 검정결과, 5% 유의수준에서 연구 대상 4개 품목 모두 원 시계열(raw data)에 단위근이 없는 것으로 나타났다(표 6).

표 6. ADF 단위근 검정결과

구분		시차		검정결과: 기간 1		검정결과: 기간 2	
		기간 1	기간 2	level	1st diff	level	1st diff
오이	서울	3	3	-6.03**	-	-6.85**	-
	농협	6	3	-5.78**	-	-7.89**	-
	중앙	3	3	-6.40**	-	-7.78**	-
	동화	3	3	-6.27**	-	-7.61**	-
	한국	3	3	-6.23**	-	-7.33**	-
풋고추	서울	3	6	-4.50**	-	-4.17**	-
	농협	3	3	-4.48**	-	-3.92*	-
	중앙	3	3	-4.26**	-	-4.00**	-
	동화	3	3	-4.26**	-	-4.02**	-
	한국	3	3	-4.15**	-	-4.01**	-
호박	서울	1	9	-8.82**	-	-6.46**	-
	농협	5	9	-6.84**	-	-5.51**	
	중앙	4	7	-8.51**	-	-7.45**	-
	동화	2	12	-8.43**	-	-6.78**	-
	한국	1	0	-8.42**	-	-9.15**	-
토마토	서울	5	3	-5.71**	-	-6.29**	-
	농협	9	1	-5.24**	-	-6.13**	-
	중앙	1	6	-6.61**	-	-6.48**	-
	동화	3	2	-6.26**	-	-7.01**	-
	한국	4	7	-5.55**	-	-5.76**	-

주: 1) 각 수치는 t값이고, *(**)은 5%(1%) 유의수준에서 귀무가설을 기각함을 의미
2) 시차의 선택은 SIC를 이용하였고, 단위근 검정 시 절편 및 추세 포함.

표 7. 자기상관 검정결과

구분		서울청과		농협(공)		중앙청과		동화청과		한국청과	
		기간1	기간2	기간1	기간2	기간1	기간2	기간1	기간2	기간1	기간2
오이	Q 통계량	22823 (0.00)	19400 (0.00)	21523 (0.00)	16753 (0.00)	21051 (0.00)	17573 (0.00)	22055 (0.00)	17362 (0.00)	21622 (0.00)	18412 (0.00)
	SC	AR(4)	AR(4)	AR(7)	AR(4)	AR(4)	AR(13)	AR(4)	AR(13)	AR(4)	AR(4)
풋고추	Q 통계량	28898 (0.00)	29903 (0.00)	29541 (0.00)	29906 (0.00)	29842 (0.00)	29981 (0.00)	29871 (0.00)	29972 (0.00)	30283 (0.00)	29827 (0.00)
	SC	AR(5)	AR(7)	AR(4)	AR(4)	AR(4)	AR(4)	AR(4)	AR(4)	AR(4)	AR(4)
호박	Q 통계량	11937 (0.00)	14020 (0.00)	14145 (0.00)	14740 (0.00)	11919 (0.00)	13154 (0.00)	12342 (0.00)	13311 (0.00)	13495 (0.00)	13297 (0.00)
	SC	AR(2)	AR(10)	AR(6)	AR(10)	AR(13)	AR(13)	AR(3)	AR(3)	AR(2)	AR(4)
토마토	Q 통계량	22621 (0.00)	20450 (0.00)	18241 (0.00)	20767 (0.00)	21375 (0.00)	20639 (0.00)	20742 (0.00)	16680 (0.00)	24519 (0.00)	21134 (0.00)
	SC	AR(6)	AR(4)	AR(10)	AR(3)	AR(2)	AR(7)	AR(4)	AR(3)	AR(5)	AR(3)

주: ( ) 안의 값은 Ljung-Box Q 통계량의 p-value로서 자기상관이 존재하지 않는다는 귀무가설을 유지할 확률을 의미함.

2) 약형 효율성 검정

약형 효율성 검정은 Ljung-Box 통계량을 이용하여 가격변화에 대한 자기상관 검정을 통해 실시하였다. 그 결과 5% 유의수준에서 전자식 경매 전후 모든 연구대상 품목의 가격 변화에 자기상관이 존재하지 않는다는 귀무가설이 기각되었다(표 7). 즉 시장 정보가 가격에 즉각적으로 반영되지 못하고 최소 2일에서 최대 13일까지 지속적으로 가격결정과정에 영향을 미치고 있음을 보여 주고 있다.

또한 오이와 토마토의 경우 대체로 전자경매의 도입이 자기상관의 크기를 감소시키고 있으나, 특히 호박의 경우는 오히려 자기상관이 증가하여 가격발견과정에 개선이 필요함을 시사하고 있다.

5. 일물일가 검정결과

〈표 8〉은 개별 법인 간 일물일가 검정결과이다. 총 40개 경우 중 기간 1에서

표 8. 개별 법인 간 일물일가 성립 개수

구분	기간 1			기간 2			기간별 대비 (F/E)
	대상(A)	성립(B)	대비E(B/A)	대상(C)	성립(D)	대비F(D/A)	
오이	10	3	30.0%	10	2	20.0%	66.7%
풋고추	10	1	10.0%	10	2	20.0%	200.0%
호박	10	2	20.0%	10	3	30.0%	150.0%
토마토	10	0	0%	10	3	30.0%	∞
종합	40	6	15.0%	40	10	25.0%	166.7%

표 9. 전체 법인 간 일물일가 검정결과

구분	기간 1		기간 2		통계량 증감 (B-A)
	F검정 통계량(A)	검정결과	F검정 통계량(B)	검정결과	
오이	348.54**	기각	167.87**	기각	-180.67
풋고추	56.57**	기각	91.80**	기각	35.23
호박	1497.59**	기각	3054.14**	기각	1556.55
토마토	1372.89**	기각	69.84**	기각	-1303.05

는 6개(15.0%), 기간 2에서는 10개(25.0%)가 성립하였다. 품목별로는 토마토는 3개, 고추와 호박은 각 1개 증가한 반면, 오이는 1개 감소하였다.

〈표 9〉에서 보듯이 SUR(seemingly unrelated regression) 모형을 이용하여 5개 법인 간 일물일가를 동시에 검정한 결과, 4개 품목 모두 기각되어 일물일가가 성립하지 않았다. 그러나 오이와 토마토의 경우 기간 2의 F검정 통계량 값이 기간 1에 비해 작아져서 전자식 경매 이후 개선되었음을 알 수 있다. 또한 고추의 경우는 전자경매 전후 거의 유사하나, 호박은 오히려 악화되었음을 보여 준다. 이러한 결과는 자기상관을 이용한 약형 효율성 결과와 일치한다.

시장이 효율적이면 시장(법인) 간 일물일가가 성립해야 한다. 즉, 동일한 상품에 대해서는, 시장 간 가격이 일시적으로는 상이할 수 있으나, 시장정보가 원활하게 흐르고 거래에 제약이 없다면 궁극적으로 가격이 동일한 일물일가가 성립되어야 한다. 가락시장의 경우 일물일가 성립비율이 다소 낮으나, 전자식 경매 이후 일물일가 성립 개수가 1.67배 증가하여 전자식 경매가 법인 간 일물일가를 강화시켜 줄 것이라는 기대를 일정 부분 충족시켜 주었다. 이에 따라 전자식 경매로 정보의 흐름이 빨라져 시장 간 통합성이 높아졌다고 볼 수 있다.

6. 인과성 검정결과

특정일의 경매가격은 출하자 희망 수취가격, 산지 시세, 전일 재고량, 당일 반입량, 수요자 요구가격, 상품 품질 등이 종합적으로 반영되어 결정된다. 전자식 경매 이후 실시간으로 전파되는 특정 법인의 경락가격은 각 법인의 경매사, 중도매인 등 시장중개인과 출하자 및 대량 수요처 등 거래당사자들에 의해 즉각적으로 가격결정에 반영되고 있다. 따라서 거래물량이 많고 시장점유율이 높은 법인이 그렇지 못한 법인의 가격을 리드할 것으로 예상할 수 있다. 그러나 궁극적으로 시장이 매우 효율적이라면 법인 간 가격결정이 서로 영향을 주고받는 피드백(feedback) 현상을 나타낼 것이다.

VAR 모형을 이용한 Granger 인과성 검정결과가 〈그림 1〉에 나타나 있다. 그림에서 보는 바와 같이 전자식 경매로 경매가격이 실시간 공개되어 법인별 가격정보 흐름에 차별화가 진행되고 있다. 가락시장에서 거래물량 비중이 크고 시장 주도 역할을 하고 있는 법인 중심으로 가격선도가 나타난다.[10]

오이의 경우 거래물량 1위(약 32%)인 한국청과(주)가 기간 1에서는 가격추종자였으나 기간 2에서 가격선도자로 바뀌었다. 전자식 경매 이전에는 서울청과(주)와 농협(공)[11]이 한국청과(주)의 영향을 받지 않다가 전자식 경매 이후에는 영향을 받고 있다. 반면, (주)중앙청과는 기간 1에서는 5개 법인 중 거래물량이 3위(약 18.0%)였으나 기간 2에서 5위(약 14.8%)로 하락한 후 다른 4개 법인으로부터 일방적으로 가격정보를 받는 상태로 바뀌었다.

10 Shinha and Greenleaf(2000)는 경매 시 이론적으로 가장 낮은 상태에서의 입찰을 위한 최적의 전략에 영향을 미치는 요인을 제시하고, 준거가격(reference price)의 설정이 중요함을 강조하였다. 준거가격이란 Kardes(2002)에 의하면 "구매자들이 현재 가격의 높고 낮음을 평가할 때 비교기준으로 쓰는 가격"이라고 할 수 있다.

11 법인은 서울청과(주), 농협(공), (주)중앙청과, 동화청과(주), 한국청과(주) 순으로 위치되어 있으며, 상대적으로 거리가 떨어진 서울청과(주)와 농협(공)이 전자식 경매 이후 한국청과(주)로부터 가격 정보를 받고 있다는 것은 전자식 경매가 법인 간 지리적 장애를 완화시켜주는 역할을 하였다고 볼 수 있다.

그림 1. 전자식 경매 전후 인과성 검정결과

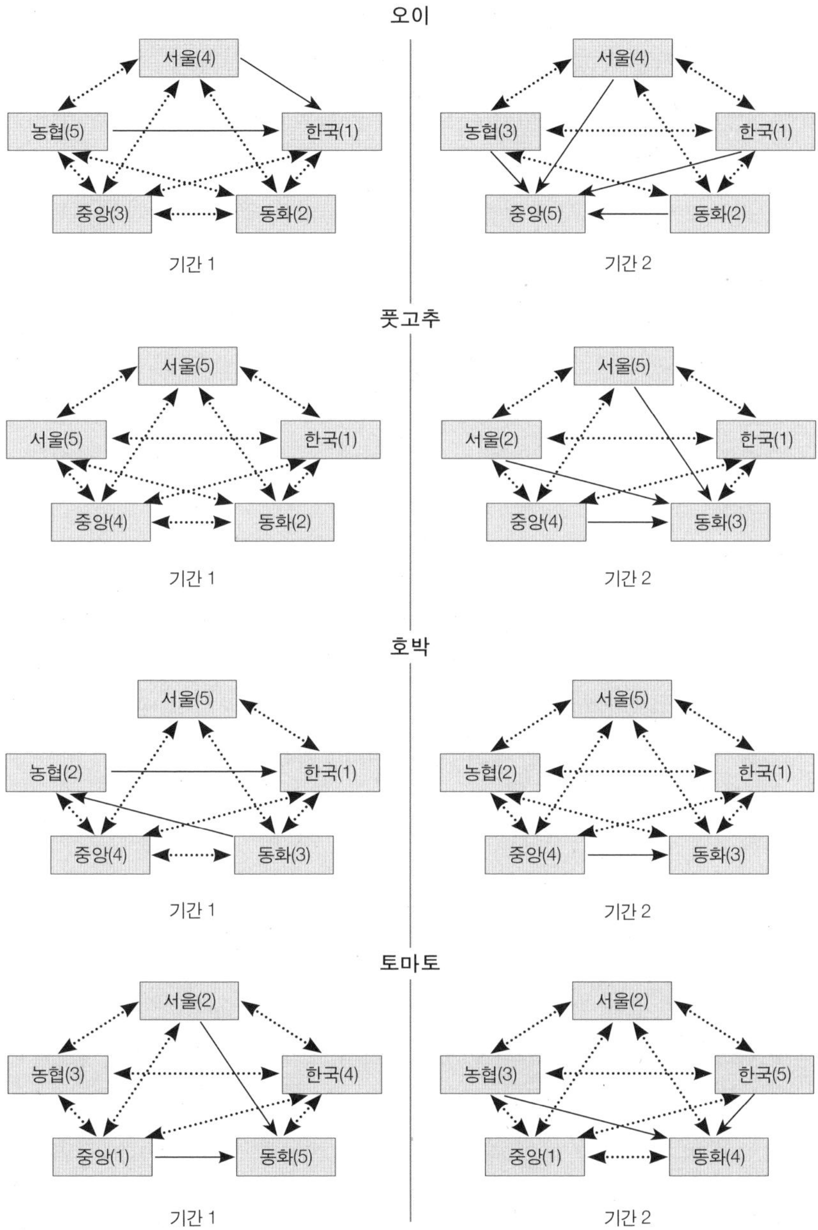

주: ( )는 기간별 · 품목별 가락시장 반입물량 중 법인별 거래물량 순위임.

풋고추의 경우 기간 1에서 모든 법인이 가격을 서로 주고받은 구조에서, 기간 2에 동화청과(주)가 서울청과(주), 농협(공), (주)중앙청과로부터 가격정보 영향을 받는 구조로 바뀌었다. 그 원인은 동화청과(주)가 물량 점유비율에서 기간 1의 2위에서 기간 2의 3위로 하락하였기 때문으로 분석된다.

호박은 기간 1에 한국청과(주), 농협(공), 서울청과(주)의 영향을 받는 구조에서, 기간 2에 농협(공)과 동화청과(주)가 영향을 받는 구조로 변화되었다. 5개 법인 물량비중이 1위인 한국청과(주)와 2위인 농협(공)이 전자식 경매 실시 이후 가격정보를 주고받은 구조로 전환되었고, 물량 점유비율이 3위에 위치한 동화청과(주)는 기간 2에 영향을 받는 구조로 변하였다.

토마토는 기간 1에 동화청과(주), 농협(공)이 영향을 받는 구조에서, 기간 2에 동화청과(주)만이 영향을 계속 받고 있다. 동화청과(주)는 5개 법인 중 거래물량이 5위[12]이다.

오이와 호박, 토마토의 경우에서 보듯이 전자식 경매 이후 거래물량 비중이 크고 시장 주도 역할(가락시장 내에서 기준가격을 제시하고 있는)을 하는 법인이 가격선도 역할을 하고 거래물량이 적은 법인이 추종하는 구조로 바뀌었다. 이는 전자식 경매가 정보의 증가를 통해 시장주도 법인의 역할을 강화시켜 줄 것이라는 기대가 충족되었음을 알 수 있다.

V. 요약 및 결론

전자식 경매는 경매과정의 공정성 및 투명성 확보와 경매가격의 실시간 전파를 위해 2000년 9월 도입된 이래 9년이 지났다. 본 연구에서는 전자식 경매가 당초 도입 취지대로 효율성을 증가시켰는지를 검정하기 위해 전자식 경매 전후 가격 비교분석을 통해 가격 분포, 일물일가, 가격 인과성 등을 검

12 동화청과(주)가 15년(1994-2008년)간 5개 법인 중 차지하는 평균 물량 비중은 9.3%로 최하위이다.

정하였다. 가락시장에 반입되는 품목 중 거래비중이 크고 법인 별 경매일자가 일치하는 오이 · 고추 · 호박 · 토마토 등 4개 품목에 대한 가격자료를 분석한 결과는 다음과 같다.

첫째, 기초 통계량 분석결과 전자식 경매 이후 변이계수가 하락하여 전자식 경매가 가격변동성을 완화시켜 줄 것이라는 기대를 충족시켜 주었다.

둘째, 가격분포의 동일성에 대한 검정결과, 법인 간 가격평균이 동일한 경우가 전자식 경매 이후 3개 증가하고(기간1 20개, 기간2 23개), 법인 간 분산이 동일한 경우 또한 6개 증가하여(기간1 19개, 기간2 25개) 전자식 경매가 법인 간 가격평균의 동일성을 강화시켜 줄 것이라는 가설이 어느 정도 충족되었다.

셋째, 법인 별 약형 효율성을 계측하기 위한 자기상관 분석 결과, 4개 품목 모두 자기상관이 발견되어 여전히 시장효율성의 개선 여지가 남아 있음을 보여 주었다.

넷째, 일물일가 검정결과, 전자식 경매 이후 법인 간 일물일가가 성립하는 경우가 1.67배 증가하여 전자식 경매가 법인 간 일물일가 성립을 강화시켜 줄 것이라는 가설이 충족되었다.

마지막으로 인과성 검정결과, 전자식 경매 이후 가격정보 공개에 따라 거래물량 비중이 크고 시장 주도 역할을 하는 법인이 가격선도를 하고 있었다. 전자식 경매로 가격정보가 증가하면 시장 주도 법인의 역할이 커질 것이라는 기대가 어느 정도 충족되었다.

종합하면, 가락시장 농산물 전자식 경매에 따른 실시간 경락가격 전파가 법인 간 가격분포의 동일성과 일물일가를 강화시키고, 시장정보의 흐름을 제고시킨 것으로 요약할 수 있다.[13, 14] 또한 전자식 경매가 농산물 유통의 고질적인 문제인 가격 변동성을 상당부문 완화시키는데 크게 기여하였다. 이

13 2명의 익명의 심사자는 가락시장 가격 효율성을 제고시키는 요인에는 전자식 경매 외에 다른 요인(정보화 진전, 산지 유통조직의 마케팅 능력 향상 등)도 있을 수 있다고 지적하였고, 필자들도 이에 동의한다.

14 익명의 심사자는 "경매제도가 여타 거래제도 보다 산지의 공급 상황에 따라 가락시장 가격이 변동될 수 있다"는 심사의견을 제시하여 이에 대한 연구는 향후 과제로 남겨둔다.

러한 결과는 전자식 경매가 출하자의 가격 리스크를 감소시키고, 가격결정의 투명성을 제고하여 경매비리에 대한 감시비용을 크게 감소시키는 등 상장경매 도입 취지인 투명성과 공정성을 향상시키는데 중요한 역할을 하였다고 볼 수 있다.

전자식 경매 효과의 정책적 함의는 도매시장 내부와 외부로 나누어 살펴볼 수 있다. 첫째, 도매시장 내부적으로는 상장 경매제와 달리 가격 정보 공개가 불완전하고 거래 일자보다 지연된 정보를 시장참여자들에게 제공하여 합리적인 의사결정을 제약하는 상장예외품목과 정가 · 수의매매 품목, 시장도매인제 가격전파 방식을 개선시킬 필요가 있다. 특히, 전국 농수산물의 기준가격을 제시하고 있는 가락시장과 시장도매인제를 최초로 도입하여 운영하고 있는 강서시장의 가격 전파 방식에 있어 제도적, 기술적 개선이 이루어질 수 있도록 정부와 공사의 적극적인 역할이 필요하다.

둘째, 도매시장 외부적으로는 최근 시장 교섭력 증가로 농산물 유통에서의 시장점유율이 확대되었지만 가락시장으로부터 가격 정보를 받기만 하는 폐쇄적인 대형유통업체와 농협종합유통센터의 가격 공유 기능을 강화할 필요가 있다. 대형유통업체가 우월적인 시장 교섭력을 바탕으로 출하자나 중도매인 등과의 거래에서 불공정 행위를 하고 있다는 불만이 많으며, 가격정보 미공개로 감시비용 등이 늘어나고 있으며 피해가 발생하고 있다. 미국의 경우 시장을 경유하지 않는 계약에 의한 거래가 주를 이루는 축산물의 거래정보를 의무적으로 신고하게 할 만큼 거래정보의 공개가 중요한 이슈가 되고 있다.[15] 대형 유통업체와 더불어 국고 보조 등으로 출하자 선택권을 확대하기 위하여 도입된 농협종합유통센터 또한 당초 도입 취지와 다르게 양질의 거래정보를 제공하지 않고 있다. 이에 대한 개선이 시급히 필요하다.

정부에서는 소비지 시장에서 도매시장 외에 대형 유통업체나 농협종합유

---

15 미농무성(USDA)은 2001년 축산물의무가격신고제(Livestock Mandatory Price Reporting Law)를 도입하여 소규모 농가들에게 거래정보를 제공하고 대형가공업자들의 과도한 시장 교섭력을 제한하고 있다.

통센터 가격 정보 공개를 통한 농수산물 유통구조 개선으로 FTA 확대 등 농산물 시장개방에 적극 대비하여야 한다. 산지농협 등 정부보조금을 받는 출하자 단체 등에 대해서도 출하가격을 공개하는 내용을 법제화하여 소비지 시장 가격을 산지에서 비교할 수 있는 시스템을 구축하여야 한다.

가락시장 농산물 전자식 경매에 따른 실시간 가격전파가 사회적 후생을 얼마나 증가시키는지와 가락시장과 대형 유통업체 간의 동태적 가격분석은 향후의 과제로 남겨둔다.[16]

16 익명의 심사자는 "산지와 도매시장 간 가격결정 관계를 재해석 할 필요가 있다"고 지적하여, 이 부분은 본 논문의 한계로 향후 과제로 남겨둔다.

참고문헌

김남욱 · 양승룡 · 한두봉 · 정복조, 〈양재 물류센터와 가락 도매시장의 가격비교 분석〉, 《농업경제연구》 41(2), 2000, 91-110쪽.

윤병삼 · 양승룡, 〈양념 채소가격의 요일효과, 월별효과 및 월중효과에 관한 연구〉, 《농업경제연구》 45(2), 2004, 187-210쪽.

윤병삼 · 홍승지, 〈가락시장 채소가격의 요일효과에 관한 연구〉, 《농업경영 · 정책연구》 31(3), 2004, 479-495쪽.

윤창식 · 양승룡, 〈강서 도매시장의 상장경매제와 시장도매인제 가격 비교분석〉, 《유통연구》 14(1), 2009, 67-86쪽.

이병훈 · 양승룡 · 정복조, 〈농안법 개정이 농산물 도매시장의 효율성에 미치는 효과분석〉, 《농업경영 · 정책연구》 29(1), 2002, 68-87쪽.

최병옥 · 김원태, 〈참외 주산지와 도매시장 가격의 동태적 인과성 분석〉, 《농촌경제》 30(3), 2007, 69-85쪽.

채수찬 · 김재윤, 〈경매이론과 미국의 전파 대역 경매에 대한 연구〉, 《정보통신 정책학회 '96 정기학술대회 발표논문집》, 1996.

Fama, E., "Efficient Capital Markets: A Review of Theory and Empirical Work", *The Journal of Finance*, 25(2), 1970, pp.383-417.

Milgrom, P. and Robert J. Weber, "A Theory of Auctions and Competitive Bidding", *Econometrica*, 50(5), 1982, pp.1089-1122.

Shinha, A. R. and E. A. Greenlea, "The Impact of Discrete Bidding and Bidder Aggressiveness on Seller's Strategies in Open English Auctions: Reserves and Covert Shilling", *Marketing Science*, 19(3), 2000, pp.244-265.

Vickley, W., "Counter Speculation, Auctions, and Competitive Sealed Tenders", *The Journal of Finance*, 16(1), 1961, pp.8-37.

3장 가락시장 중도매인의 복수법인 거래 활성화를 위한 연구

1994년 농안법 개정으로 중도매인들은 복수의 도매법인과 거래할 수 있게 되었다. 그러나 가락시장 청과 중도매인의 복수법인 거래는 2012년 현재 전체 거래량의 7.5%에 지나지 않는다.

— ex. 유통 in, 2014.5.20

Ⅰ. 서론

도매시장 중도매인이 특정 도매시장법인(이하 도매법인)에 소속되어 해당 법인의 경매에만 참여하는 소위 "중도매인 소속제"를 개선하기 위해 1994년 농수산물유통및가격안정에관한법률(이하 농안법)이 개정되었다. 이는 중도매인이 여러 법인의 경매에 선택적으로 참여할 수 있게 하기 위한 것이다. 중도매인의 복수법인 거래는 중도매인에 대한 도매법인 간의 서비스 경쟁을 높이고, 보다 우수한 농산물의 수집활동을 촉진할 뿐만 아니라, 법인 간 가격 및 거래정보를 활성화하여 일물일가 등 가격효율성을 제고하는 긍정적인 효과를 기대할 수 있다.

그러나 농안법이 개정된 지 20여 년이 지난 지금까지도 가락시장에서 복수법인 거래 비율이 저조하여 중도매인 소속제[1]가 실질적으로 고착화되어 있는 것이 현실이다. 2012년 가락시장 전체 청과 중도매인의 복수법인 거래 비율은 물량 기준으로 7.5% 수준에 머물고 있다. 특히 과일의 경우 0.7%로

1 익명의 심사자는 시장에서 관행적으로 '중도매인 소속제'라는 표현을 사용하고 있는데, 소속제의 폐지가 오래전에 이루어졌고, 현재 상황을 보다 정확하게 설명하기 위해서는 '전속거래' 또는 '고정거래' 등의 표현을 사용하는 것이 적합하다고 지적하였다. 옳은 지적이지만, 본 연구는 소속제라는 표현이 여전히 익숙하게 사용되고 있어 그대로 사용하였다.

채소에 비해 크게 낮은 수준이다.

중도매인의 복수법인 거래를 활성화시키기 위해서는 중도매인들이 인식하거나 예상하는 복수법인 거래의 비용과 편익에 대한 분석이 필요하다. 이를 통해 비용 감소와 편익 증대 방안을 모색하여 복수법인 거래를 활성화시키고 궁극적으로 도매시장의 효율성을 향상시킬 수 있을 것이다.

도매시장 거래와 관련한 선행연구는 농수산물 유통개혁대책의 성과와 발전방향을 제시한 허길행(1997)의 연구와 농안법 개정이 농산물 도매시장의 효율성에 미치는 효과를 분석한 이병훈 외(2002)의 연구가 있다. 또한 거래비용을 통해 농산물 도매시장 거래제도를 비교분석한 장성욱 외(2007)의 연구와 강서도매시장 상장경매제와 시장도매인제 가격을 비교분석한 윤창식 외(2009) 등이 있다. 그러나 중도매인의 복수법인 거래에 관한 연구는 거의 없다.

본 연구의 목적은 중도매인의 복수법인 거래 활성화를 저해하는 원인을 분석하고 그 해결 방안을 모색하는 데 있다. 세부적으로는 복수법인 거래로 인해 발생하는 비용과 편익에 대한 중도매인들의 인식도를 조사하고, 이에 따라 복수법인 거래 활성화의 저해 요인을 분석하여 거래 활성화 방안을 제시한다.

II. 연구방법

본 연구는 분석을 위해 가락시장 청과 중도매인을 과일과 채소 부류별, 그리고 도매법인별로 나누어 설문조사를 실시하였다. 18명을 대상으로 한 사전조사를 통해 설문 문항의 적정성 등을 검토한 후 본 조사에서는 200명을 대상으로 2013년 6월에서 7월까지 조사하였다. 특정 도매법인이나 부류의 중도매인 인식이 치중되지 않도록 주거래 도매법인별로 40명(부류별 각 100명)을 대상으로 설문을 실시하였다.

표 1. 비용 및 편익 항목에 대한 정의

구분		설문 항목
비용	유통비용	복잡한 물류 동선으로 구매 어려움
		추가적인 인건비에 대한 부담
		추가적인 하역비(배송비)에 대한 부담
	거래비용	상품성 파악에 드는 시간과 노력
		추가 거래보증금(또는 담보)에 대한 부담
	전환비용	다른 법인 경매 참여 시 진입장벽
		주거래 법인으로부터의 불이익 존재
		주거래 법인이 제공하는 서비스 희생
		주거래 법인과의 소속감 또는 유대감 상실
		현재 익숙한 관행 변화에 대한 거부감
편익	거래편익	원하는 상품 확보 용이성
		도매법인 선택권 증가로 협상력 증대
		중도매인 매출액 향상
	경쟁편익	원활한 정보 흐름으로 일물일가 촉진
		도매법인 간 경쟁으로 서비스 향상
		중도매인 간 경쟁으로 경쟁력 향상
		도매법인 간 경쟁으로 우수 상품 반입 증가

설문 항목은 복수법인 거래에서 발생하거나 발생할 것으로 예상되는 비용과 편익으로 구성하였다(표 1 참조). 비용은 유통비용, 거래비용, 전환비용으로 구분된다. 유통비용(distribution cost)은 복수법인과의 거래 과정에서 추가로 소요되는 비용으로 물류비용과 영업비용 등을 포함한다. 거래비용(transaction cost)은 탐색비용과 담보비용 등 새로운 거래관계를 형성함에 따라 소요되는 비용을 의미한다(Coase 1937; Williamson 1985). 전환비용(switching cost)은 거래관계를 전환함에 따라 발생하는 실질적 비용과 심리적 비용 등을 포함한다(Jones et al. 2002).

편익은 복수법인 거래로 인한 상품성 향상이나 선택권 확대를 통해 구매나 판매 등에서 발생하는 거래편익(transaction benefit)과 유통 종사자 간의 경쟁이나 정보의 활성화로 인해 발생하는 경쟁편익(competition benefit)으로 구분할 수 있다.

비용 및 편익은 리커트 5점(전혀 그렇지 않다 = 1점, 그렇지 않다 = 2점, 보통이다 = 3점, 그렇다 = 4점, 매우 그렇다 = 5점) 척도로 측정하였다. 또한 중도매인의 특성에 따른 비용 및 편익의 수준을 비교하기 위해 복수법인 거래 경험 유무, 향후 복수법인 거래 의향, 취급 부류, 연간 매출액, 거래 경력 등을 조사하였다.

Ⅲ. 분석 결과

1. 설문 대상자 특성

설문 대상은 총 200명을 대상으로 부류별 취급 대상이나 소속된 도매법인별로 편중되지 않도록 배분하였다(표 2 참조).

표2. 설문 대상 (단위: 명)

구분	채소		과일	
	설문 대상	도매법인별 중도매인 수	설문 대상	도매법인별 중도매인 수
서울청과	20	100 (20.0%)	20	106 (18.9%)
농협가락(공)	20	78 (25.6%)	20	74 (27.0%)
중앙청과	20	82 (24.4%)	20	122 (16.4%)
동부팜청과	20	161 (12.4%)	20	69 (29.0%)
한국청과	20	166 (12.0%)	20	73 (27.4%)
합계	100	587 (17.0%)	100	444 (22.5%)

주: 특수품목 중도매인은 제외하였으며, ( )의 값은 2012년 기준 법인별 전체 중도매인 중 응답자 비중을 의미함.

설문 대상 중도매인의 복수법인 거래 경험은 27.5%로 나타났다. 주거래 법인별로는 농협가락공판장이 가장 높았으며, 그 다음으로 서울청과, 한국청과, 동부팜청과, 중앙청과의 순서로 나타났다(표 3 참조).

과일에 비해 채소를 취급하는 중도매인들의 복수법인 거래 경험이 상대적으로 높게 나타났다(표 4 참조).

표3. 주거래 도매법인과 복수법인 거래 경험 유무에 따른 구분 (단위: 명, %)

구분		복수법인 거래 경험 유무		전체
		있다	없다	
주거래 도매법인	서울청과	11 (20.0 / 27.5)	29 (20.0 / 72.5)	40
	농협가락(공)	19 (34.5 / 47.5)	21 (14.5 / 52.5)	40
	중앙청과	7 (12.7 / 17.5)	33 (22.8 / 82.5)	40
	동부팜청과	8 (14.5 / 20.0)	32 (22.1 / 80.0)	40
	한국청과	10 (18.2 / 25.0)	30 (20.7 / 75.0)	40
전체		55 (27.5)	145 (72.5)	200

주: ( )의 값은 복수법인 거래 그룹 및 주거래 도매법인 그룹 내에서의 비중을 의미함.

표4. 취급 부류와 복수법인 거래 경험 유무에 따른 구분 (단위: 명, %)

구분		복수법인 거래 경험 유무		전체
		있다	없다	
취급 부류	채소	35 (63.6 / 35.0)	65 (44.8 / 65.0)	100
	과일	20 (36.4 / 20.0)	80 (55.2 / 80.0)	100
전체		55 (27.5)	145 (72.5)	200

주: ( )의 값은 복수법인 거래 그룹 및 취급 부류 그룹 내에서의 비중을 의미함.

2. 복수법인 거래에서의 비용 분석[2]

가. 유통비용

1) 추가적인 인건비에 대한 부담

경매가 같은 시간대에 진행되어 구매업무에 인력이 더 필요하고 따라서 인건비 부담이 커지는가에 대한 질문에서는 전체 응답자의 64.0%가 '그렇다'와 '매우 그렇다'라고 인식하였고, 18.0%가 '그렇지 않다' 또는 '전혀 그렇지 않다'라고 하여 인건비에 대한 부담이 큰 것으로 나타났다. 전체 응답자의 평균 인식수준은 3.730으로 보통 이상이었다. 이는 전체 비용뿐만 아니라

2 비용에 대한 개별 문항의 응답자 특성별 분석 결과(복수거래 경험 유무, 향후 거래의향, 취급부류, 거래경력 등)는 내용의 중요성 및 지면 관계로 생략하였고, 저자에게 요청할 경우 제공받을 수 있다.

유통비용 중에서 가장 높게 나타났다(그림 1 참조).

그림 1. 추가 소요 인건비에 대한 인식

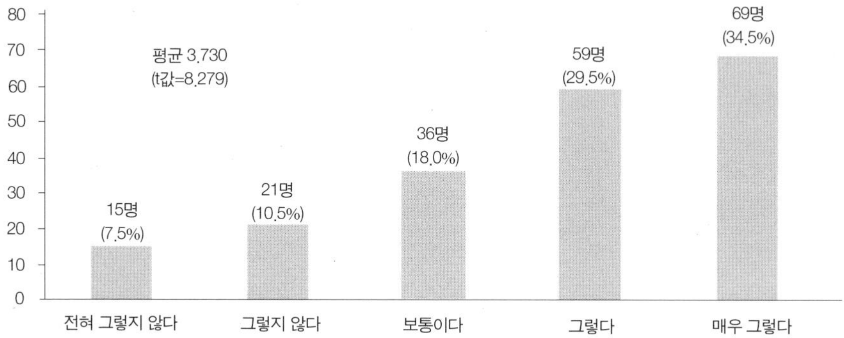

주: t값은 'H_0 : 평균 = 3'의 귀무가설에 대한 검정결과값임.

2) 추가적인 하역비(배송비)에 대한 부담

경매 이후 물량 이동 시 중도매인이 부담하는 배송비에 대해 복수법인 거래 시 추가로 소요되는 배송비 부담이 커지는가에 대한 문항에서는 '그렇다'가 35.0%, '매우 그렇다'가 26.5%로 전체의 61.5%였고, 20.0%는 '그렇지 않다', '전혀 그렇지 않다'라고 응답하였다. 전체적인 인식 수준은 평균 3.575로 보통 이상이었다(그림 2 참조).

그림 2. 추가 배송비 부담에 대한 인식

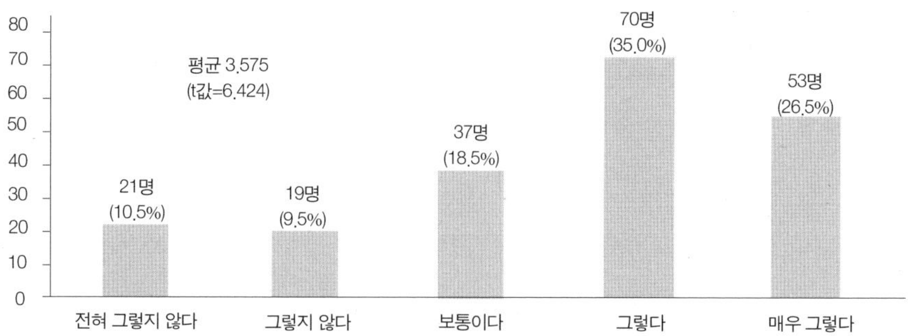

주: t값은 'H_0 : 평균 = 3'의 귀무가설에 대한 검정결과값임.

3) 복잡한 물류 동선으로 인한 구매의 어려움

가락시장 내 물류 동선이 복잡해 다른 법인에서 물건 사기가 힘들다는 응답은 전체의 54.0%(=32.0+22.0)로 그렇지 않다는 응답의 24.0%(=15.0+9.0)보다 높게 나타났다. 전체적인 인식 수준은 평균 3.430으로 보통 이상이었다(그림 3 참조).

그림 3. 복잡한 물류 동선으로 인한 구매 어려움에 대한 인식

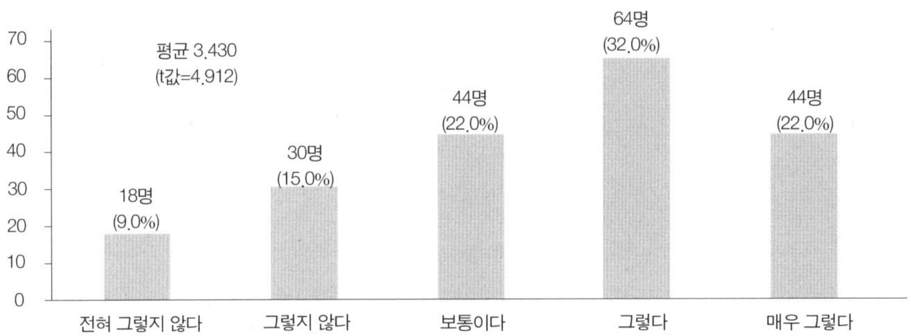

주: t값은 'H_0 : 평균 = 3'의 귀무가설에 대한 검정결과값임.

나. 거래비용

1) 추가 거래보증금 또는 담보에 대한 부담

복수법인 거래 시 필요한 도매법인별 추가 거래보증금(또는 담보)의 부담이 크냐는 질문에 '그렇다'가 38.5%, '매우 그렇다'가 21.0%로 전체의 59.5%여서 '그렇지 않다'고 인식한 13.5%(=9.5+4.0)보다 크게 조사되었다. 전체 응답자의 평균 인식 수준은 3.630으로 보통 이상이었으며 거래비용 중 가장 높게 나타났다(그림 4 참조).

그림 4. 추가 거래보증금 부담에 대한 인식

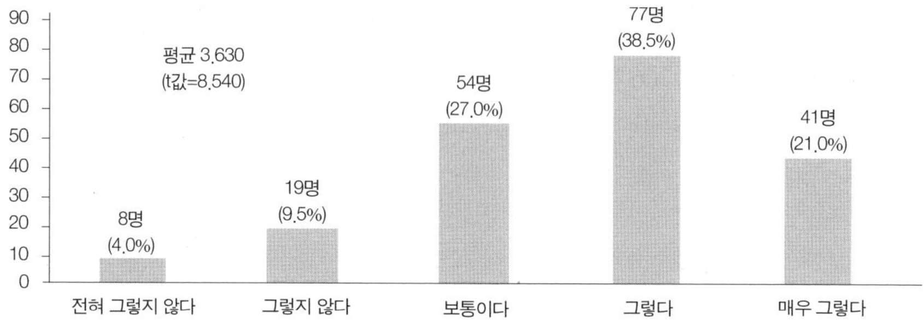

주: t값은 ‘H_0 : 평균 = 3’의 귀무가설에 대한 검정결과값임

2) 상품성 파악에 드는 시간과 노력

복수법인 거래 시 우수한 상품 구매를 위한 상품성 파악에 시간과 노력이 증가하는가에 대한 문항에서는 전체 응답자의 56.5%가 ‘그렇다’와 ‘매우 그렇다’라고 응답하였고, 14.0%의 응답자가 ‘그렇지 않다’ 또는 ‘전혀 그렇지 않다’라고 대답하였다. 전체적인 인식 수준은 평균 3.560으로 보통 이상이었다(그림 5 참조).

그림 5. 상품성 파악에 드는 시간과 노력에 대한 인식

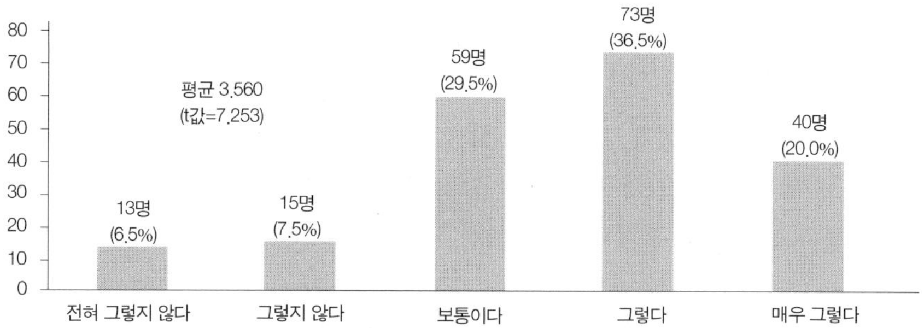

주: t값은 ‘H_0 : 평균 = 3’의 귀무가설에 대한 검정결과값임.

다. 전환비용

1) 다른 법인 경매 참여 시 진입장벽 존재

다른 법인 경매 참여 시 중도매인의 방해 등 진입장벽이 있느냐는 문항에서는 전체 응답자의 62.5%가 '그렇다'와 '매우 그렇다'라고 인식하였고, 14.5%가 '그렇지 않다' 또는 '전혀 그렇지 않다'라고 하여 진입장벽에 대한 인식이 큰 것으로 나타났다. 전체 응답자의 평균 인식 수준은 3.620으로 보통 이상이었고, 전환비용에서 가장 높은 비용으로 나타났다(그림 6 참조).

그림 6. 타 법인 경매 참여 시 진입장벽 존재에 대한 인식

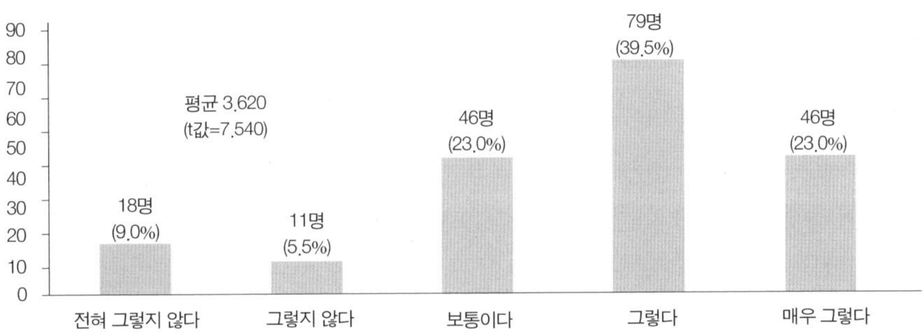

주: t값은 'H_0 : 평균 = 3'의 귀무가설에 대한 검정결과값임.

2) 주거래 법인으로부터의 불이익 존재

다른 법인과 거래하면 주거래 법인으로부터 불이익을 받는다고 생각하느냐는 질문에서는 전체 응답자의 35.5%(=24.0+11.5)가 '그렇다', 34.5%(=17.0+17.5)가 '그렇지 않다'였고, '보통이다'는 30.0%로 큰 비중을 차지하였다. 전체적 평균 인식 수준은 2.950으로 보통 수준이었다(그림 7 참조).

그림 7. 주거래 법인으로부터의 불이익에 대한 인식

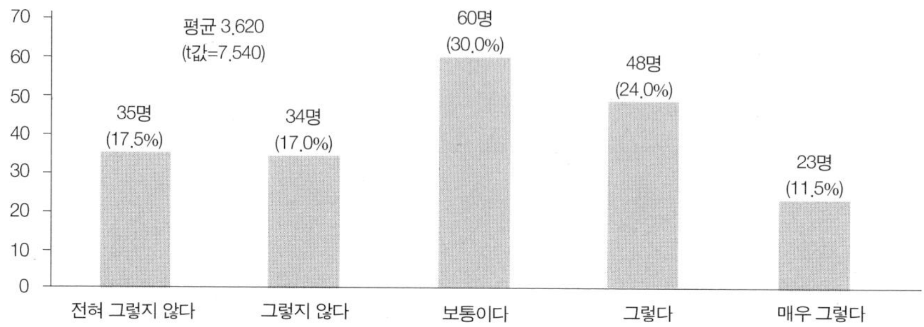

주: t값은 'H_0 : 평균 = 3'의 귀무가설에 대한 검정결과값임.

3) 주거래 법인과의 소속감 또는 유대감 상실

현재 주거래 법인에 대한 소속감이나 유대감이 커서 다른 법인과 거래하기 싫다는 문항에서는 '그렇지 않다' 38.0%(=17.5+20.5), '그렇다' 37.5%(=25.5+12.0)로 거의 비슷한 수준을 보였지만 '그렇지 않다'는 대답이 조금 더 높았다. 전체적인 인식 수준은 평균 2.910으로 보통 수준이어서 복수법인 거래의 비용으로서 큰 비중을 차지하지 않은 것으로 볼 수 있다(그림 8 참조).

그림 8. 주거래 법인과의 소속감(유대감)에 대한 인식

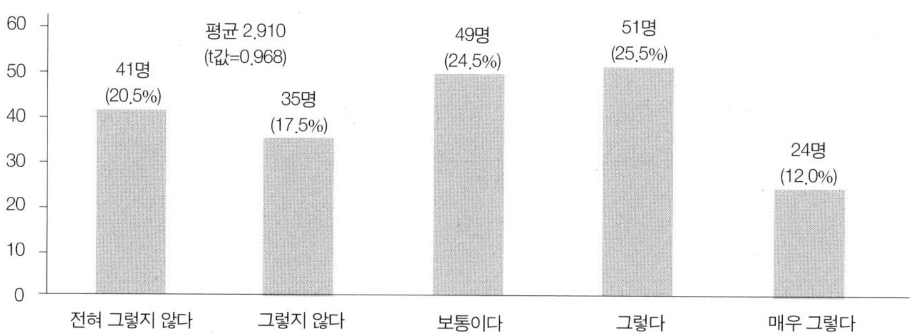

주: t값은 'H_0 : 평균 = 3'의 귀무가설에 대한 검정결과값임.

4) 현재 익숙한 관행 변화에 대한 거부감

현재 주거래 법인과 거래하는 것이 익숙해 다른 법인과의 거래가 어려운가에 대한 질문에 응답자의 38.5%(=16.5+22.0)가 '그렇지 않다', 38.0%(=25.0+13.0)가 '그렇다'고 인식하여 주거래 법인과의 소속감과 마찬가지로 '그렇지 않다'는 대답이 조금 더 높았다. 전체 응답자의 평균 인식 수준은 보통(평균 2.905)이었다(그림 9 참조).

그림 9. 현재 익숙한 관행 거부감에 대한 인식

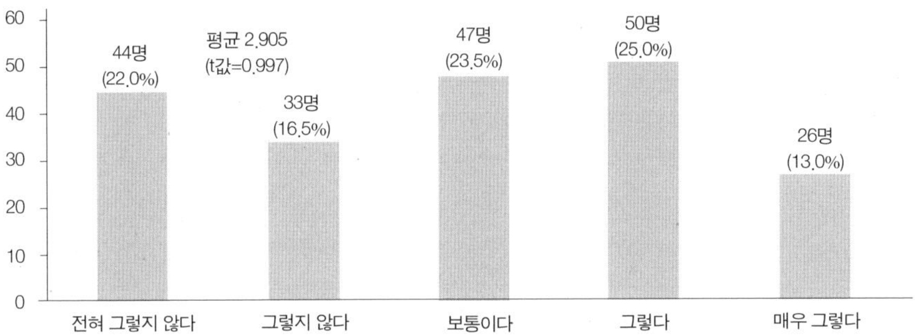

주: t값은 'H_0 : 평균 = 3'의 귀무가설에 대한 검정결과값임.

5) 주거래 법인이 제공하는 서비스 희생

현재 주거래 법인이 제공하는 서비스(물량 수집, 대금 정산, 판매장려금 등)에 만족하는 것이 복수법인 거래의 장애요인이라는 질문에는 전체 응답자의 38.5%(=17.0+21.5)가 '그렇지 않다'인 반면 21.0%(=12.0+9.0)가 '그렇다'로 '그렇지 않다'라는 대답이 훨씬 높았다. 전체 응답자의 평균 인식 수준은 2.700로 보통 이하였다. 따라서 복수법인 거래가 활성화되지 못하는 원인으로 주거래 법인이 제공하는 서비스 만족이 중요한 비중을 차지하지 않음을 시사한다(그림 10 참조).

그림 10. 주거래 법인이 제공하는 서비스 희생에 대한 인식

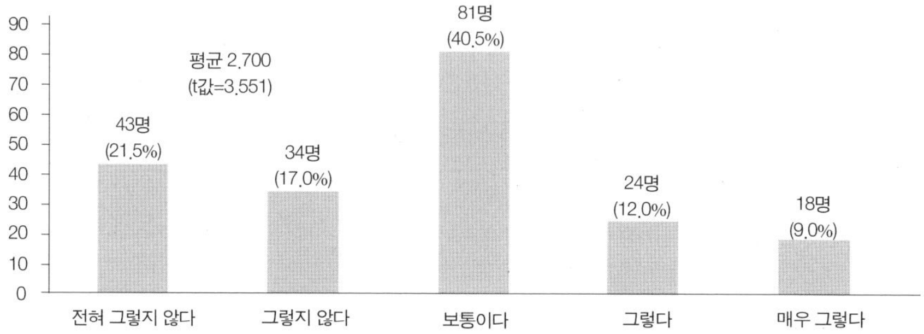

주: t값은 'H_0 : 평균 = 3'의 귀무가설에 대한 검정결과값임.

3. 복수법인 거래에서의 편익 분석[3]

가. 거래편익

1) 상품 확보용이성

복수법인과의 거래 시 원하는 상품(다양한 등급, 구색 등) 확보가 쉬워진다는 설문에서는 '그렇다'가 38.5%, '매우 그렇다'가 19.0%로 전체의 57.5%를 차지하여 '그렇지 않다'의 13.5%(=9.5+4.0)에 비해 크게 높은 것으로 조사되었다. 이는 거래편익 중 상품성 향상을 통한 구매에서의 편익이며 복수법인 거래에 있어 다양한 상품을 확보하는 것이 중요한 편익임을 의미한다. 전체적인 인식 수준은 평균 3.590으로 보통 이상이었고, 전체 편익 및 거래편익에서 가장 높았다(그림 11 참조).

3 편익에 대한 개별 문항의 응답자 특성별 분석 결과(복수거래 경험 유무, 향후 거래의향, 취급부류, 거래경력 등)는 내용의 중요성 및 지면 관계로 생략하였고, 저자에게 요청할 경우 제공받을 수 있다.

그림 11. 원하는 상품의 확보용이성에 대한 인식

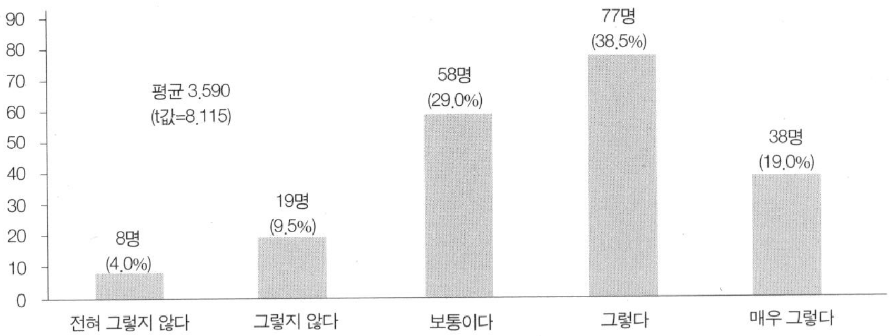

주: t값은 'H_0 : 평균 = 3'의 귀무가설에 대한 검정결과값임.

2) 도매법인 선택권 증가로 인한 협상력 증대

거래편익 중 선택권 증가로 도매법인들과의 협상력이 높아지는가에 대한 질문에서는 전체 응답자의 49.5%(=37.5+12.0)가 '그렇다'로 19.5%(13.0+6.5)의 '그렇지 않다'에 비해 높게 조사되어 선택권 확대를 통한 구매 편익의 증가를 예상하는 것으로 나타났다. 전체 응답자의 평균 인식 수준은 3.355로 보통 이상이었다(그림 12 참조).

그림 12. 선택권 증가로 인한 협상력 증대에 대한 인식

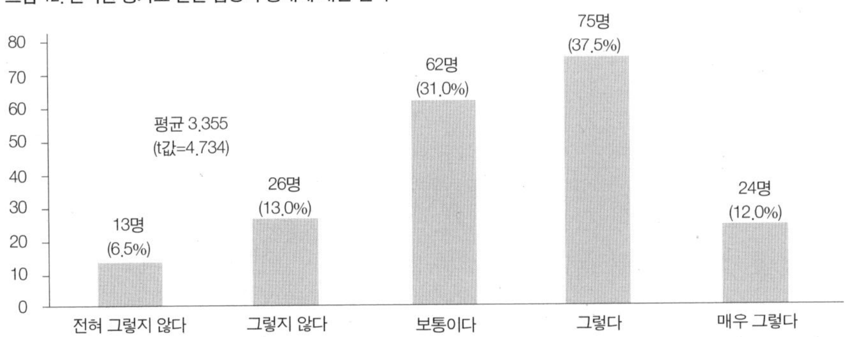

주: t값은 'H_0 : 평균 = 3'의 귀무가설에 대한 검정결과값임.

3) 중도매인 매출액 향상

복수법인 거래를 통해 매출액(거래금액)이 증가할 것이다(증가한다)는 문항에서는 전체 응답자의 47.0%(=39.0+8.0)가 '그렇다'로 '그렇지 않다'의 26.0%(=19.0+7.0)보다 크게 조사되었다. 이는 거래편익 중 선택권 확대를 통한 판매에서의 편익을 의미한다. 전체적인 인식 수준은 평균 3.220로 보통 이상이었다(그림 13 참조).

그림 13. 중도매인 매출액 향상에 대한 인식

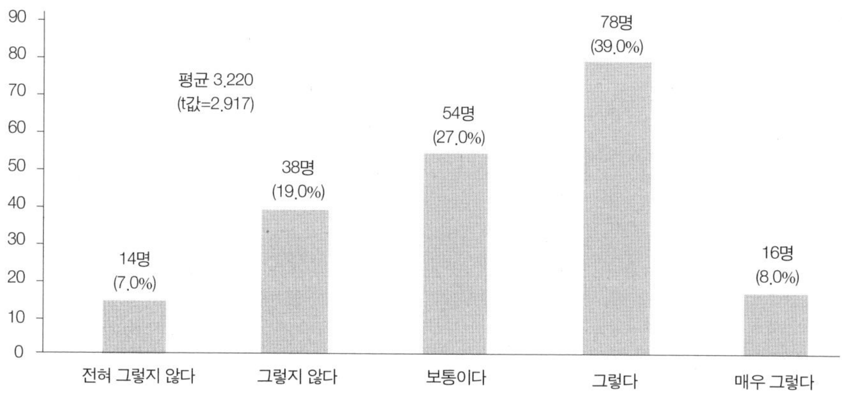

주: t값은 'H_0 : 평균 = 3'의 귀무가설에 대한 검정결과값임.

나. 경쟁편익

1) 도매법인 간 경쟁으로 중도매인 서비스 향상

도매법인 간 경쟁으로 중도매인에 대한 서비스가 향상될 것이라는 질문은 법인 간의 경쟁을 통해 발생하는 경쟁편익을 의미한다. 전체 응답자의 50.5%가 '그렇다'와 '매우 그렇다'라고 인식하였고, 23.5%가 '그렇지 않다' 또는 '전혀 그렇지 않다'라고 하여 서비스 향상을 예상하고 있었다. 전체적인 인식 수준은 평균 3.320로 보통 이상이었다(그림 14 참조).

그림 14. 중도매인 서비스 향상에 대한 인식

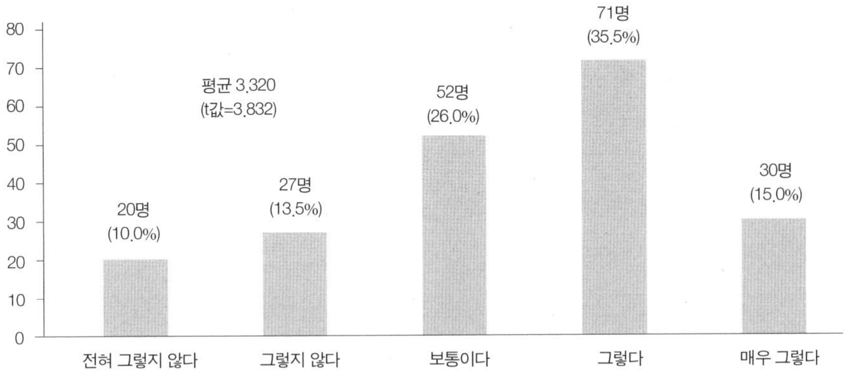

주: t값은 'H_0 : 평균 = 3'의 귀무가설에 대한 검정결과값임.

2) 중도매인 간 경쟁에 의한 경쟁력 향상

중도매인 간 경쟁으로 중도매인들의 경쟁력이 향상될 것이냐는 질문은 중도매인 간의 경쟁을 통해 발생하는 경쟁편익을 의미한다. '그렇다'가 28.0%, '매우 그렇다'가 13.5%로 전체의 41.5%여서 '그렇지 않다'로 답한 21.5%(=13.5+8.0)에 비해 크게 나타나 경쟁력 향상을 기대하고 있었다. 전체적 인식 수준은 평균 3.255로 보통 이상이었다(그림 15 참조).

그림 15. 중도매인 경쟁력 향상에 대한 인식

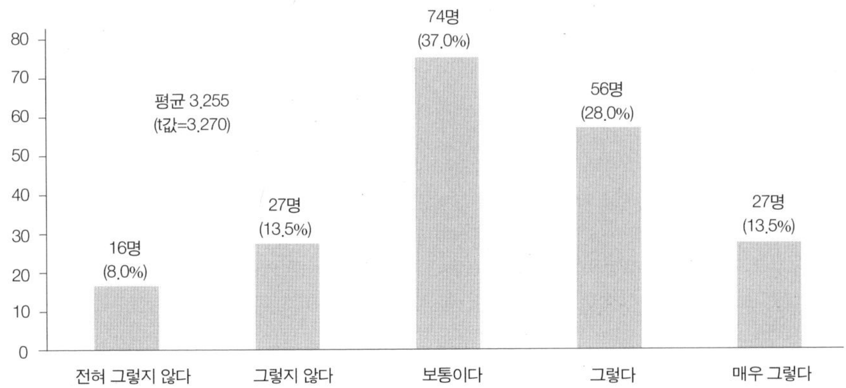

주: t값은 'H_0 : 평균 = 3'의 귀무가설에 대한 검정결과값임.

3) 법인 간 경쟁으로 우수 상품 반입 증가

도매법인 간 경쟁으로 현재보다 우수한 상품의 반입량이 늘어날 것이라는 것은 법인 간의 경쟁을 통해 발생하는 경쟁편익을 의미한다. 전체 응답자의 45.0%(=33.0+12.0)가 '그렇다'로 '그렇지 않다'의 25.5%(=17.5+8.0)에 비해 크게 조사되었다. 전체적 인식 수준은 평균 3.235로 보통 이상이었다(그림 16 참조).

그림 16. 우수 물량 반입 증가에 대한 인식

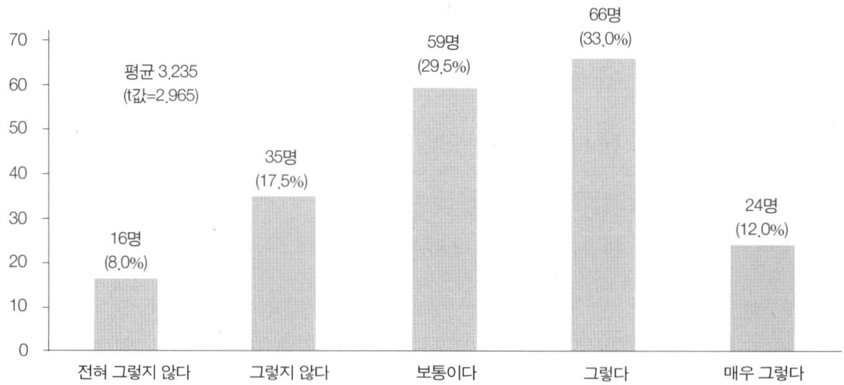

주: t값은 'H_0 : 평균 = 3'의 귀무가설에 대한 검정결과값임.

4) 원활한 정보 흐름으로 일물일가 촉진

도매법인들 간의 경락가격 차이가 줄어들 것이라는 질문은 정보의 활성화로 인해 발생하는 경쟁편익으로 시장에서 일물일가가 촉진될 수 있다는 것을 의미한다. 전체 응답자의 38.5%(=31.5+7.0)가 '그렇다'로 '그렇지 않다'고 인식한 26.5%(=20.0+6.5)에 비해 크게 조사되었다. 전체 응답자의 평균 인식 수준은 평균 3.125로 보통 이상이었다(그림 17 참조).

그림 17. 일물일가 촉진에 대한 인식

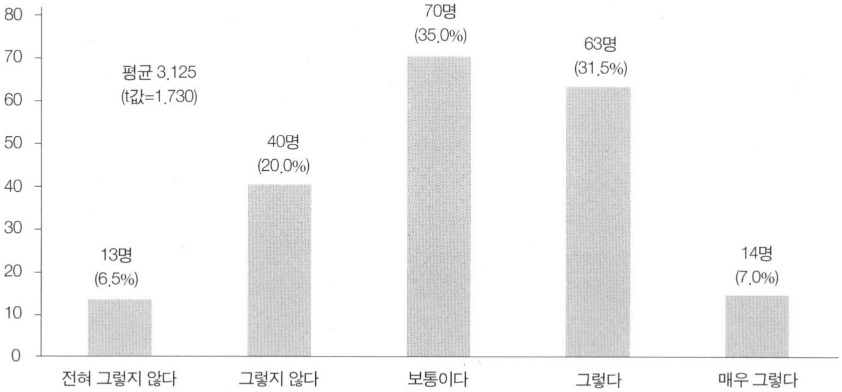

주: t값은 'H_0 : 평균 = 3'의 귀무가설에 대한 검정결과값임.

4. 복수법인 거래의 비용과 편익의 관계

지금까지 분석한 복수법인 거래의 활성화와 관련된 비용과 편익을 정리하면 〈표 5〉와 같다. 비용의 경우 유통비용은 '추가적인 인건비 부담', 거래비용은 '추가 거래보증금', 전환비용은 '다른 법인 경매 참여 시 진입장벽'을 가장 높게 인식하고 있었다.

유통비용의 경우 전체적으로 향후 복수법인 거래 의향이 없는 중도매인의 부정적 인식이 높았다. 복수법인 거래 활성화를 위해서는 인건비 및 배송비 부담을 낮출 수 있는 방안과 더불어 향후 가락시장 시설현대화 사업에서 시장의 물류 흐름을 개선하는 것이 중요한 과제로 판단된다. 거래비용의 경우 특히 복수 거래 경험이 없고, 향후 복수 거래 의향이 없는 중도매인의 비용 인식 수준이 높아 복수법인 거래를 저해하는 부정적인 인식이 실제 현실과는 다른 것에 근거하고 있음을 시사한다. 전환비용의 경우 경매에서의 진입장벽, 주거래 법인으로부터의 불이익 및 소속감 저하 등이 오랜 기간 형성된 거래 습관과 연결되어 복수법인 거래의 장애요소로 작용하고 있다. 특히 진입장벽의 경우 과일 중도매인들이 높게 인식하고 있었는데, 이는 다양한

표 5. 전체 비용 및 편익의 중요도 검정, t-값, 순위 (단위: 점, 순위)

구분		설문 항목	평균	t-값	순위
비용	유통비용	추가적인 인건비에 대한 부담	3.730	8.279***	1
	거래비용	추가 거래보증금(또는 담보)에 대한 부담	3.630	8.540***	2
	전환비용	다른 법인 경매 참여 시 진입장벽	3.620	7.540***	3
	유통비용	추가적인 하역비(배송비)에 대한 부담	3.575	6.424***	4
	거래비용	상품성 파악에 드는 시간과 노력	3.560	7.253***	5
	유통비용	복잡한 물류 동선으로 구매 어려움	3.430	4.912***	6
	전환비용	주거래 법인으로부터의 불이익 존재	2.950	-0.563	7
	전환비용	주거래 법인과의 소속감 또는 유대감 상실	2.910	-0.968	8
	전환비용	현재 익숙한 관행 변화에 대한 거부감	2.905	-0.997	9
	전환비용	주거래 법인이 제공하는 서비스 희생	2.700	-3.551***	10
편익	거래편익	원하는 상품 확보 용이성	3.590	8.115***	1
	거래편익	도매법인 선택권 증가로 협상력 증대	3.355	4.734***	2
	경쟁편익	도매법인 간 경쟁으로 서비스 향상	3.320	3.832***	3
	경쟁편익	중도매인 간 경쟁으로 경쟁력 향상	3.255	3.270***	4
	경쟁편익	법인 간 경쟁으로 우수 상품 반입 증가	3.235	2.965***	5
	거래편익	중도매인 매출액 향상	3.220	2.917***	6
	경쟁편익	원활한 정보 흐름으로 일물일가 촉진	3.125	1.730*	7

주1: 순위는 비용 및 편익 항목별 평균 점수를 기준으로 내림차순으로 정리.
주2: t값은 'H_0 : 평균 = 3'의 귀무가설에 대한 검정결과로 *(**, ***)는 10%(5%, 1%) 수준에서 유의함을 의미.

품목을 동일 장소에서 동시에 경매하는 점과 중도매인 간 거래 등이 영향을 미치는 것으로 판단된다.

편익의 경우 거래편익은 원하는 '상품의 구매 용이성', 경쟁편익은 '도매법인 간 경쟁으로 중도매인에 대한 서비스 향상'을 가장 높게 평가하고 있었다. 거래편익의 경우 복수법인 거래 경험이 있고, 향후 거래 의향이 있는 중도매인이 편익을 높게 평가하였다. 경쟁편익 역시 향후 거래 의향이 있는 중도매인이 높게 인식하였으며, 유통 종사자 간 경쟁을 통한 편익 향상과 일물일가 촉진에 대해 긍정적으로 인식하였다.

5. 복수법인 거래 경험 유무와 향후 거래 의향 유무와의 관계

복수법인 거래 경험 유무에 따른 향후 복수거래 의향에 차이가 있는지에 대한 교차분석 결과 통계적으로 유의하였다. 따라서 복수법인 거래 경험이 있는 중도매인이 계속해서 복수거래를 하고자 하는 의향이 있는 것으로 나타났다(표 6 참조).

표 6. 복수법인 거래 경험과 향후 거래 의향 유무와의 교차분석 (단위: 명)

구분			향후 복수거래 의향 유무		전체
			있다	없다	
복수법인 거래 유무	있다	빈도	45	10	55
		전체대비 비율	(44%/82%)	(10%/18%)	27.5%
	없다	빈도	58	87	145
		전체대비 비율	(56%/40%)	(90%/60%)	72.5%
전체		빈도	103	97	200
		전체대비 비율	51.5%	48.5%	100.0%

주: $\chi^2 = 27.918$, $p = 0.000$

향후 복수거래 의향이 있는 중도매인은 103명(51.5%), 복수거래 의향이 없는 중도매인은 97명(48.5%)이었다. 복수법인 거래 경험이 있는 중도매인 중 향후 복수거래 의향이 있는 중도매인은 45명(82%)인 반면, 거래 경험이 없는 중도매인 중 거래 의향이 있는 중도매인은 58명(40%)에 그쳤다. 이들은 향후 복수거래 활성화를 위해 중점적으로 지도, 관리해야 할 대상일 것이다.

6. 비용편익비율(B/C Ratio)에 대한 요인 분석

복수법인 거래로 인한 비용(cost)과 편익(benefit)에 대한 중도매인의 성향별 인식도를 분석하기 위해 각 중도매인의 종합적인 B/C ratio(비용대비 편익)를 중도매인별 속성에 대해 회귀분석을 실시한 결과는 〈표 7〉과 같다.

표 7. B/C Ratio에 영향을 미치는 요인 분석 결과

구분		계수값	t-통계량	p-값
절편항		0.512***	2.918	0.004
거래품목 (과일 대비)		-0.100	-1.592	0.113
복수법인 거래 경험 유무(경험없음 대비)		0.265***	3.137	0.002
주거래 도매법인 (서울청과 대비)	농협공판장	-0.034	-0.352	0.725
	중앙청과	-0.012	-0.145	0.885
	동부팜청과	0.413***	4.330	0.000
	한국청과	0.260***	3.402	0.001
매출액(거래금액)		-0.022	-0.878	0.381
거래경력		0.051***	3.801	0.000
거래경력^2		-0.001***	-3.581	0.000
R^2		0.220		
이분산 검정결과(White test) : χ^2 통계량		75.609***		

주1: 계수값 항의 *(**, ***) 표기는 해당 계수값이 10%(5%, 1%) 유의수준에서 통계적으로 유의함을 의미.
주2.: 이분산 검정결과의 *(**, ***) 표기는 잔차항에 동분산이 존재한다는 귀무가설이 10%(5%, 1%) 유의수준에서 기각됨을 의미.

잔차항에 대한 이분산 검정결과 동분산 가정이 1% 유의수준에서 기각되어 White(1980)가 제시한 White Heteroskedasticity-Consistent Covariance Matrix Estimator를 이용하여 추정하였다.

복수법인 거래 경험, 주거래 법인, 거래경력 등의 변수가 통계적으로 유의한 수준에서 중도매인의 B/C ratio에 영향을 미치는 것으로 분석되었다. 복수법인 거래 경험이 있는 중도매인의 B/C ratio가 높았고, 동부팜청과와 한국청과 중도매인의 B/C ratio가 높게 나타났다. 거래경력의 경우 경력이 많을수록 B/C ratio가 증가하다가 일정 수준 이후 감소하는 형태를 보였다.

Ⅳ. 복수법인 거래 활성화 방안

지금까지 분석한 결과를 바탕으로 복수법인 거래에 따른 비용을 감소시키고 편익을 증대시킬 수 있는 방안을 유통 정보화 부문, 물류 부문, 정산체계

및 의식 전환 부문으로 나누어 모색해 보았다.

1. 유통정보화 부문

가. 탐색비용을 줄이기 위한 유통정보 제공 확대

복수거래 시 발생할 수 있는 추가적인 인건비 부담과 상품성 파악에 드는 시간과 노력을 감소시키기 위해 반입 농산물에 대한 사전 출하정보를 폭넓고 신속하게 제공하는 것이 필요하다.

현재는 상품가치 평가에 필요한 정보로 산지와 출하자에 대해서만 알려지고 있으나, 구체적인 상품성과 물동량 등에 대한 추가 정보를 제공하는 것이 도움이 될 것이다. 또한 가격과 작황 등에 대한 보다 정확하고 신속한 관측정보를 제공하는 것도 시장 내 일물일가를 강화하여 탐색비용을 낮추고 시장 효율성을 제고시킬 수 있다.

나. 표준등급화 정착 노력

효율적인 표준등급화는 상품성 파악에 소요되는 시간과 노력, 추가 인건비 부담 등을 절감시킬 수 있다. 현재 가락시장에서 운용되고 있는 표준등급화는 출하자가 임의로 판단한 등급을 표기하고, 가락시장에서는 경락가격 수준에 따라 사후적으로 등급을 다시 표기하고 있어 시장에 커다란 혼선을 주고 있다(김유종 · 양승룡 2013). 따라서 농산물의 다양한 품질속성가치, 즉 크기, 당도, 색깔, 신선도 등에 대한 소비자 선호를 객관적으로 반영하여 일관성 있는 표준등급체계를 정착시키는 노력이 필요하다.

2. 물류 부문

가. 가락시장 현대화 사업에 있어 구조적인 문제 해결 노력

복수법인 거래의 어려움에는 가락시장 시설의 구조적인 문제도 크게 작용한다. 당초 예상물량보다 많은 물량을 소화하면서 시장 내 상품 이동에 어려움을 겪고 있다. 또한 동시간대 경매로 인해 경매 종료 후 상품들이 동시간대에 이동하면서 시장 내 혼잡문제는 가중되었다.

현재 진행 중인 가락시장 현대화 사업을 추진함에 있어 향후 거래량에 대한 정확한 물량 예측과 혼잡 해결을 위한 구조 개선의 노력이 이뤄져야 한다. 이를 통해 유통비용을 줄일 수 있고, 상품 확보의 용이성, 중도매인 거래금액 증대 등 편익을 증진시킬 수 있을 것이다.

나. 통합 하역을 통한 배송비 문제 해결 필요

주 소속 이외의 법인에서 이루어지는 경매참여 시 경매장에서 중도매인 점포까지의 배송비 문제가 해결되지 못하고 있는 실정이다. 하역노조 간 배타성 등의 이유로 법인 간 물량배송에 대한 전체적인 합의가 이뤄지지 못하고 있기 때문이다. 향후 통합 하역을 통한 문제 해결이 필요하다. 이를 통해 추가적인 배송비에 대한 부담 절감과 원하는 상품 확보 용이성, 중도매인 매출액 향상 등에 도움을 줄 수 있을 것이다.

다. 가락시장 현대화 사업의 중도매인 점포 배치 및 통합 경매장 운영 검토

시설현대화사업에 있어 중도매인 점포 배치 시 기존 법인별 배치에서 부류(또는 품목)별 배치로 전환하는 것을 고려할 필요가 있다. 또한 기존의 법인별 경매를 경매장의 통합운영을 통해 부류(또는 품목)별 경매로 운영하는 대안에 대한 심도 있는 연구도 필요하다. 도매시장 법인별, 부류별 상인조합을 품목별 상인조합으로 유도하는 것도 복수법인 거래 활성화에 기여할 수 있을 것이다. 이는 진입장벽과 유통비용의 절감 등에 기여할 수 있을 것이다.

3. 정산체계 및 의식전환 부문

가. 법인 간의 통합 정산 체계 구축

복수법인 거래 활성화 저해 요인으로 거래비용인 도매법인별 추가 보증금 부담 문제는 특히 복수법인 거래 경험이 없는 중도매인들이 높게 인식하고 있다. 단기적으로는 법인별 별도 운영으로 인해 상이한 거래대금 정산체계를 도매시장 조례 개정 등을 통해 해결할 수 있을 것이다. 중장기적으로는 도매시장법인과 중도매인 간 통합정산 방식을 추진해야 한다. 최근 가락시장에 설립된 정산회사에 통합정산 시스템 도입방안을 모색할 필요가 있다. 이를 통해 추가 거래보증금 부담과 주거래 법인으로부터의 불이익을 해결할 수 있다. 또한 원하는 상품을 확보하거나 선택권 증가로 인한 협상력 증대 등의 편익도 얻을 수 있을 것이다.

나. 복수법인 거래 시 진입장벽 제거

전환비용에서 매우 높은 비중을 차지하는 진입장벽은 '조합 간 폐쇄성'이나 '중도매인 간 거래' 등이 영향을 미치고 있다. 특히 다양한 품목을 동일 장소에서 동시에 경매하는 과일 중도매인들이 진입장벽에 대해 더 높은 인식을 가지고 있다. 부류(품목)별 진입장벽을 낮추기 위해 전체 중도매인 조합 및 도매법인들과의 협의, 설득과 조정 과정이 필요하다. 감독기관에서는 농안법에 따라 복수법인 거래 방해 등에 대한 관리감독을 강화시켜야 한다. 또한 거래관계자의 의식전환을 위해 복수법인 거래에 따른 편익과 필요성 등에 대한 교육 · 홍보도 병행해야 할 것이다. 진입장벽을 완화시키는 것은 중도매인 뿐만 아니라 매매참가인의 거래 활성화에도 기여할 수 있다.

V. 결론

1994년 소위 농안법 파동에 따른 농안법 개정 중 하나로 중도매인 소속제 폐지가 실시되었으나, 아직까지도 활성화되지 못하고 있다. 본 연구에서는 가락시장 청과 중도매인들을 대상으로 복수법인 거래의 저해 요인을 분석하고 활성화 방안을 모색하기 위한 설문 분석을 실시하였다. 이를 통해 복수법인 거래에 따라 발생하거나 발생할 수 있는 비용과 편익을 조사하였다. 비용의 경우 거래비용, 유통비용, 전환비용으로, 편익은 거래편익과 경쟁편익으로 나누어서 살펴보았다.

조사 결과 비용 측면에서 유통비용은 '추가적인 인건비 부담', 거래비용은 '추가 거래 보증금', 전환비용은 '다른 법인 경매 참여 시 진입장벽'을 가장 높게 인식하고 있었다. 편익 측면에서 거래편익은 '원하는 상품 구매용이성'을, 경쟁편익은 '도매법인 간 경쟁으로 중도매인에 대한 서비스 향상'을 가장 높게 보았다. 중도매인의 복수거래 경험, 취급부류, 주거래 법인, 거래금액, 거래경력별로 다양하고 상이한 응답을 나타내었다.

전체적으로 복수법인 거래에서 있어 비용과 편익에 대한 인식이 비슷한 수준이었다. 하지만 유통 종사자들의 일반적인 인식에 비해서는 편익이 큰 것으로 나타났다. 또한 전반적으로 복수법인 거래 경험이 있는 중도매인들이 경험 없는 중도매인들보다 상대적으로 비용은 낮고, 편익은 높게 인식하고 있었다. 이와 함께 거래 경험이 있는 중도매인이 계속하여 거래를 하고자 하는 의향이 있는 것으로 나타났다. 개별 중도매인들의 비용대비 편익 비율은 복수법인 거래 경험이 있고 경력이 많을수록 높았다.

따라서 복수법인 거래의 다양한 편익에 대한 정확한 인지와 비용 감소를 위한 여건 개선 등을 통해 활성화가 가능한 것으로 기대된다. 복수법인 거래의 장애요인과 비용을 낮추고 편익을 증대하기 위한 방안을 유통 정보화 부문, 물류 부문, 정산체계 및 의식전환 부문으로 나누어 제시하였다.

본 연구는 중도매인을 대상으로 한 분석에 국한하여 도매법인의 의견을 반영하지 못하고 있다. 도매법인의 경우에도 법인별 또는 같은 법인이라도 부류별로 입장 차이를 보일 수 있다. 특히 본 연구에서 제시한 복수법인 거래의 비용과 편익과 관련된 문제의 해결에 있어 도매법인의 적극적이고 능동적인 참여가 필요한 만큼 이에 대한 추가적인 연구가 필요하다.

참고문헌

김유종 · 양승룡, 〈표준등급화를 위한 농산물 품질지수 개발에 관한 연구〉, 한국농업정책학회 동계학술대회, 2013.12.

농림수산부,《농수산물유통및가격안정에관한법률 해설서》, 1995.

서울시농수산식품공사,《2013년도 통계자료집》, 2013.

윤창식 · 양승룡, 〈강서도매시장의 상장경매제와 시장도매인제 가격 비교분석〉,《유통연구》14(1), 2009, 67-86쪽.

이병훈 · 양승룡 · 정복조, 〈농안법 개정이 농산물 도매시장의 효율성에 미치는 효과 분석〉,《농업경영 · 정책연구》제29권 제1호, 2002, 68-87쪽.

장성욱 · 양승룡 · 손용석, 〈거래비용을 통한 농산물 도매시장의 거래제도 비교분석〉,《유통연구》12(5), 2007, 87-103쪽.

허길행, 〈농수산물 유통개혁대책의 성과와 발전방향〉,《농촌경제》20(4), 1997, 147-160쪽.

Coarse, R. H., "The Nature of the Firm," *Economica* 4(16), 1937, pp.386-405.

Jones, M. A., Mothersbaugh, D. L. and Beatty, S. E., "Why customers stay: measuring the underlying dimensions of services switching costs and managing their differential strategic outcomes", *Journal of Business Research* 55, 2002, pp.441-450.

White, "A Heteroskedasticity-Consistent Covariance Matrix Estimator and a Direct Test for Heteroskedasticity", *Econometrica* 48(4), 1980, pp.817-838.

Williamson, O. E., *The Economics of Institutions of Capitalism*, New York: The Free Press, 1985.

4장 강서도매시장의 상장경매제와 시장도매인제 가격 비교 분석

> 강서시장의 부진을 '1시장 2체제'에서 찾는 시각 또한 적지 않다. 한 시장 내에 서로 다른 두 거래체제(경매제와 시장도매인제)가 함께 운영되면서 서로의 약점만 부각돼 동반 부진에 빠졌다는 의견이 그것이다.
>
> —농민신문, 2014.2.26.

I. 서론

한국의 농산물 유통은 1994년 '농수산물유통및가격안정에관한합법률(이하 농안법)'이 개정된 이후 상장경매제를 원칙으로 이루어져 왔다. 그러나 유통기술의 발전 등으로 농산물 출하 환경이 변화하고, 대형유통업체 등이 성장하여 도매시장의 점유율이 하락하는 등 도매시장을 둘러싼 제반 환경이 급변하면서 농산물 도매거래 제도 역시 탄력적으로 바뀌어야 한다는 주장이 꾸준히 제기되고 있다. 이에 따라 2000년 농안법이 개정되어 위탁판매가 허용된 시장도매인제 도입이 가능하게 되었고, 2004년에는 하나의 시장을 둘로 나누어 한쪽은 상장경매제, 또 다른 한쪽은 시장도매인제를 동시에 운영하는 실험적인 강서농산물도매시장(이하 강서시장)이 개장되었다. 농림수산식품부는 이 시범사업의 결과를 평가하여 향후 전국도매시장에 시장도매인제를 확대할 계획을 가지고 있다.

그러나 시장도매인제 확대를 놓고 전문가나 유통인 간의 입장 차이가 첨예하게 대립되고 있다. 시장도매인제를 확대하자는 측은 이 제도가 유통 단계를 축소시켜 유통비용이 절감될 수 있으며, 출하자의 수취가격이 경매제에 비해 안정적인 면을 들고 있다. 반면, 시장도매인제를 반대하는 측에서는 대다수의 농가들이 여전히 비조직화된 영세소농이 주축을 이루고 있는 현실에서 경매제의 기능을 약화시킬 수 있는 시장도매인제 도입이 가격의 투명성 및 시장효율성의 측면에서 심각한 문제를 일으킬 수 있다고 지적한다.

이렇게 도매시장 거래 제도를 둘러싼 입장 차이가 첨예하게 대립되고 있으나 이에 관한 실증적인 연구는 그리 많지 않다. 김윤두 · 권상구(2005)는 시장도매인제 도입 후 1년간 경매제와 시장도매인제의 거래물량과 금액을 비교하였다. 국승용(2006)은 두 거래제도의 운영효율성과 가격효율성을 분석하여 운영효율성은 시장도매인제가 높은 반면, 가격효율성은 혼재된 결과를 보이고 있다. 장성욱 외(2007)는 거래비용이론을 이용하여 경매제와 시장도매인제의 차이를 실증적으로 분석하고, 출하자들이 시장도매인제보다 경매제를 선택하는 요인으로 담보비용을 중요하게 고려하고 있음을 보이고 있다.

한편 최병옥(2006)은 도쿄 중앙도매시장을 중심으로 도매시장 거래제도 변화가 가격 형성에 미치는 영향을 분석하였다. 일본의 경우 상대거래(한국의 위탁거래)를 도입한 이후 가격 효율성이 높아지고, 산지의 효율적인 시장 대응에 근거한 거래제도의 변화는 각 시장 간의 가격 변동을 완화시켜 도매시장 간의 가격 차 축소와 안정화에 기여했다고 평가하고 있다.

본 연구의 목적은 경매제와 시장도매인제가 동시에 운영되는 실험적인 강서도매시장에서 과연 일반적인 인식과 정부가 기대하는 설립목표가 달성되었는지를 검정하는 것이다.[1] 이를 위해 생산자와 중간상인이 경매를 거치지 않고 직접 연결되는 시장도매인제가 과연 경매제에 비해 생산자에게 보다 높고, 안정적인 가격을 제공하는지와, 같은 장소에서 같은 상품을 취급하는 두 제도의 가격에(거래비용을 제외하고) 일물일가가 성립하는지 검정한다.

만약 두 유통경로 사이에 일물일가를 성립하지 않는다면 시장 출하자들

1 시장도매인제에 대해 정책당국이 기대한 목표는 경매제보다 높고 안정적인 가격을 제공하여 경매제의 대안이 되는 유통경로를 만드는 것이다. 그렇지 않다면 과거 문제가 많아 폐지하였던 도매인제를 다시 도입하지 않았을 것이다.

에게 많은 혼란과 높은 가격발견비용을 요구하기 때문에 이는 매우 중요한 문제이다. 특히 가격 정보가 은닉적인 시장도매인제의 가격이 경매제 가격에 비해 높지 않거나 안정적이지 않다면 시장도매인제의 존재에 의문을 제기 할 수밖에 없다. 이 연구이 결과는 향후 시장도매인제 도입 정책과 도매시장의 발전 방향에 중요한 시사점을 제공할 것이다.

Ⅱ. 강서시장 거래제도 현황

강서시장은 경매제와 시장도매인제를 같은 시장에 두고 별도의 구역으로 나누어 운영하고 있다. 경매제는 산지에서 선별하고 포장된 상품을 개별 출하자가 도매법인에게 판매를 위탁한다. 도매법인은 위탁받은 상품을 경매를 통해 중도매인에게 판매한 후 경매에서 낙찰된 가격에서 상장수수료를 공제하여 출하자에게 지급한다. 시장도매인제는 시장도매인이 출하자로부터 상품을 직접 수집하거나 수탁을 받아 대형매장이나 소매상 등에게 판매하여 판매단가에서 상장수수료를 공제하고 출하자에게 지급한다. 따라서 경매제에 비해 시장도매인제는 경매절차라는 유통단계를 줄일 수 있다. 그러나 출하자와의 직거래를 통해 가격이 결정되기 때문에 거래가격이 은닉적이고 따라서 시장 효율성을 저해할 수 있다. 또한 시장도매인과 출하자간의 가격교섭력 차이에서 오는 초과이윤이 존재하거나, 거래의 공정성이 저하되어 출하자의 입장에서는 더욱 높은(암묵적인) 거래비용이 소요될 수 있다(장성욱외 2007).

경매제의 경우, 도매법인은 농산물 수탁, 경매 또는 입찰 방식으로 매매하고, 정가·수의매매 시는 별도 보고한다. 출하자로부터 거래금액의 7% 범위 내에서 위탁수수료를 징수하며, 매매에 따른 판매원표 작성 유지 및 공사에 영업 실적을 보고한다. 또한 경락된 농산물 거래대금은 출하자에게 즉시 결제한다. 중도매인은 도매법인과 거래약정을 체결하여 보증금을 납부하며,

도매법인에 상장된 농산물의 경매에 참여하여 매수, 판매한다(그림 1).

시장도매인은 매수, 위탁, 또는 중개를 함에 있어 출하자와 협의하여 송품장에 기재한 거래 방식에 따라야 한다(그림 2). 거래 위험을 줄이기 위해 시장도매인은 사업계획서 상 일평균 거래금액의 20%에 해당하는 거래보증금을 납부해야 하며, 거래질서의 유지를 위해 시장 개설자는 품목과 기간을 정하여 시장도매인이 농산물을 위탁받아 도매하는 것을 제한 또는 금지할 수 있다.

그림 1. 경매제 거래 체계

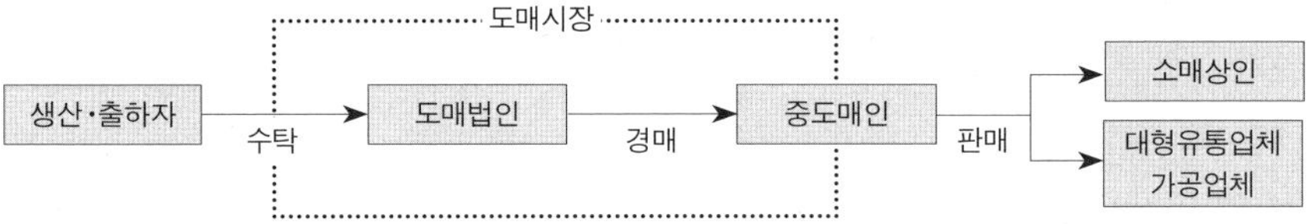

자료: 서울시농수산물공사

그림 2. 시장도매인제 거래 체계

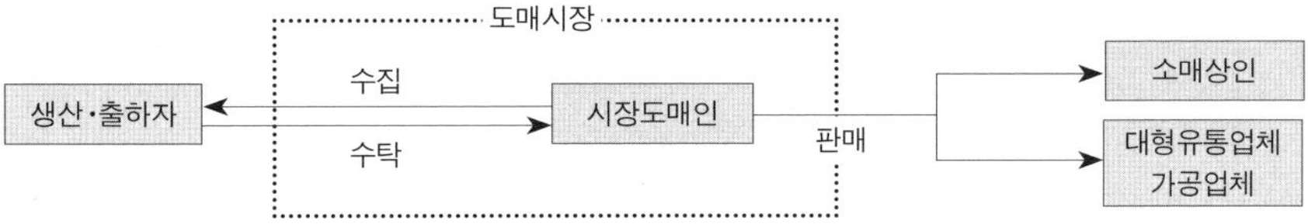

자료: 서울시농수산물공사

경매장은 돔(dome)형 구조로 차량의 진 · 출입 및 경매장 내 이동이 용이하다. 지하에는 60개의 저온저장시설과 저온유통시스템을 구출하여 물류비용이 절감되도록 설계하였으며, 1층에 중도매인 점포, 2층에 사무실을 두어 영업장을 한 곳에 배치하였다. 모든 점포 앞에는 도크(dock)시설을 설치하여 집 · 배송이 편리하도록 하였고, 트럭 단위 판매장(무, 배추 경매장)에는 냉 · 난방시설이 설치된 사무실을 두었다.

시장도매인제의 경우는 점포당 228㎡(69평) 규모의 점포 52개 점포를 설치하고 1층에 점포, 2층에 사무실을 설치하였다. 유통인은 기존의 유사도매시장인 영등포시장 상인에 한정하여 강서시장 중도매인으로 모집하였다. 경매제 시장에는 도매시장 법인 2개(서부청과, 강서청과)와 농협공판장이 입주하였으며, 중도매인은 모두 504평으로, 과일류 192명, 채소류 192명, 트럭 판매장(무, 배추) 120명이다.

시장도매인제 시장에는 모두 52개 법인으로 과일류 30개, 채소류 22개 법인을 모집하였다. 자본금 8억 이상을 확보하고 운전자금 등 자금동원 능력이 있는 법인을 대상으로 구성하였다.

표 1. 강서도매시장의 주요 시설 현황표

구분	경매제 시장	시장도매인제 시장	계
부지 면적	143,716㎡(43,474평)	66,116㎡(20,000평)	209,832㎡(63,474평)
건물 면적	84,014㎡(25,414평)	28,417㎡(8,596평)	112,430㎡(34,010평)
개장일	2004.2.25	2004.6.14	

자료: 서울시농수산물공사

표 2. 강서도매시장의 유통경로별 상인 현황

구분	경매제(명)				시장도매인제 (법인)
	서부청과	농협(공)	강서청과	계	
과일류	64	64	64	192	30
채소류	64	64	64	192	22
트럭판매장	40	40	40	120	-
계	168	168	168	504	52

자료: 서울시농수산물공사

Ⅲ. 자료 및 분석 방법

1. 분석 자료

본 연구의 분석대상으로 부류별로 거래 비중이 큰 품목을 선정하였다. 이들 품목은 농가수취가격지수의 가중치가 비교적 높은 편이기도 하다. 선정된 품목은 과일류의 경우 배, 사과, 감귤 등 3개 품목이고, 채소류는 배추, 양파, 풋고추 등 3개 품목을 선정하였다.

경매제는 2004년 2월 25일, 시장도매인제는 2004년 6월 14일에 각각 개장하였다. 이에 따라 본 연구는 가격의 비교분석을 위해 두 제도 모두 2004년 6월 15일부터 2007년 6월 14일까지 3년간 일별 자료를 사용하였다. 자료는 강서도매시장의 관리주체인 서울시농수산물공사에서 수집하였다.

분석자료 수는 품목별로 배 701개, 사과 908개, 감귤 804개, 배추 874개, 양파 918개, 풋고추 918개이다. 가격은 일일 총 거래금액을 총 거래물량으로 나눈 1일 평균가격을 사용하였고, kg당 원 단위로 환산하여 분석하였다.

2. 가설의 설정과 분석방법

강서시장에서 운영되고 있는 두 거래제도에 대한 일반적인 기대는 다음과 같다. 첫째, 경매제는 서로 알지 못하는 다수의 출하자가 각자의 판단에 따라 도매시장에 출하하기 때문에 물량 조절이 곤란하다. 따라서 당일의 시장 수급 여건에 따라 가격등락이 심한 반면, 시장도매인제는 시장여건에 따라 출하자와 협상하여 거래하기 때문에 물량 조절이 가능하고, 경매가격 정보를 실시간으로 알 수 있기 때문에 경매제에 비해 안정적인 가격을 제시할 수 있다. 둘째, 시장도매인제는 공개된 경락가격을 이용하여 (개별 협상으로 통해) 원하는 상품의 출하를 유인하기 때문에 경매제 보다 높은 가격을 제시할 것이다.

셋째, 효율적인 시장에서는 동일한 상품에 하나의 가격이 성립하여야 한다(Isard 1977; Goodwin 1992.) 경매제와 시장도매인제는 동일한 장소에서 서로 독립된 구역을 점유한 상태에서 운영되고 있다. 그러나 경매제 가격이 실시간으로 전국에 공표되며, 출하자의 시장 선택이 자유롭기 때문에 강서시장이 효율적이라면 두 제도 간에는 궁극적으로 동일한 가격이 성립할 것이다(거래비용을 제외하고).

넷째, 경매제는 전자경매를 통해 다수의 중도매인이 경쟁 입찰하여 낙찰된 가격정보를 인터넷을 통해 신속하게 제공한다. 반면 시장도매인제는 경매제의 가격을 조사한 후 가격을 협상하는 데 중요한 자료로 사용하고, 계약

가격을 공개하지 않기 때문에 은닉적이다. 따라서 경매제 가격이 시장도매인제 가격을 유인(Granger cause)할 것이다.

이에 따라 본 연구에서 설정한 가설은 다음과 같다.

- 가설 1: 시장도매인제는 경매제에 비해 항상 가격 변동성이 작다.
- 가설 2: 시장도매인제 가격은 경매제 가격에 비해 항상 높다.
- 가설 3: 경매제와 시장도매인제 간에는 일물일가가 성립한다.
- 가설 4: 경매제 가격은 시장도매인제 가격을 유인(Granger cause)한다.

통계적 검정을 위해 가설 1과 2는 경매제 가격(p^a)과 시장도매인제 가격(p^b)의 분산과 평균이 동일하다는 귀무가설을 검정한다(모든 품목에 대해). 분산의 비교검정은 F-검정, 평균은 t-검정을 통해 실시한다.

가설 3의 일물일가 검정은 통상적으로 $P^a = \beta_0 + \beta_1 p^b + e$의 회귀모형에서 귀무가설 $H_0 : \beta_1 = 1$을 통해 검정한다(Ardeni 1989;Chowdhury 1991). β_0=0의 가설을 주지 않은 것은 두 시장가격 간 거래비용의 차이를 허용하기 때문이다.

많은 경우 시계열 자료들은 대체로 분포가 시간에 따라 일정하지 않고 불안정하다(non-stationary). 이 경우 일물일가 검정을 원 자료(가격수준)를 이용한 회귀분석을 통해 수행하면 표본 분산을 과소 추정하여 귀무가설을 잘못 기각하는 가성회귀(spurious regression)의 결과를 초래한다. 따라서 분석 대상 시계열이 정상적인지를 단위근(unit-root) 검정으로 통해 확인하고, 불안정할 경우(differencing)을 통해 안정적인 시계열을 만든 후 검정할 수 있다. 그러나 이러한 자료의 차분은 원 자료의 특성을 변화시킬 수도 있다(Ardeni 1989: Goodwin 1992).[2]

정상성(stationarity)을 검정하는 방법으로는 DF(Dickey and Fuller) 검정법을 보완하여 오차항이 자기상관을 가지고 있을 경우 자기 상관의 영향을 제

2 따라서 차분을 통한 일물일가 검정결과는 원 자료의 일물일가를 보증하지 못한다. 즉, 원 자료의 일물일가는 차분한 자료의 일물일가의 필요조건이 되지만, 차분자료의 일물일가는 원 자료의 일물일가의 충분조건으로서 원 자료의 일물일가를 유추할 수 있다.

거하기 위해 전기의 차분항으로 포함한 ADF(augemented Dickey and Fuller) 검정을 이용한다. 시차(lag)의 결정은 AIC(Akaike's Information Criterion)와 PACF(partial autocorrelation function)를 비교 사용해서 시차구조를 결정한다.

만약 불안정적인 두 시계열이 공적분(cointegration) 관계를 가지고 있으며, 공적분 벡터가 1:1일 경우 두 변수는 장기적으로 일정한 관계를 유지하기 때문에 일물일가를 형성한다고 볼 수 있다(Ardeni 1989; Yang and Koo 1995).[3] 공적분 검정은 Johansen(1986)의 최대특성근(maximum eigenvalue) 검정 방법을 이용한다.

가설 4의 인과성 검정은 선행연구에서 흔히 사용하는 VAR(vector autoregressive) 모형을 이용하여 검정한다(Sims 1997). 만약 두 가격이 비정상적인 가격의 경우 1차 차분한 (1st differenced) VAR을 사용하고, 비정상적인 두 가격이 공적분 관계를 가지는 경우에는 보다 효율적인 VEC(vector error correction) 모형을 통해 인과성을 검정한다.

IV. 분석 결과

1. 가격 동향 추이

월 단위로 평균한 품목별 가격 동향은 〈그림 4〉에서 〈그림 9〉에 나타나 있다. 육안으로 봤을 때 모든 품목에서 두 시장가격은 서로 유사한 움직임을 보이고 있어, 일물일가가 형성하고 있는 것으로 보인다. 또한 배를 제외하고는 거의 모든 품목에서 시장도매인제 가격이 경매제 가격에 비해 대체로 상위에 위치하고 있어 높은 가격을 형성하고 있는 것으로 보인다. 하지만 모든 품목에서 시장도매인제 가격의 변동폭이 경매제 가격보다 더 크게 보인다. 그러나 보다 정확한 결론은 통계적 검정을 통해 얻을 수 있다.

3 익명의 심사자가 제시한 바와 같이 공적분 관계를 이용한 일물일가 검정은 장기적인 관계를 검정하는 것이다.

그림 4. 배의 가격 동향

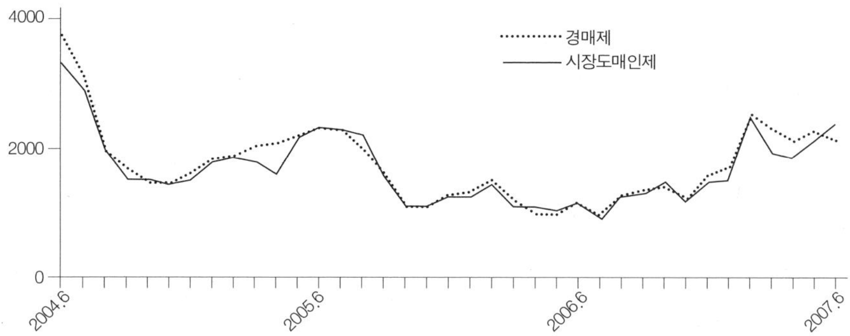

그림 5. 사과의 가격 동향

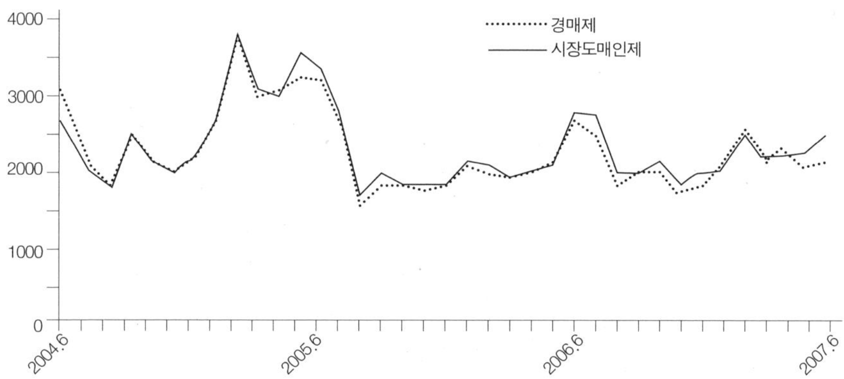

그림 5. 배추의 가격 동향

그림 7. 풋고추의 가격 동향

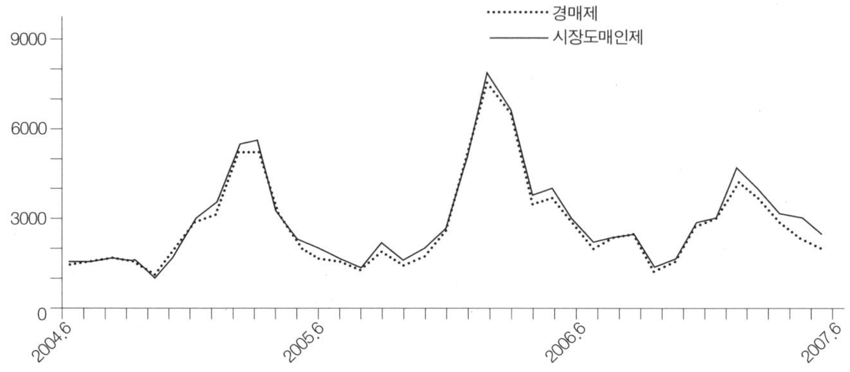

그림 8. 감귤의 가격 동향

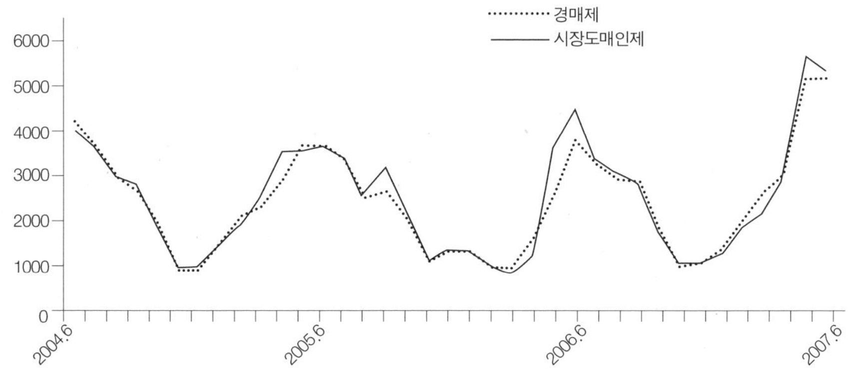

그림 9. 양파의 가격 동향

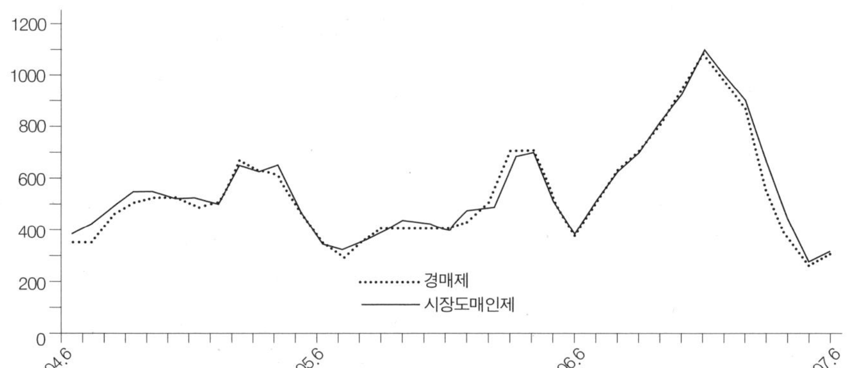

2. 가격수준과 변동성의 동등성 검정

〈표 3〉은 6개 대상 품목 가격의 평균과 표준편차, 변이계수를 나타낸 것이다. 예상과 달리 가격의 변동성을 나타내는 표준편차가 6개 품목 모두 시장도매인제가 경매제에 비해 높은 것으로 추정되었다. 이는 경매제보다 안정적인 가격을 받을 수 있다는 출하자나 정책당국자들의 일반적인 기대에 반하는 결과이다.

평균에 대한 상대적인 변동성을 나타내는 변이계수의 경우도 풋고추와 양파를 제외한 배, 사과, 감귤, 배추에서 경매제가 시장도매인제보다 더 낮은 수치를 보이고 있다. 이는 평균이 동일하게 조정한 변동성도 경매제가 시장도매인제에 비해 안정적임을 의미한다. 경매제 가격의 분산이 시장도매인제 가격의 분산에 비해 통계적으로 유의할 정도로 작은지를 F-통계량을 이용한 단측(one-tailed) 검정을 통해 실시하였다(표 4). 모든 품목의 경우 표본수가 700개를 넘기 때문에 5% 유의 수준에서 귀무가설을 기각하는 임계치는 $F\infty,\infty,0.05 = 1$이다. 검정결과, '두 가격의 분산이 동일하다'는 귀무가설은(시장도매인제 가격변동성이 더 크다는 대립가설에 대해)모든 경우에 5% 유의 수준에서 기각되어, 일반적인 기대와 달리 시장도매인제 가격이 경매제 가격에 비해 변동성이 더 큰 것이 통계적으로도 확인되었다.

〈표 3〉에서 보는 바와 같이 대부분의 품목에서 시장도매인제 가격은 평균적으로 경매제 가격에 비해 높은 것으로 추정되었다. 그러나 배의 경우에는 오히려 경매제 가격이 더 높은 것으로 분석되었다. 〈표 4〉의 t-검정을 이용한 '경매제 가격과 시장도매인제 가격 간 평균이 동일하다'는 귀무가설(양측) 검정결과, 사과, 배추, 풋고추 세 품목의 경우에만 시장도매인제 가격이 경매제 가격에 비해 통계적으로 유의한 정도의 높은 가격을 제시하고 있었다. 배, 감귤, 양파의 경우 귀무가설이 기각되지 않아 두 유통 경로 간의 가격 차이가 유의하지 않음을 보이고 있다.

결과적으로 경매라는 유통단계를 줄이고 출하자와 중도매인이 직접 계약을 통해 거래하는 시장도매인제가 출하자에게 보다 안정적이고 높은 가격을

표 3. 경매제와 시장도매인제 가격의 평균 및 분산 추정결과

품목	통계	경매제(A)	시장도매인제(B)	비율(A/B)
배	평균	1,593	1,553	1.03
	표준편차	539.08	605.78	0.89
	변이계수	0.34	0.39	0.87
사과	평균	2,143	2,201	0.97
	표준편차	549.30	617.17	0.89
	변이계수	0.26	0.28	0.93
감귤	평균	2,208	2,237	0.99
	표준편차	1131.91	1362.73	0.83
	변이계수	0.51	0.61	0.84
배추	평균	378	434	0.87
	표준편차	205.67	261.31	0.79
	변이계수	0.54	0.60	0.90
양파	평균	546	564	0.97
	표준편차	207.88	212.75	0.98
	변이계수	0.38	0.38	1.00
풋고추	평균	2,803	2,971	0.94
	표준편차	1669.96	1735.52	0.96
	변이계수	0.60	0.58	1.03

표 4. 가격 분포의 동일성에 대한 검정결과

품목	평균의 차이에 대한 검정[1]	분산의 차이에 대한 검정[2]
	경매제-시장도매인제	시장도매인÷경매제
배	-1.28	1.26**
사과	2.14*	1.26**
감귤	0.47	1.45**
배추	4.91*	1.61**
양파	1.89	1.05**
풋고추	2.11*	1.08**

주: 1) t-검정통계량.양측 검정 임계치
$t_{\infty,0.025} = 1.96$
2) F-검정통계량.단측 검정 임계치
$F\infty,\infty,0.05 = 1$
*(**)5(1)% 수준에서 통계적으로 유의함.

제공할 것이라는 일반적인 믿음이나 정책 당국의 기대는 수용되지 않음을 보여주고 있다.

3. 일물일가 검정

1) 시계열의 정상성 검정

일물일가 검정을 하기 전에 시계열 자료의 비정상성으로 인한 허구적 회귀(spurious regression) 문제를 피하기 위하여 ADF 단위근 검정을 실시했다(표 5).

검정결과, 배 ,사과, 배추, 풋고추는 원시계열(raw data)에 단위근이 없는 것으로 나타났다(즉, I(0)). 감귤, 양파는 원 시계열에 단위근이 있는 것으로 나타났으며, 이들 자료들을 1차 차분한 경우 5% 유의수준에서 모두 정상 시계열인 것으로 분석되었다(즉, I(1)).

표 5. ADF 단위근 검정결과

품목		차수	수준(Level)	1st difference
배	경매제	3	-3.6339**	
	시장도매인제		-4.1834**	
사과	경매제	5	-3.9376**	
	시장도매인제		-3.8233**	
감귤	경매제	5	-1.5427	-10.4461**
	시장도매인제		-2.2725	-16.7461**
배추	경매제	4	-3.4139*	
	시장도매인제		-2.9747*	
양파	경매제	4	-2.0210	-11.4442**
	시장도매인제		-1.8815	-15.4354**
풋고추	경매제	4	-2.9632*	
	시장도매인제		-2.8747*	

주: *(**)는 5(1)% 수준에서 통계적으로 유의함.

2) 일물일가 검정

단위근이 없는 경우는 $P_t^a = \beta_0 + \beta_1 P_t^b + e_t$,단위근이 있는 감귤과 양파의 경우는 $\Delta P_t^a = \Delta\beta_1 P_t^b + \Delta e_t$ 모형을 이용하여 $H_0 : \beta_1 = 1$의 가설을 Wald-검정을 실시한다.[4] 일물일가 검정결과는 〈표 6〉과 같다.

4 본 연구에서와 같이 검정 대상 파라메터의 수가 1개일 경우 wald 검정 통계량 $X^2 = F = t^2$ 이다.

표 6. 일물일가 검정 결과

품목	x2-통계량	p-값
배	12.18**	0.0005
사과	0.49	0.4867
감귤	229.58**	0.0000
배추	1.61	0.2040
양파	733.90**	0.0000
풋고추	3.77	0.0524

주: * $X^2 1,0.05 = 3.84$. $X^2 1,0.01 = 6.84$
** 는 1% 수준에서 통계적으로 유의함

1% 유의수준에서 사과, 배추, 풋고추의 경우 경매제와 시장도매인제 가격 간에 일물일가를 보이고 있으나 배, 감귤, 양파는 서로 다른 가격형성 과정을 보이고 있다. 다만 단위근을 가지고 있는 감귤과 양파의 경우 두 제도 간에 공적분 관계가 존재한다면 VEC을 이용하여 공적분 관계가 1:1인지를 검정해야지만 최종적인 결론을 도출할 수 있다.

3) 공적분 검정결과

단위근을 가지고 있는 감귤과 양파 가격에 대한 공적분 검정결과 각 품목의 두 유통경로를 통한 가격 사이에는 1개의 장기적인 균형 관계가 있음을 보이고 있다(표 7).

이는 두 품목의 개별 가격들은 아무런 패턴 없이 임의로 움직이고 있지만, 두 제도의 가격들은 서로 일정한 관계를 유지하면서 변동하는 것을 의미한다. 개장한 지 3년밖에 지나지 않은 강서시장이 비교적 효율적인 시장이라는 것을 시사해 주는 결과이다.[5]

그러나 두 가격 간에 장기적인 일물일가가 성립하는지에 대해서는 공적분 벡터가 1임을 보여야 한다. 〈표 8〉은 감귤과 양파의 두 제도 가격 간에 존

5 익명의 심사자는 공적분의 존재가 시장효율성에 주는 함의에 대한 의문을 제기하였다. 시장정보가 즉각적이고 아무런 마찰이나 비용 없이 유입되는 Fama(1970)의 효율적인 시장에서는 동일한 두 상품의 가격은 차익거래(arbitrage)를 통해 (거래비용을 제외하고) 궁극적으로 동일해야 한다. 국내외 많은 연구들이 공적분을 이용하여 시장효율성을 검정하고 있다(이병훈 외 2002; Ardeni 1989; Goodwin 1992; Lai and Lai 1991; Chowdhury 1991).

재하는 공적분 관계가 1:1임을 검정한 결과를 보이고 있다.[6]

검정결과 감귤의 경우 1:1관계가 기각되지 않아 제도 사이에 일물일가가 성립하고 있음을 확인하였다. 양파의 경우에는 두 제도의 가격이 장기적인 균형관계를 이루고 있지만 동일한 가격이라고는 하기 어렵다.

4. 인과성 검정

시장도매인 통상 출하자 희망가격, 고객(분산처) 요구가격, 전일 재고물량 등과 함께 경매제 가격을 고려하여 결정하는 것으로 알려져 있다. 실제로 경매제 가격이 시장도매인의 가격결정에 중요한 정보인지를 인과성 검정을 통해 분석하였다. 개별 가격에 단위근이 없는 배, 사과, 배추, 풋고추 VAR 모형을 사용하였고, 공적분 관계를 가지고 있는 감귤과 양파는 VEC 모형을 사용하여 분석하였다.[7]

표 7. Johansen 공적분 검정결과

품목	귀무가설(Ho)	시차(Lag)	최대특성근 F-값	5% 임계치	1% 임계치
감귤	No. of 공적분 =0	4	94.32**	15.67	20.20
	No. of 공적분 =1		0.42	9.42	12.97
양파	No. of 공적분 =0	3	114.83**	15.67	20.20
	No. of 공적분 =1		0.69	3.76	6.65

주: **는 1% 수준에서 통계적으로 유의함

표 8. 1:1 공적분 관계 검정결과

품목	X^2 - 통계량	P-값
감귤	3.23	0.072
양파	10.28**	0.001

주: $X^2_{1,0.05}$=3.84, $X^2_{1,0.01}$=6.84
**는 1% 수준에서 통계적으로 유의함.

〈표 9〉는 품목별 인과성 검정결과를 보이고 있다. 분석 결과, 배, 사과, 배추, 풋고추의 경우 경매제 가격이 시장도매인제 가격결정에 중요한 정보가

6 공적분 관계에 대한 검정은 EVIEW6 VEC 추정 시 공적분 벡터에 제약을 가하는 방법을 이용하였다.

7 추정된 모형은 별첨에 수록되어 있다.

되고 있음이 확인되었다. 그러나 시장도매인제 가격정보는 경매제 가격결정과정에 유의한 정도의 영향을 주지 못하고 있다.

이에 반해 두 제도의 가격 사이에 장기균형관계를 가지고 있는 감귤과 양파는 경매제와 시장도매인제 간 서로 영향을 주고받는 것으로 분석되었다. 이는 비록 시장도매인제가 경매제에 비해 개별적이고 은닉적이라 하더라도 출하자의 선택에 의해 두 시장 간 정보가 상호 소통하고 있음을 의미한다고 볼 수 있다.[8]

Ⅵ. 요약 및 결론

2004년에 개설된 강서도매시장은 농안법상의 상장 경매제와 그 대안인 시장도매인제가 동시에 운영되는 실험적인 시장이다. 시장도매인제는 공개시장에서 경매에 의해 가격이 결정되는 상장 경매제의 경매단계를 건너뛰어 유통단계를 줄이고 출하자와 시장도매인이 직접 가격을 결정한다. 시장도매인제가 출하자에게 보다 안정되고 높은 가격을 제공한다는 것이 정책당국이나 시장도매인제를 지지하는 전문가들의 믿음이다. 본 연구는 이러한 믿음이나 기대가 옳은지를 검정하였다. 이와 함께 강서시장이 효율적으로 운영되는지를 검정하기 위해 동일한 시장에서 운영되는 두 제도 간 일물일가와 인과성 검정을 실시하였다. 분석은 거래 비율이 높고 시장에서 중요하게 인식되는 배, 사과, 감귤, 배추, 양파, 풋고추 6개 품목의 일별 가격 자료를 이용하였다. 분석 결과는 아래와 같이 요약된다.

첫째, 시장도매인제 가격이 보다 안정적일 것이라는 인식과는 달리 6개품목 전부 경매제 가격보다 시장도매인의 가격 변동이 컸으며, 이는 통계적으

8 단기적인 영향을 분석하는 인과관계(causality)는 장기균형관계를 나타내는 공적분(cointegration)과 구별되어져야 한다. 일반적으로 두 변수가 장기균형 관계를 가지고 있으면, 일방적이거나 쌍방향의 인과관계를 가지고 있으나, 인과관계를 가지고 있는 두 변수가 반드시 장기균형관계를 가지고 있지는 않다.

로 유의한 결과였다.

둘째, 시장도매인이 출하자에게 경매제보다 높은 가격을 준다는 믿음도 6개 품목 중 3개 품목에만 확인되었다. 배의 경우에는 통계적으로 유의하지는 않았지만 평균가격이 오히려 시장도매인제 가격보다 높은 결과를 보였다. 셋째, 배와 양파를 제외한 나머지 품목에서 두 제도 간에 일물일가 법칙이 성립하여 강서시장에 비교적 효율적으로 운영되고 있음을 보여주고 있다. 넷째, 가격이 실시간으로 공개되는 경매제가 시장도매인제에게 가격정보를 제공하고 있으며, 감귤과 양파의 경우에는 두 제도가 서로 정보를 주고받아 시장이 보다 효율적임을 보이고 있다.

표 9. 인과성 검정결과

품목	방향	Wald F-통계량	P-value	모형
배	경매제 ⇒ 시장도매인제	14.4826	1.7E-13	VAR
사과	경매제 ⇒ 시장도매인제	10.5779	2.3E-11	VAR
감귤	경매제 ⇒ 시장도매인제 시장도매인제 ⇒ 경매제	7.1067 28.9499	1.6E-06 0.0000	VEC
배추	경매제 ⇒ 시장도매인제	25.7793	0.0000	VAR
양파	경매제 ⇒ 시장도매인제 시장도매인제 ⇒ 경매제	36.5334 6.3252	0.0000 5.1E-05	VEC
풋고추	경매제 ⇒ 시장도매인제	12.9783	2.8E-10	VAR

두 제도의 가격 분석 결과 나타난 함의는 다음과 같다. 시장도매인제에 대한 과도하거나 또는 그릇된 믿음에 기인한 도매시장 정책은 전체적인 도매시장의 가격효율성과 안정성을 해치는 결과를 초래할 수 있다. 시장도매인제는 거래 익일에 가격을 공표하기 때문에 가격 정보가 은폐되고 비대칭적 정보의 흐름으로 인해 시장 효율성을 저해할 수 있다. 따라서 시장도매인이은 출하자에게 보다 빠른 시간 내에 가격을 제시하고 가격과 물량, 품질 등 거래정보를 공공 정보로 공표하도록 제도화 하는 것이 필요하다. 이를 위해 홈페이지를 제작하여 시장정보를 제공하는 시장도매인에게는 홈페이지 제작 지원과 유통촉진자금 지원 등 인센티브가 주어져야 한다.

시장도매인제는 경매가격을 참고하여 가격을 설정한다. 경매제의 가격을 무료로 이용함에 따라 출하자에게 경매제가 제공하지 못하는 다른 기능, 즉 서비스, 친절, 리콜제 운영 등 다양한 방법으로 출하자를 지원해 주는 시스템을 운영하여야 한다. 이는 결국 출하자 선택권 확대라는 제도 탄생의 기본 취지에 부합하는 것이다.

농산물 유통환경이 급격하게 바뀌는 상황 하에서 출하 선택권을 확대할 수 있는 시장도매인제는 상장 경매제의 대안이 될 수 있다. 그러나 현재 정부의 계획과 같이 전국 도매시장에 시장도매인제를 확산시키는 것은 아직 시기상조일 수 있다. 시장도매인제가 소기의 역할을 하기 위해서는 제도적 보완과 함께 보다 효율적인 운영이 선행되어야 할 것이다.

참고문헌

국승용, 〈농산물도매시장의 거래제도별 유통 효율성의 실증적 비교분석〉, 농업경제연구소, 2006. 8.

김윤두 · 권상구, 〈시장도매인제 1년의 성과와 과제〉, 《농업경영정책연구》 2005.12.

이병훈 · 양승룡 · 정복조, 〈농안법 개정이 농산물 도매시장의 효율성에 미치는 효과분석〉, 《농업경영정책연구》 29(1), 2002. 3.

장성욱 · 양승룡 · 손용석, 〈거래비용을 통한 농산물 도매시장의 거래제도 비교분석 : 상장경매제 vs 시장도매인제〉, 《유통연구》 12(5), 2007. 12.

최병옥, 〈도매시장 거래제도변화가 가격형성에 미치는 영향〉, 《농촌경제》, 2006.8.

Ardeni, P., "Does the Law of One Price Really Hold for Commodity Prices?", *American Journal of Agricultural Economics* 71, August 1989, pp.661-669.

Chowdhury, A., "Futures Market Efficiency: Evidence From Cointegration Tests", *Journal of Futurers markets*, 11(5), 1991, pp.577-589.

Engle R. and C. Granger, "Co-integration and Error Correction : Represenation, Estimation and Testing", *Econometrica* 55, 1987, pp.251-276.

Fama, E., "Efficienct Capital Markets: A Review of Theory and Empirical Work", *Journal of Finance* 25, May 1970, pp.383-417.

Goodwin, B., "Multivariate Cointegration Tests and The Law of One Price in International Wheat Markets," *Review of Agricultural Economics* 14(1), 1992, pp.117-124.

Isard, P., "How Far can We Push the Law of One Price?", *American Economic Review* 67, 1977, 942-948.

Johansen, S., "Statisticai Analysis of Cointergration Voctors", *Journal of Economic Dynamics and Control*,1988, pp.231-254.

Lai, K., and M. Lai, "A Cointegration Test for Market Efficiency", *Journal of Futures Market Efficiency, Journal of Futurers Markets* 11(5), 1991, pp.567-575.

Sims. C., "Money, Income, and Causality", *The American Economic Review*, 1972, pp.540-552.

Yang, S-R. and Won W. Koo, "Hicksian Aggregation and Price Dynamics: Tests for a Single Wheat Price Index", *Journal of Rural Development* 18, Winter 1995, pp.227-242.

5장 거래비용을 통한 농산물 도매시장의 거래제도 비교 분석: 상장경매제 대 시장도매인제[1]

> 서울시농수산식품공사가 농민단체를 대상으로 가락시장 시장도매인의 도입 필요성을 강조하고 나섰다. 그러나 새로운 거래제도인 양 포장되고 있는 시장도매인이 망령으로 남아 있는 위탁상의 다른 이름이라는 사실에 농민들의 정서와 불협화음을 내고 있다.
>
> — 농업인신문, 2016.9.18.

Ⅰ. 서론

농산물 유통은 농산물의 생산구조와 농산물 자체의 물리적 특성으로 인해 복잡한 유통단계와 전근대적인 물류체계, 운영의 비효율성 등 많은 문제를 가지고 있다. 한국의 농산물 도매시장 제도는 비용 효율성과 거래의 투명성 및 시장효율성이라는 두 가치 사이에서 시소게임을 벌이면서 전개되어 왔다.

1993년 말 UR 협상이 타결되고 농산물시장이 전면 개방됨에 따라 정부는 1994년 5월 1일 농수산물의 유통효율을 향상시키기 위해 '농수산물 유통 및 가격안정에 관한법률(이하 농안법)'을 개정하였다. 이 개정안의 내용은 기존 도매거래의 80% 이상을 담당하였던 시장 중매인들로 하여금 도매행위(위탁판매)를 금지하고, 매수의 중개에만 전념하도록 유통행위를 제도적으로 규제하는 것이었다. 이 규제의 목적은 유통단계의 축소에 따른 유통비용의 절감과 일부 중매인에 의해 이루어지는 매점매석과 밭떼기 등 부정거래 행위

1 본 논문은 고려대학교 및 경희대학교에서 세미나를 하였으며, 2007년 한국유통학회(대구)에서 발표되었음.

를 방지하여 생산자와 소비자를 동시에 보호하는 것이었다.[2] 특히 도매시장을 경유하는 모든 농산물은 의무적으로 경매를 거치도록 하는 상장경매제를 도입하여 과거 도매상을 통한 위탁판매의 주 문제점인 판매가격 왜곡과 불투명성, 대금정산 지연 및 부도에 따른 지불불이행, 도매상들의 과도한 이윤 추구 등을 개선하고자 하였다. 그러나 이러한 목적에도 불구하고 가락 도매시장을 비롯한 전국 도매시장 중매인의 경매 불참으로 산지가격이 폭락하고 소비자 가격은 몇 배로 폭등하는 소위 '농안법 파동'을 불러와 전국의 농산물 유통이 일시에 마비되는 사태를 가져왔다.

이러한 사태로 인하여 6개월간 도매행위에 대한 처벌을 유보하였으며, 농안법을 전면적으로 재개정하였다. 재개정된 농안법에서는 '중매인'을 '중도매인'으로 명칭을 변경하고, 상품을 저장하고 수급 조절하는 도매상 기능이 필요한 경우 중매인의 도매상 역할을 인정하였다. 또한 전 품목의 상장경매 원칙도 출하량이나 취급 중도매인의 수가 극히 적은 품목과 특산품에 한해서는 예외를 인정하여 수탁 판매할 수 있도록 하였다. 이와 함께 도매유통의 문제는 도매시장의 효율화뿐만 아니라, 산지와 소비지유통의 효율화와 함께 접근하여야 한다는 인식에 따라 산지유통시설의 확충과 표준규격화 및 공동정산 확대, 밭떼기의 제도화 등 산지 유통개선안과 물류센타 건설, 직거래 확대 등 소비지 유통 개선안도 포함되었다.[3]

농안법이 시행된 후 10년이 지난 지금도 농산물 도매시장 제도에 대한 논란은 여전히 현재진행형이다. 특히 2004년에 상장경매제와 시장도매인제를 동시에 운영하는 실험적인 성격의 강서농산물도매시장이 개장되면서 시장도매인제 도입을 놓고 도매시장 유통 주체 간의 입장도 첨예하게 대립하고 있다.

---

2 1994년 개정 농안법에는 이외에도 소매상의 협동조합 형태로의 경매참여 허용, 수입농산물의 도매시장 경유 의무화, 전 품목 상장경매와 경매방식의 전자화 추진, 중매인 소속제 폐지 등 농산물 도매유통의 효율화를 위한 중요한 내용을 담고 있다.

3 보다 상세한 내용은 〈농수산물 유통개혁 백서 : 농안법 파동과 농수산물 유통개혁 대책 수립〉(한국농촌경제연구원 1995.6) 참조바람.

중도매인협회에서는 시장도매인제를 조기 도입할 것을 적극적으로 주장하고 있다. 시장도매인제를 통해 유통단계 감축 및 진열 상하차 등 운반조작 감소에 따른 유통마진 축소로 소비자 물가부담을 경감시킬 수 있다고 주장하고 있다. 상장경매의 시행주체인 도매시장법인들은 대다수의 농가들이 여전히 비조직화된 영세소농이 주축을 이루고 있고, 상품의 품질도 등급화, 표준화되지 못하는 현실에서 거래교섭력과 경쟁력의 제고라는 측면에서 볼 때 경매제의 기능을 약화시킬 수 있는 시장도매인제의 도입은 가격의 투명성 및 시장효율성의 측면에서 심각한 문제를 일으킬 수 있다고 지적한다. 농산물 유통의 주무부서인 농림부는 시장도매인제의 필요성은 공감하나, 전면적인 시행 여부는 현재 시범 운영 중인 강서시장의 경과를 지켜본 후 신중히 결정하자는 태도를 보이고 있다. 시장도매인제는 법적으로 개설자의 선택에 따라 가능하도록 되어 있기 때문에 시장 상황에 맞게 선택하면 된다는 입장을 취하고 있다.

출하자와 농민단체는 시장도매인제 도입에 대해 신중한 반응을 보이고 있다. 시장도매인제 도입을 위한 선행조건으로 물류 인프라 구축과 중도매인들의 영업능력 확보 및 산지의 조직화가 전제돼야 한다는 입장이 확고한 상황이다. 출하자의 출하선택권 확대도 좋지만 공정성과 투명성이 뒷받침되어야 한다고 주장하고 있다.

이와 같이 도매시장 거래 제도를 둘러싼 논쟁이 진행되고 있지만, 농산물 거래제도에 대한 구체적이고 실증적인 분석이 이뤄지지 않아 논의의 발전적 진행을 기대하기 힘든 상황이다. 본 연구에서는 농업분야의 거래제도 연구에서 그동안 시도되지 않았던 거래비용 이론을 바탕으로 상장경매제와 시장도매인제에 대한 실증적인 분석을 통해 향후 도매시장 거래제도의 발전적인 방향을 제시하고자 한다. 구체적으로 본 연구는 강서도매시장 출하자들이 인지하는 거래비용을 실증적으로 분석하고, 상장경매제와 시장도매인제 출하경로를 선택하는 요인을 결정한다.

Ⅱ. 유통경로연구에서 거래비용이론 고찰

1. 거래비용 개념

거래비용 이론은 신제도주의 경제학의 한 흐름으로 자리 잡으면서 1970년대 들어 주목받기 시작하였다. Coarse(1937)는 기업의 본질은 시장거래에서 발생하는 거래비용을 줄이는 데 있다고 주장하고, Arrow(1969)는 거래비용이란 시스템을 운영하는 데에 소요되는 비용으로 정의하고 있다. Williamson(1978)은 Coarse의 기본적인 개념을 이론화하였다. 그는 전통적인 경제학적 가정을 탈피하여 인간은 제한된 정보처리와 의사소통 능력으로 인해 모든 문제를 완벽하게 처리할 수 없다는 제한된 합리성(bounded rationality)을 가정하고, 기회주의적 행동에 의해 이윤 획득이 가능하면 기회주의적 행동을 취할 가능성이 높다(seeking self- interest with guile)고 주장하였다. 여기서 기회주의(opportunism)는 구체적으로 거래상대가 자신의 이익을 추구하기 위하여 거래에 관련된 정보를 왜곡하거나 잘못된 정보를 제공, 또는 지나친 가격 협상 등과 같은 행위를 의미한다.

Griesinger(1990)는 기회주의의 형태를 부정직(거래에 심각하게 영향을 미치는 정보의 비공개), 불이행(거래관계 또는 약속의 일방적인 폐기 또는 불이행), 책임회피(문제의 원인에 대한 책임전가)등으로 정의하며, 기회주의에 따르는 비용을 다음의 세 가지로 분류한다. 첫째, 협상비용(bargaining costs)으로, 계약 내용을 설계하고, 협상하며, 보장하기 위해 필요한 비용이다. 둘째는 부적응비용(mal-adaption costs)으로, 계약이 필수적인 이행사항에 따라 진행되지 않을 때 발생하는 비용을 의미한다. 세 번째는 감시비용(monitoring costs)으로, 계약상 의무를 이행하는지를 보증하는 데 드는 비용을 의미한다.

Dahlstrom and Nygaard(1999)는 기회주의적 행동이 협상비용(bargaining costs), 감시비용(monitoring costs), 그리고 부적응비용(maladaption costs) 등을 발생시키며, 기회주의를 제어할 수 있는 통제수단으로 상호협력(cooperation)과 형식화(formalization)를 설정하여 이를 검정하였다. 그들은 기회주의적 행동을 거래 상대자를 혼동시키고 속이는 계산된 노력을 포함한 자기 이익을 추구하는 행동으로 정의하였다. 이에 따라 협상비용은 계약기간의 수정, 자원공급의 추가, 계약의 향상을 위해 거래 당사자 간 협상과 관련된 지출이며, 감시비용은 계약의무의 이행을 보장하기 위한 비용으로 정의하였다. 부적응비용은 계약 당사자 간 의사소통과 협력이 실패하여 발생하는 비용으로 판매를 위해 정보가 필요하거나 판매된 상품과 배송이 함께 이루어지지 않을 때, 또는 정보의 양이 너무 많거나, 불충분하여 사용하기 어려울 때 발생한다고 제시하고 있다.

이러한 거래비용들은 도매시장 거래에 있어서도 당연히 요구되고 있으며, 거래의 형태와 거래자의 신용도에 따라 거래비용이 달라질 것이다. 도매시장의 강서시장의 출하자들은 경매제와 시장도매인제에 배태되어 있는 거래비용(인지된)에 따라 출하경로를 선택하게 된다.

2. 농산물 도매시장의 거래비용

1) 경매제 도입 배경 및 거래비용 적용 모델

조선시대 이래 도매상권을 장악하던 객주들은 오늘날 위탁도매상과 유사한 상거래 형태를 취하고 있었다. 그러나 일제시대에 조선 총독부가 자국의 유통 상인과 자본이 익숙한 경매제를 도매시장에 도입하였고, 해방 이후 경매제가 관행적으로 제도화되었다(김성훈 외 1995). 경매제는 위탁상인들이 앞선 시장정보력과 거래교섭력을 바탕으로 폭리를 취하고 불공정 상거래를 관행화한다는 사회적 인식이 확대되면서 이들을 견제할 제도적 대안이 되었다(왕성우 2002).

경매제는 중간상인들의 기회주의(opportunism)를 통제하는 효과적인 제도적 대안이 된다. 농산물은 유기물이라는 물리적 특성상 표준·등급화가 어렵고, 저장성이 약하고, 시장 내 정보의 흐름이 불균형한 경우가 많다. 또한 농산물의 구매 주체인 상인은 독과점적 지위를 행사하는 반면, 다수의 소규모

생산자가 공급하는 구조를 가진다. 이에 따라 농산물 출하자의 거래 교섭력이 낮고, 우월한 시장 정보를 가지고 있는 중간상인들의 기회주의적 행동 가능성이 높아지게 된다. 또한 출하규모가 작아 판매 경로가 제한되고, 특정 상인들에게 의존하는 구조를 가지게 된다.

경매제는 다음과 같은 점에서 중간상인들의 기회주의(opportunism)를 억제할 수 있다(그림 1). 첫째, 출하자는 적정 가격을 주는 거래상대자를 찾아다닐 필요가 없기 때문에 탐색비용이 들지 않는다. 상장된 농산물은 당일의 수급에 따라 공개경쟁을 통해 최고가를 제시한 중도매인에게 거래된다. 또한 현 농안법에서는 도매시장법인이 수탁 거부할 수 없어 누구나 공개경쟁을 통해 최고가를 제시한 중도매인에게 판매할 수 있다.

그림 1. 거래비용의 관점에서 본 경매제 시장 모형

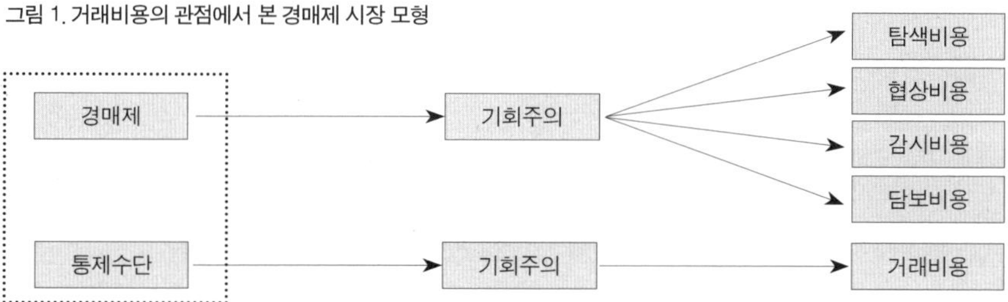

자료: 서울시농수산물공사

둘째, 청산소의 역할을 하는 도매시장법인이 상품의 대금을 출하자에게 직접 정산하기 때문에 대금 정산이 늦어지거나 이루어지지 않을 가능성이 없다. 대금정산은 도매시장법인을 통해 7일 이내에 이뤄지도록 되어 있고, 도매시장법인이 미정산 대금에 대해 청산기능을 수행하기 때문에 대금정산 불이행에 대한 위험부담이 없다. 따라서 경매제하에서는 대금정산 등의 안전한 계약 이행을 위한 담보비용이 거의 소요되지 않는다.

셋째, 경매 가격이 실시간 공표되므로 위탁거래에 비해 정보의 비대칭성이 완화되고, 보다 완전경쟁적인 시장구조를 가능하게 한다. 경매제에서는 다수의 중도매인이 경쟁 입찰을 통해 가격을 결정하기 때문에 가격 왜곡의 위험이 없고 따라서 감시비용이 매우 적다. 전국의 기준가격의 역할을 하는 가락시장 경매가격은 서울시농수산물 공사 홈페이지(www.garak.co.kr)를 통해 실시간으로 즉시 확인할 수 있으며, 한국농림수산정보센터(www.affis.net)를 통해서도 가격이 공개되고 있다. 이와 같이 경매제는 가격의 효율성을 증대시킬 뿐만 아니라, 중도매인들의 기회주의를 통제하여 거래비용을 축소시키는 역할을 한다.[4]

2) 시장도매인제 거래비용 적용 모델

시장도매인제의 경우에는 출하자의 거래 교섭력이 낮은 상황에서 시장도매인의 기회 주의를 통제하기 위한 수단이 상대적으로 매우 적으며, 출하자들은 장기간 경험에 의해 출하경로와 출하처를 결정한다.[5] 즉 적절한 통제수단이 존재하지 않는 시장도매인제는 제도적 장치를 통해 거래비용을 감소 시키는 경매제에 비해 보다 많은 거래비용을 요구한다고 할 수 있다.

따라서 향후 시장도매인제를 운영함에 있어 시장도매인의 기회주의를 어떻게 효과적으로 통제할 것인가 하는 것이 향후 제도 개선과 심지어는 시장도매인제의 존속 여부를 결정하는 과제라고 할 수 있다. 강서농산물 도매시장의 경우 시장도매인 자격 요건으로 자본금 8억 이상으로 하고 정당한 이유 없이 수탁을 거부할 수 없도록 하는 제도적 보완책을 가지고 있으나 보다 근본적인 제도적 장치가 필요하다는 요구가 적지 않다. 본 연구는 출하자들이 인지하는 시장도매인제의 거래비용 형태와 크기를 실증적으로 분

4 Coarse(1937)는 거래에 필요한 정보수집비용이나 거래과정에서 소요되는 비용 등이 내부조직의 운영비용을 초과하는 한 거래를 내부화하려 하며, 이는 조직체로서 기업이 존재하는 이유라고 설명하였다. 하지만 농업 생산자의 경우 판매 및 판매처 확보의 부담, 소비지 정보의 부족 등으로 거래를 내부화하기는 어려운 특성이 있다. 따라서 경매제 이전 위탁상 거래에서 거래비용이 컸을 때에도 그 비용을 낮추기 위한 내부화 움직임이 이루어지지 않았고, 정부에서는 '농안법'과 '상장경매제 도입'을 통해 통제적 기능을 수행했다고 할 수 있다.

5 경매제는 가격공표를 통해 시장도매인제를 감시하는 역할을 하는 이외에도, 가격정보의 제공을 통해 시장 도매인제의 가격변동성을 축소하고 기준가격을 제시한다. 이는 경매제가 시장도매인제에 미치는 외부효과(externality)로 이해할 수 있다.

석한다.

그림 2. 거래비용 관점에서 본 시장도매인제 시장 모형

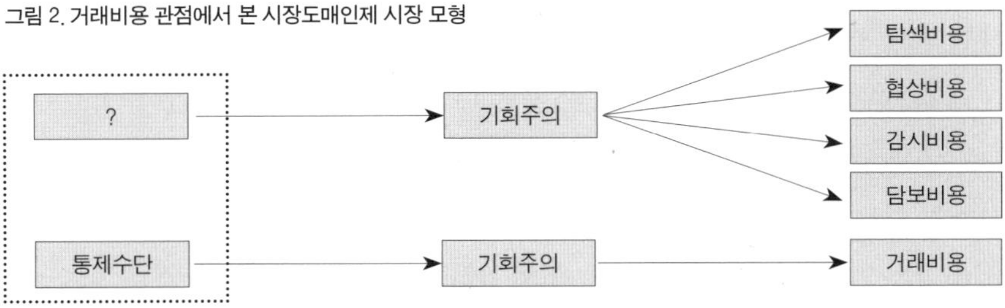

자료: 서울시농수산물공사

Ⅲ. 유통경로에서 거래비용에 대한 실증 분석

1. 연구방향 및 조사 설계

본 연구는 강서시장의 출하자를 대상으로 한 설문조사를 통해 거래비용을 추정하고, 추정된 거래비용을 다시 탐색비용, 담보비용, 협상비용, 감시비용 등 4개 항목으로 세분하여 추정한다. 또한, 출하자의 농산물 거래제도 선호 요인의 차이를 보기 위해 독립표본 t-검정과 이분형 로지스틱 회귀 분석을 실시하였다.[6]

설문을 위한 사전 조사를 위해 강서시장에서 채소 출하자 11명을 만나 의견을 듣고 설문을 작성하였으며, 일산에 위치한 농협대학에 다니는 출하자를 대상으로 파일럿 조사(pilot study)를 실시하였다. 본 조사는 강서시장 농산물 출하자를 대상으로 직접 대면면접과 우편 설문을 병행하였다. 대인 면접 조사 지역으로는 부여, 논산, 충주, 평택, 감곡 등이었으며 이들 지역에서

6 한편 시장 선택 요인의 중요도를 조사하고 인구 통계학적 변수를 이용하여 시장 선택 모형을 도출코자 하였으나 유의미한 결과가 나오지 않았다. 출하자 대부분 고령인데다 농사 경력이 오래되어 차이가 발생하지 않았고, 소득, 작목반 등 출하 형태 역시 유통 경로 선택에는 별다른 영향을 끼치지 않는 것으로 나왔다. 부류별로도 조사를 하였으나, 메론, 호박 등 채소, 과일을 연작하는 경우가 많아 유의한 결과가 나오지 않았다.

출하자 52명을 만나 설문하였다. 우편발송은 강서 시장 경매제와 시장도매인제 출하자를 대상으로 무작위로 총 620부를 발송하여 54부가 회수되었다.(회수율 8.7%) 회수된 설문지 총 106부 중 일관성이 부족하거나 무성의하다고 판단된 21부를 제외시키고 85매에 대하여 분석을 실시하였다.

응답자의 연령 분포는 41세에서 50세 이하가 34명으로 전체 41.0%를 차지하여 가장 많게 나타났으며, 다음으로는 51세에서 60세로 31.3%였다. 30세 이하와 71세 이상은 낮은 비율을 차지하였다.

응답자의 소속으로는 농협, 작목반 등 생산자 단체에 속해 있는 경우가 전체 중 72.8%를 차지하였고, 다음으로는 개별 생산자가 17.3%였다. 표본의 연 평균 매출액은 평균 30,565만원으로 실제 예상과는 달리 적은 편이었는데 이는 대부분의 출하자가 2~3개 품목을 연작하고 있으며, 해당 응답은 주 품목의 매출액에 대해 밝혔기 때문이다. 현재의 일을 얼마나 했는지에 대해서는 평균 159.65개월로 나타나 약 13.3년 동안의 경험이 있는 것으로 조사되었다.

표 1. 표본의 연령 분포

구분	빈도	비 중(%)
30세이하	2	2.4
31~40세	17	20.5
41~50세	34	41.0
51~60세	26	31.3
61~70세	3	3.6
71세 이상	1	1.1
결측값	2	
합계	85	100

표 2. 표본의 소속

구분	빈도	비중(%)
생산자	14	17.3
생산자단체 (농협, 작목반 등)	59	72.8
산지유통인	5	6.2
기타	3	3.7
결측값	4	
합계	85	100

2. 출하자 거래비용의 추정

1) 출하자 거래비용 추정을 위한 이론적 배경

가상가치평가법(CVM, Contingent Valuation Methods)에 의한 가치추정은 다른

가치평가방법과는 달리 효용함수에 대한 일반적 가정이나 수요함수의 도출이라는 복잡한 중간과정을 거치지 않고 직접 응답자의 WTP 또는 WTA를 통해 지출함수에서 힉스(Hicks)의 후생개념인 보상변이(CV, Compensating variation)와 보상잉여(CS, Compensating Surplus)를 추정하는 방법이다.[7]

최소수용금액(WTA)은 정부의 정책 등의 영향으로 인해 경제를 둘러싼 상황이 변할 때 이로 인해 소비자가 당하는 후생의 변화를 화폐단위로 계측하는 데 사용되는 수단이다. 최대 지불용의액(WTP)은 소비자가 새로운 정책이 도입되도록 하기 위하여 지불 하고자 하는 최대한의 금액이고, 최소수용금액(WTA)은 새로운 정책이 도입되지 않는 대신 소비자가 수취하고자 하는 최소한의 보상액이라 할 수 있다. 즉, 어떤 상태의 변화가 효용수준을 떨어뜨리는 것이라면 그 상태로의 변화에 대해 지불할 용의가 있는 것이 아니라 보상을 받기를 원할 것이며, 이때 악화된 상태를 수용하는 대신 최소한 받아야 할 금액을 생각해 볼 수 있을 것이다.

본 연구에서는 거래비용을 추정하는 방법으로서 CVM에 의한 가치추정 방법 중 출하자의 최소수용금액(WTA)을 묻는 방식으로 진행되었다. 비시장 가치인 거래비용 금액을 추정하기 위해 자신이 선호하는 거래 제도가 바뀔 때 받아들이고자 하는 최소수용금액을 통하여 효용의 감소분을 측정하였다. 설문조사는 양 제도의 출하자를 대상으로 어떤 제도를 선호하는지를 묻고, 이어 다른 제도로 출하경로를 변경할 때 얼마를 더 받아야 옮길지를 질문하였다.

표 3. 표본의 매출액, 경력

구분	최소값	최대값	평균	표준편차
연평균 매출액(만원)	1,300	500,000	30,564.56	67,618.04
경력(월)	12	540	159.65	113.71

출발점 편의(starting point bias)를 없애기 위해 지불 카드형 질문방식을 사용

7 이론에 관한 상세한 설명은 곽승준·전영섭, 《환경의 경제적 가치》, 학현사, 1996, 52-54쪽 참조 바람.

하여 설문서에 여러 금액의 카드를 제시한 후 기꺼이 수용하고자 하는 금액을 선택하도록 하였다.

2) 출하자 거래비용 추정 분석

설문을 위한 사전 조사를 위해 출하자들을 직접 만나 인터뷰한 결과 특정 제도(경매제 또는 시장도매인제)를 선택하는 이유는 다음과 같이 나타났다. 경매제를 선호하는 이유는 가격이 공정하게 형성된다는 점, 전자경매를 통해 가격 탐색이 쉽고, 대금 정산이 확실하며, 적정 가격에 대해 협상할 필요가 없다는 점이었다. 반면 시장도매인제는 가격의 등락폭이 적고 안정적이라는 점이 가장 큰 이유였다. 따라서 두 그룹을 분리하여 분석하는 것이 타당한가를 확인하기 위해 다음과 같은 가설을 수립하였다:

- 가설 1: 경매제를 선호하는 출하자는 시장 도매인제를 선호하는 출하자보다 거래비용을 중요하게 생각한다.
- 가설 2: 시장도매인제를 선호하는 출하자는 경매제를 선호하는 출하자보다 가격위험프리미엄을 중요하게 생각한다.

선호(preference)는 속성에 대한 태도가 속성에 대한 중요도와 각 속성별 신념에 의해서 결정된다는 Fishbein and Aizen(1975)의 다속성태도모델(multi-attribute attitude model)을 적용하여 분석하였다.[8]

출하자의 경매제로 인한 거래비용의 절감(혹은 거래편익)에 대한 태도를 분석하기 위해 경매제를 선호하는 출하자의 거래비용에 대한 태도(A_a^T)와 시장도매인제를 선호하는 출하자의 거래비용에 대한 태도(A_w^T) 간의 차이가 통계적으로 유의한지 검정하였다. 검정결과, $A_a^T - A_w^T$의 t-통계치는 3.03으로 가설 1이 지지되었다. 경매제를 선호하는 출하자의 위험프리미엄에 대한

8 보다 상세한 내용은 Attitude, *Intention and Behavior: An Introduction to Theory and Research,* Fishbein,, M, and I. Aizen, 1975, Addison Wesley Publishing 참조 바람.

태도(A_a^R)와 시장도매인제를 선호하는 출하자의 위험프리미엄에 대한 태도(A_w^R)간의 차이에 대한 t-통계치도 -5.84로 가설 2도 지지되었다.

그러나 경매제를 선호하는 출하자의 경매제에 대한 태도(A_a=A_a^T+A_a^R)와 시장도매인제를 선호하는 출하자의 경매제에 대한 태도(A_w=A_w^T+A_w^R)간에는 통계적으로 유의하지 않았다. 종합하면 각 제도를 선호하는 출하자의 종합적인 태도에는 차이가 없지만 경매제를 선호하는 출하자는 거래비용을 더욱 중요하게 생각하며(가설 1), 시장도매인제를 선호하는 출하자는 위험프레미엄을 더욱 중요하게 생각하였다(가설 2). 본 연구에서는 시장도매인제에 비해 경매제를 선호하는 출하자와 경매제에 비해 시장도매인제를 선호하는 출하자를 구분하여 출하경로 선택과정을 분석하였다.

출하자의 태도에 따른 WTA를 추정하는 모형은 다음과 같다.

표 4. 동일 수취가격일 때 선호하는 출하경로

구분	빈도	비중 (%)
경매제 선택	69	81.2
시장도매인제 선택	16	18.8
합계	85	100

경매제 출하자들의 최소수용의사금액(WTA_a)은 시장도매인제 수취가격(P_w)에서 출하자가 지각하는 거래비용(TC)의 차이라 할 수 있다. 다시 말해 현재의 경매제 출하자들이 지각하는 경매제가격은 시장도매인제 수취가격에서 거래비용만큼의 효용이 추가된 것으로 볼 수 있다. 이는 다음과 같이 정의된다.

(1) WTA_a=P_w−TC

이 때 경매제 수취가격($\widetilde{P_a}$)이 경매제 최소수용의사금액(WTA_a)보다 같거나 높다면 경매제 출하자들은 경매제에 출하할 것이므로 다음과 같이 표현된다.

(2) $If\ \widetilde{P}_a \geq WTA_a,$

then auction is preferred.

마찬가지로 가격위험을 중시하는 시장도매인 출하자의 지각 가격은 경매를 통해 수취할 수 있는 가격에 가격위험프리미엄만큼 제한 것이 된다. 따라서 시장도매인제 출하자들의 최소수용의사금액(WTA_u)은 경매 제제 수취가격(P_a)에서 출하자가 지각하는 가격위험프리미엄의 차이이며, 아래와 같이 정의된다.

(3) $WTA_w = P_a - \mathrm{RP}$

만약 시장도매인제 수취가격($\widetilde{P}_w$)이 시장도매인제 최소수용의사금액($\boldsymbol{WTA_w}$)보다 높다면, 출하자들은 시장도매인제에 출하할 것이다.

(4) $If\ \widetilde{P}_w \geq WTA_u,$

then wholesale is preferred.

거래비용과 위험프리미엄을 추정하기 위한 설문은 다음과 같다. 먼저 경매제와 시장도매인제 양 제도에서 동일 상품에 대해 동일한 수취 가격이 주어졌을 경우에 선호하는 거래 제도를 물은 다음, 얼마 이상을 더 받아야 다른 경로로 전환할 것인지 질문 하였다. 수취가격은 농가의 일반적인 1일 수취금액인 100만 원으로 하고, 최대 120만 원에서 최소 80만 원까지 만원 단위로 총 40개의 구간을 설정하여 출하자가 선택하도록 하였다. 특정 경로를 선호하는 응답자는 경로 전환을 위해 100만 원 이상을 수취하여야 함에도 불구하고 100만 원 이하 구간을 설정한 이유는 설문에 대한 부정확한 이해에 따른 응답을 제외시키기 위해서였다.

출하자에게 출하하는 농산물에 대해 경매제와 시장도매인제 모두 100만 원을 받을 수 있다면 어느 시장으로 출하할 것인지를 설문한 결과 경매제를 선호하는 응답이 81.2%, 시장도매인제를 선호하는 응답은 18.8%였다.

경매제(또는 시장도매인제)를 선택했다면 시장도매인제(또는 경매제)에서 얼마를 더 받아야 유통경로를 변경할 것인지를 물어본 결과 시장도매인제로 변경할 경우 수용의사 금액이 평균 109.46만 원이고, 경매제로 변경 할 경우에는 111.25만 원이었다. 시장도매인제를 선호하는 출하자의 수용의사금액이 더 높게 나타나 가격등락에 대한 높은 위험을 반영하였다.[9] 결과적으로 제도 변경에 따른 수용의사 금액을 통해 경매제를 선호하는 출하자의 거래비용은 평균 9.46%이며, 시장도매인제를 선호하는 출하자의 가격위험프리미엄은 평균 11.25%로 분석되었다.

표 5. 제도 변경에 따른 수용의사 금액

구분	최소값	최대값	평균	표준편차
시장도매인제로 변경 수용의사금액 (만원)	101	120	109.46	5.20
경매제로 변경 수용의사 금액 (만원)	105	120	111.25	5.54

3) 거래비용 항목의 금액 추정

앞 장에서 설명한 바와 같이 거래과정은 탐색, 협상, 감시 및 담보과정으로 분류될 수 있다. 그리고 각 과정에서 발생하는 비용을 탐색비용, 협상비용, 감시비용 및 담보 비용으로 정의하고, 각 비용의 화폐적 가치를 추정하였다. 탐색비용(search cost)은 사전적 거래비용으로서 거래상대자와 시장 정보를 찾는 비용이며, 협상비용(bargaining cost)은 사후적 거래비용으로서 계약 내용을 설계하고, 협상하며, 보장하기 위해 필요한 비용으로 정의하였다. 또한 감시비용(monitoring cost)은 계약상 의무를 이행하는지를 보증하는데 드는 비용이며, 마지막으로 담보비용(security cost)은 안전한 계약 실행을 위한 담보비용으로 배달이 지연되거나 배달이 되지 않는 경우, 대금 지불이 되지 않는 경우에 발생하는 비용으로 정의하였다.

9 이외에도 시장도매인제 출하자는 분산 출하보다는 고정적 출하 비율이 높은 편이라 거래선을 변경하는 데 따른 부담이 컸기 때문인 것으로 보인다.

거래비용의 4가지 비용에 대해서는 0점(전혀 중요하지 않다)에서 10점(매우 중요하다)까지의 등간 척도로 구성하여 10점 척도에서 5점을 기준점, 즉 중간 수준으로 설정하고 중요도를 평가하였다. 또한 거래비용에 대한 제도 간 비교에 대해서도 0점(전혀 그렇게 생각하지 않는다)에서 10점(매우 그렇게 생각한다)까지의 등간 척도로 5점을 기준점으로 설정하여 제도에 대한 믿음의 강도를 구했다. 그 결과 각 항목의 값은 이들의 곱한 값으로 구하여 탐색, 협상, 감시 및 담보과정에 대한 태도값을 화폐적 가치로 전환하였다.

거래비용의 각 항목에 대한 금액 추정은 다음과 같은 식으로 구할 수 있다.

$$(5)\ TC_i = \frac{b_i e_i}{\sum_{k=1}^{n} b_k e_k} \times TC$$

표 6. 거래비용 항목별 값

설문항목		N	최소값	최대값	평균	표준편차
거래비용	탐색비용	69	0.08	6.70	2.02	1.42
	협상비용	69	0.08	4.76	1.33	0.99
	감시비용	69	0.07	6.95	2.34	1.49
	담보비용	69	0.43	11.90	3.77	2.29

그림 3. 총 거래비용 중 항목별 비중

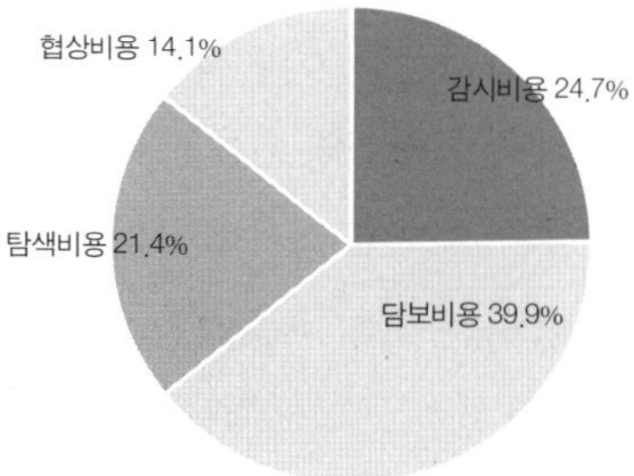

단, TC_i는 탐색, 협상, 감시 및 담보비용(i=,1...,4)이고, TC는 앞에서 설명한 바와 같이 경매제에서 시장도매인제로 전환하기 위한 최소수용의사금액으로 구하였다. 이를 통해 $TC_i^{(i=1,\ldots,4)}$를 구하면 〈표 6〉과 같다.

경매제 출하자는 총 67명이었으며, 거래비용을 각 거래비용 변수의 비중으로 곱하여 산출한 결과 총 거래비용 9.46만 원 중 담보비용은 3.77만 원이며, 감시비용은 2.34만 원, 탐색비용은 2.02만 원, 협상비용은 1.33만 원이다.

전체 거래비용을 100으로 할 때 담보비용은 39.9%의 비중을 차지하였고, 감시비용은 24.7%, 탐색비용은 21.4%, 협상비용은 14.1%이다.

4) 유통경로 선택 요인 분석

거래비용 항목들과 가격 등락 항목에 대한 태도가 경매제, 시장도매인제 선호에 미치는 영향을 분석하기 위하여 독립표본 t-검정과 이분형 로지스틱 분석을 실시하였다.

먼저 경매제 출하자와 시장도매인제 출하자 간에 거래비용 항목들과 가격등락에 대한 태도 차이가 있는지 독립표본 t-검정을 실시한 결과 담보비용과 가격등락에서 유의미한 차이를 보였다(표 7). 담보비용에 있어서 경매제를 선호하는 출하자의 평균은 81.30점이었으며, 시장도매인제를 선호하는 출하자는 57.63점으로 유의미한 차이를 보였다. 가격등락에 있어서는 경매제를 선호하는 출하자와 시장도매인제를 선호하는 출하자의 평균은 각각 34.86점, 65.81점으로 유의미한 차이를 보였다. 분석결과 경매제를 선호하는 출하자는 시장도매인제를 선호하는 출하자보다 담보비용을 중요하게 평가하고 있으며, 반대로 가격 등락에 대해서는 시장도매인제를 선호하는 출하자가 더 중요하게 생각하고 있음을 알 수 있다.

거래비용과 가격 위험프리미엄이 유통경로 선택에 어떤 요인을 주는지 회귀분석을 실시하였다. 종속변수가 경매제와 시장도매인제로 구성되어있기 때문에 종속변수가 이항반응 값을 갖는 이분형 로지스틱 분석을 실시하였다. 종속변수로는 동일 가격일 때 경매제 또는 시장도매인제 선택을 놓고 독립변수로는 거래비용 4개 항목과 가격 등락에 대한 태도값을 사용하였다.[10]

---

10 초기의 기대와는 달리 경력, 나이, 매출액 등 인구통계학적 변수를 이용한 출하자 선택 요인 분석에서 유효한 결과가 나오지 않았다. 출하자 대부분 연령대가 높았으며, 출하경험도 오

표 7. 선호집단 간 태도 차이 검정

측정 항목	집단	N	평균	표준편차	t	유의확률
탐색비용	경매제	69	46.91	23.06	0.561	0.576
	시장도매인제	16	43.38	21.18		
협상비용	경매제	69	29.72	18.45	-1.132	0.261
	시장도매인제	16	35.75	22.18		
감시비용	경매제	69	50.54	21.73	1.236	0.220
	시장도매인제	16	43.13	21.04		
담보비용	경매제	69	81.30	20.33	4.204**	0.000
	시장도매인제	16	57.63	20.14		
가격등락	경매제	69	34.86	18.22	-5.840**	0.000
	시장도매인제	16	65.81	22.68		

**F<0.01에서 유의함

표 8. 유통경로 선택 요인 이분형 로지스틱 분석

종속변수	독립변수		B	S.E.	Wald	유의확률
유통경로선택 0 = 경매제 1=시장도매인제	상수		-0.070	2.281	0.001	0.976
	거래비용	탐색비용	0.051	0.031	2.698	0.100
		협상비용	-0.008	0.037	0.048	0.826
		감시비용	-0.044	0.035	1.636	0.201
		담보비용	-0.097	0.038	6.677**	0.010
	가격위험 프리미엄	가격등락	0.121	0.039	9.853**	0.002
	연평균 매출액		0.000	0.000	0.315	0.575
	현재의 일 경력		-0.007	0.005	2.000	0.157
-2 Log Likelihood = 32.441 χ^2 = 3.677 p = 0.115						

**F<0.01에서 유의함

〈표 8〉의 분석결과 담보비용의 회귀계수가 -0.097로, 회귀계수의 통계적 유의성을 검정하는 값인 Wald통계량이 6.677이므로, p=0.010<0.05에서 통계적으로 유의하다. 또한 가격등락의 중요도의 회귀계수는 0.121이며, 이 회귀계수의 통계적 유의성을 검정하는 값인 Wald통계량이 9.853이므로 p=0.002<0.05에서 통계적으로 유의하다. 탐색비용, 협상비용, 감시비용은 유의하지 않았다. 담보비용은 유통경로 선택에 있어 부(-)의 영향을 미치고

래되어 유의미한 차이를 보이지 않았다. 또한 매출규모도 유통경로를 선택하는데 중요한 요인이 되지 못했다.

있는 것으로 나타났다. 따라서, 출하자가 거래제도를 선택할 때 담보비용이 높을수록 경매제를, 가격등락이 높을수록 시장도매인제를 선택할 확률이 높다고 판단된다.

Ⅳ. 결론

그간 농산물 거래제도와 관련한 논의는 물류비용 측면에서 주로 시도되어 왔다. 그러나 이러한 유통비용의 개념만으로는 보다 적합한 도매시장 제도를 선택하기는 어렵다. 상장경매제는 시장도매인제에 비해 유통단계가 많고, 경매를 위한 진열 및 상하차 등으로 물류비가 증가하며 많은 거래시간이 소요된다. 따라서 물류비용의 측면에서 본다면 상장경매제는 시장도매인제에 비해 비효율적이라 할 수 있다. 하지만 상장경매제는 거래의 공정성과 투명성 측면에서 보다 효율적이다.

상장경매제는 공개경쟁을 통한 공정한 가격을 형성하여 출하자의 가격탐색비용을 감소시킨다. 다수의 중도매인이 경매에 참여 하여 가격을 결정함으로써 협상비용, 감시비용이 들지 않는다. 또한, 도매시장법인이 대금정산 및 청산 기능을 수행함으로써 담보비용이 없는 등 거래비용 측면에서 시장의 효율성을 제고하는 장점이 있다. 반면, 시장도매인제 시장은 상하차, 재분류 등 절차가 생략되어 신속한 거래가 가능하는 등 물류비용적 측면에서 경매제에 비해 비용 효율적이다. 그러나 시장도매인제는 중간상인의 기회주의 행동으로 인해 출하자의 거래 비용을 증가시킨다.

도매시장 거래제도는 물류비용적 측면뿐만 아니라 거래제도 자체가 주는 거래 비용까지도 고려해 접근해야 한다. 물류비용이 효율적이라고 해도 거래 비용이 높다면 그 시장이 효율적이라고 할 수 없다. 또한 거래 비용이 낮을지라도 물류비용이 과다하게 많이 발생한다면 역시 효율적이지 못하게 된다. 따라서 도매시장 거래제도에 대한 이해는 물류 측면에서의 효율성뿐만 아니라, 각 제도가 갖는 거래비용의 측면까지 고려하여 접근할 때 제도에 대한 종합적인 이해를 증가시키고, 도매시장 유통제도의 개선 방향을 올바르게 정립할 수 있다.

본 연구는 거래비용 이론을 바탕으로 도매시장 거래제도에 대한 실증적인 분석을 시도하였다. 거래비용을 추정하기 위하여 출하자를 대상으로 조건부가치측정법을 이용하여 설문한 결과 수취 가격이 100만 원이라 할 때 거래비용은 평균 9.46만 원이었으며, 이 중 담보비용은 3.77만 원, 감시비용은 2.34만 원, 탐색비용은 2.02만 원, 협상비용은 1.33만 원을 차지하였다. 따라서 출하자들에게 있어 거래비용이 수취가격의 약 10%를 차지할 정도로 중요한 요소임을 알 수 있었다. 이는 향후 농산물 거래제도를 개선함에 있어 중요한 의미를 지니고 있다. 거래제도 개선은 단순히 유통비용만을 줄이는 방향으로 이루어지기보다는 출하자들의 거래비용을 낮추는 것까지 섬세히 고려할 필요가 있다는 것을 보여 주고 있다. 거래비용을 낮추기 위해서는 출하자들의 규모화를 이루어 거래 교섭력을 높이거나 향후 시장도매인제를 확대 도입할 때 거래비용을 낮추기 위한 제도적 기반을 마련해야 한다. 즉 시장도매인의 신용 등급을 공개하고, 상품 거래 가격, 물량 등 유통정보를 제공하는 한편 출하자들이 거래 상대자를 쉽게 찾을 수 있도록 개별 시장도매인에 대한 정보를 적극적으로 제공하는 방향 등을 적극 고려해야 할 것이다.

강서시장은 시장도매인제와 경매제가 병행하는 최초의 시장이다. 한 시장 안에 두 제도가 존재하는 것은 단순한 호기심에는 답할 수 있을지언정 어떤 제도가 더 효율적인 시장인가에 대한 해답을 줄 수 없다. 경매제와 시장도매인제는 물류비용과 거래비용의 측면에서 각자의 특성을 지니고 있음에도 불구하고 그 특성에 대한 이해 없이 어느 시장의 가격이 높은가, 어느 시장의 유통효율성이 높은가라는 단순한 접근만으로는 바람직한 제도를 찾아낼 수 없다.

본 연구는 그동안 시도되지 않았던 거래비용이론을 통해 경매제와 시장도매인제의 거래비용의 차이를 실증적으로 분석했다는 점에서 중요한 의의가 있다. 그러나 다음과 같은 한계를 가지고 있다.

첫째, 조사 표본수가 적어 전체 출하자 모집단을 대표하는 데 한계가 있다. 조사 표본수가 적은 것은 각 산지의 출하자들을 직접 대면 조사하는 데 있어 시간과 비용의 한계로 인해 많은 수를 만나기 어려웠기 때문이다. 또한 우편 조사의 경우 그 특성으로 인해 회수율이 높지 않았다. 둘째, 품목별로 세분화시켜 거래비용을 분석하지 못했다. 채소와 과일, 저장성, 신선도 등 상품의 특성별로 거래비용에 차이가 있을 수 있으나, 이를 분석하기 위해서는 지역별, 품목별 표본수가 기하급수적으로 늘어날 우려가 있어 본 연구에서는 이러한 차이를 무시하였다. 향후 보다 광범위한 표본을 대상으로 정교한 분석이 이루어지면 보다 효율적인 도매시장 제도를 디자인하는데 도움이 될 것이다.

참고문헌

곽승준 · 전영섭,《환경의 경제적 가치》, 학현사, 1995.

권오상,《환경경제학》, 박영사, 2000.

김성훈 · 김완배 · 김정주,《농산물유통-진단과 처방》, 농민신문사, 1995.

서울시농수산식품공사,《세계의 농수산물 도매시장 현장을 가다》, 1999.

성배영 · 김정기 · 전창곤,〈도매시장의 효율적 거래방식과 적정요율체계에 관한 연구〉, 한국농촌경제연구원, 1993.

왕성우,〈도매시장 운영상 문제점과 발전방향〉,《한국식품유통연구》19권 2호, 2002.

왕성우,《농수산물 유통개혁 백서 : 농안법 파동과 농수산물 유통개혁 대책 수립》, 한국농촌경제연구원, 1995.

Arrow, K. J., 'The Organization of Economic Activity: Issues pertinent to the Choice of Market versus Nonmarket Allocation', in Joint Economic Committee, *The Analysis and Evaluation of Public Expenditure: the PPB System*, vol. 1, US Washington DC: Government Printing Office, 1969, pp.59-73.

Coarse, R. (1937), "The Nature of the Firm", Economica, IV(November) Dahlstrom, Robert and A. Nygaard, "An Empirical Investigation of Ex Post Transaction Costs in Franchised Distribution Channel", *Journal of Marketing* 36(2), 1999.

Fishbein, M and Aizen, I., "Attitude. ntention and Behavior : An Introduction to Theory and Research", Addison Wesley Publishing, 1975.

Griesinger, D. W., "The Human Side of Economic Organization", *Academy of Management Review*, Vol.15, 1990.

Williamson, O., "Transaction Cost Economics: the Governance of Contractual Relations", *The Journal of Law Economics*, Vol. 22, 1978, pp.233-61.

6장 농산물 유통마진 분해 : 초과이윤인가, 위험프리미엄인가?

> 농산물 유통마진이 지나치게 높다는 인식은 농업에 대한 대표적인 오해다. 그럼에도 유통마진이 높아 생산자 · 소비자는 손해를 보고 중간상인만 폭리를 취한다는 언론보도가 끊이지 않는다.
>
> — 농민신문, 2015. 12. 21.

I. 서론

농산물 유통마진은 소비자가 지불하는 가격에서 농가 수취가격을 감한 것으로 유통 중에 발생하는 여러 기능(수집, 운송, 포장, 가공 등)의 대가인 유통비용과 유통주체의 활동 대가인 유통이윤으로 구성된다. 2006년 현재 국내 농산물 유통마진은 소비자 지불가격의 약 44%를 차지하고 있으며(그림 1), 높은 유통마진은 낮은 농가 소득과 높은 소비자 가격을 초래하는 요인으로 지목되어 매년 논란의 대상이 되고 있다. 이에 따라 유통단계의 축소와 유통체계의 구조개선을 통한 효율화가 지속적으로 요구되고 있다.

그림 1. 2006년 농산물 유통마진 구조

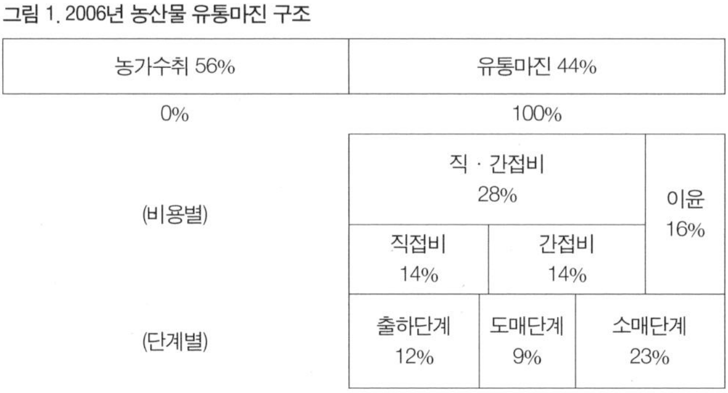

자료: 2006 주요 농산물유통실태, 한국농수산식품유통공사

최근 배추가격이 재배면적 감소와 작황부진으로 전년 동기 대비 2배 가까이 폭등하자 농민들의 수확기 전에 상인이나 농협에 미리 내다 판 계약재배를 파기해 달라는 요청이 늘고 있다(연합뉴스, 2007.10.26). 이와 함께 김장철은 맞은 소비자들은 중간 상인들의 부당한 이득을 의심하면서 농산물 유통마진에 대한 오래된 논란이 다시 주목받고 있다.

> "유통비용이 많다는 것은 생산자와 소비자를 배제하고 유통 상인만 돈을 벌고 있다는 것을 뜻한다."(식품환경신문, 2005. 9)
>
> "양파 1kg당 생산원가는 400원에 불과하고 나머지 800원은 유통비용이며, 이 중 300원은 유통업자들이 가져가는 순 이윤이다."(조선일보, 2004. 10)

위 기사들은 농산물 유통마진에 대한 일반적인 부정적 시각을 잘 대변하고 있다.[1] 그러나 유통활동의 대가인 유통마진이 높다는 것은 그 자체로 비난의 대상이 될 수는 없다. 다만 유통기능에 대한 정당한 비용과 유통주체에 대한 적정한 보수를 넘어 유통 상인들이 우월적이거나 시장 지배적인 지위를 이용하여 초과이윤을 추구한다면 이는 공정거래상의 문제일 뿐만 아니라 유통효율화를 저해하게 되어 정책적 규제의 대상이 될 것이다. 농산물 유통마진이 정상적인 범위를 넘어 초과이윤을 포함하는지에 대한 문제를 규명하기 위해서는 유통마진에 대한 개념적 이해와 유통마진의 구성요인에 대한 실증적인 분석을 필요로 한다.

일반적으로 공산품에 비해 농산물의 유통마진이 높은 이유는 농산물이 가지고 있는 물리적, 생화학적인 특성으로 인해 수송이나 저장, 포장 등에 소요되는 비용이 크기 때문이다. 이와 함께 소비자의 구매력이 증가하고 선

---

1 유통마진에 대한 거부감은 농정 당국의 경우도 예외가 아니다. 농림부는 상장 경매제를 근간으로 하는 도매시장의 유통체계가 유통마진을 불필요하게 높여 비효율을 초래한다는 인식하에 경매를 거치지 않고 직접 중도매인을 통해 출하하는 시장도매인제를 도입하였다. 이에 따라 2004년에 신설된 강서도매시장에서는 상장경매제와 시장도매인제가 병립하는 실험적 구조로 운영되고 있다.

호가 다양해짐에 따라 보다 고급화되고 다양한 유통서비스에 대한 수요가 증가하면서 유통마진의 비중이 더욱 커지고 있다. 우리보다 효율적인 유통시스템을 운영하고 있는 선진국의 경우에도 농산물 유통마진이 매우 높은 사실이 이러한 경향을 반증하는 것이다. 한국과 비슷한 경제구조를 가진 일본, 대만뿐만 아니라, 대규모의 첨단 유통시스템을 가진 미국의 경우도 우리에 비해 10-30%p 높은 유통마진을 보이고 있다.[2]

그렇다면 과연 소비자가 지불하는 농산물 유통마진이 적정한 수준일까? 또는 소비자나 농민에 비해 정보나 자금력, 담합 가능성 등에 있어 유리한 위치에 있는 중간상인들의 독점적 이윤은 존재하지 않는 것일까? 2006년 농산물 유통이윤이 소비자 지불가격에서 차지하는 비중은 평균 16%이며(그림 1), 이는 일반 유통업체의 영업이익률에 비해 대체로 높은 수준이다.[3] 이는 농산물 도매가격에 독과점적 이윤이 존재하기 때문일 수 있다.

그러나 유통은 소유권의 이전을 전제하기 때문에 유통과정 상의 위험을 누가 지는가에 대한 문제가 동반된다. 이러한 위험에는 크게 물리적 위험과 경제적 위험이 있다. 전자는 상품을 보유하고 있는 동안의 품질저하, 부패, 화재, 도난 등에 의한 위험이고, 후자는 상품 보유기간 동안 상품가치의 하락에서 오는 위험을 의미한다. 따라서 생산자는 중간 유통업자로의 소유권 이전 과정 중 유통업자가 없었을 경우 직면했을 물리적, 경제적 위험을 회피하기 위한 일정 금액을 지불할 수 있다. 이 일정 금액이 위험프리미엄이다. 유통업자의 이윤에는 유통활동의 보수인 정상적인 이윤 외에 생산자가 유통업자에게 위험을 전가시키고 그 대가로 지불하는 위험프리미엄이 포함되었을 수 있다. 이는 반대로 유통업자들이 생산자로부터 떠안은 가격위험 변동에 대해 생산자에게 요구하는 보상이 된다. 시장가격의 변동이 매우 크거나, 판매 지연으로 인해 저장비 등 거래비용의 상승 가능성이 클 경우 이러

2 2005년 일본과 대만의 소비자 지불가격 중 유통마진이 차지하는 비중은 각각 53%, 60%이며, 미국의 경우 73%에 이른다(〈2006 주요 농산물 유통실태〉, 한국농수산식품유통공사).

3 신세계와 롯데쇼핑의 2007년 상반기 신세계와 롯데쇼핑의 영업이익율은 각각 8.8%와 8%이다(www.hankyung.com 2007. 10. 28).

한 위험프리미엄은 더욱 커지게 된다.

본 연구의 목적은 농산물 유통업자의 이윤이 무엇으로 구성되어 있는지를 분석하는 데 있다. 구체적으로 농산물 유통이윤에 시장지배력에 의한 독과점적 초과이윤과 가격변동에 의한 위험프리미엄이 존재하는지를 분석한다. 본 연구의 결과는 농산물 도매시장의 운영방식과 유통 정책을 수립하는 데 중요한 함의를 제공할 것이다. 만약 독과점적 초과이윤이 존재할 경우 허가요건의 완화 등을 통해 도매시장 중도매인간의 경쟁을 제고하고 공정거래가 이루어지도록 감시하는 기능을 강화해야 할 것이다. 위험프리미엄은 주로 농산물 가격의 급격한 변동에서 초래하기 때문에 시장의 정보효율성을 제고하고 채소가격안정사업 등 산지에서부터 수급조절이 가능한 제도적 도입이 필요할 것이다.

Ⅱ. 농산물 유통마진 현황

〈그림 1〉에서 보는 바와 같이 농산물 유통마진은 소비자지불가격의 44%를 구성하고 있으며, 이 중 유통업자의 이윤은 16%를 차지하고 있다. 유통비용은 28%에 이르며, 여기에는 포장비, 하역비, 수송비, 상장수수료, 감모비 등의 직접비용과 임대료, 인건비, 제세공과금, 감가상각비 등의 간접비용이 각각 14%씩을 차지한다. 유통단계별로는 소매단계의 유통마진이 23%로 도매단계보다 더 높음을 알 수 있다. 이는 대부분 영세 규모인 소매상들이 낱개단위의 판매 등 규모의 비경제로 인한 비효율과 높은 자본비용을 반영하는 것이라 판단된다.[4]

〈그림 2〉는 1999년 이후 농산물 유통마진의 항목별 추이를 나타낸 것이다. 2000년 이후 유통마진은 소비자지불가격의 40-45%를 차지하고 있으

4 최근 대형유통업체의 등장은 유통비용의 축소와 독과점적 초과이윤의 확대를 초래하여 소매단계 유통마진의 많은 변화가 예상된다. 이에 대한 연구는 차기 과제로 남겨둔다.

며, 특히 유통비용에 비해 유통이윤의 변화가 두드러진다. 이는 시장 여건에 따라 유통이윤이 달라짐을 반영하는 것이다. 유통비용과 유통이윤은 서로 밀접한 연관은 없는 것으로 보여진다.

그림 2. 농산물 유통마진 추이

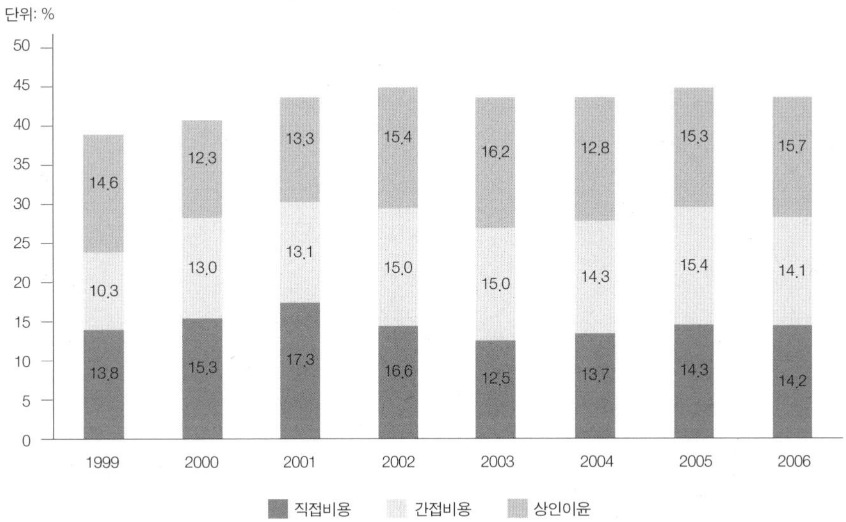

자료: 2006 농산물유통실태, 한국농수산식품유통공사

〈그림 3〉은 2006년 부류별 농산물 유통마진을 보여준다. 유통비용과 이윤 모두 식량작물의 경우 가장 적게 나타나고 있다. 이는 정부의 시장개입으로 인한 가격안정성과 RPC를 중심으로 하는 보다 효율적인 쌀 유통에 의한 것으로 판단된다.

식량작물의 유통마진이 30%로 가장 낮은 것으로 나타난 반면, 선별, 소포장, 저온저장 등을 필요로 하는 엽근채류(72.6%), 조미채소류(55.8%), 과일류(50.0%)는 유통마진이 매우 높은 편이다. 또한 유통마진이 높은 부류는 유통이윤도 비교적 높다. 특히 상품적 특성으로 인해 가격의 등락폭이 매우 심한 엽근채류의 경우 두르러지며, 이는 유통이윤 중 위험프리미엄의 가능성을 보여주는 것이다.

이에 반해 유통비용이 가장 많은 화훼류의 경우 유통이윤이 가장 적은 부류에 속한다. 이는 표준화가 어렵고 물류비용이 많이 소요되는 화훼류의 상품적 특성과 경쟁이 격심하고 낙후된 시장구조에 기인하는 것으로 사료된다.

그림 3. 2006년 농산물 부류별 유통마진

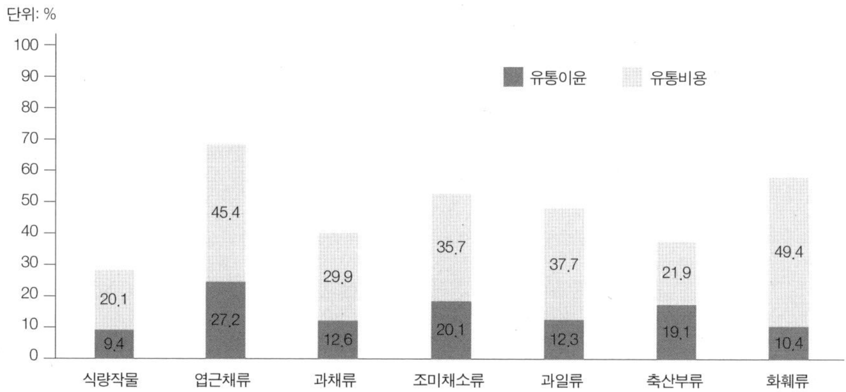

자료: 2006 농산물유통실태, 한국농수산식품유통공사

1) 식량작물: 쌀, 콩, 감자(봄 · 고랭지 · 가을), 고구마
2) 엽근채류: 무(봄 · 고랭지 · 가을), 배추(봄 · 고랭지 · 가을), 상추, 당근
3) 과채류: 수박, 참외, 오이, 방울토마토, 딸기
4) 조미채소류: 고추(건고추 · 풋고추), 마늘(한지 · 난지 · 저장), 양파(일반 · 저장), 대파, 생강
5) 과일류: 사과(일반 · 저장), 배(일반 · 저장), 단감, 포도, 감귤, 복숭아
6) 축산부류: 쇠고기, 돼지고기, 닭고기, 계란
7) 화훼류: 국화, 장미

Ⅲ. 모형과 분석

1. 분석 모형

기본적으로 농산물 유통마진은 유통비용(직접비용+간접비용)과 유통업자의 이윤으로 구성된다. 본 연구에서는 유통이윤을 다시 분해해서 유통업자의 정상이윤과 독과점적인 초과이윤, 그리고 위험프리미엄으로 구성한다(식 (1)).

(1) 유통마진=유통비용+유통이윤(=정상이윤+초과이윤+위험프리미엄)

유통활동의 보수인 정상적인 이윤의 경우 대체로 일정하지만, 초과이윤과 위험프리미엄은 시장여건에 따라 변동할 것이다. 가격의 변동이 매우 심한 시기에는 그렇지 않은 시기에 비해 시장위험이 크기 때문에 위험에 대한 보상도 더 커질 것이다. 초과이윤의 경우에도 정보의 비대칭성이 커질 경우, 또는 농산물 가격이 매우 높거나 시장반입물량이 많아져 대규모의 자금력을 필요로 하는 경우 시장지배력이 소수의 도매상에 집중될 가능성이 많다.

유통이윤에 독과점적인 이윤과 위험프리미엄이 존재하지 않고 단지 정상적인 이윤만 존재한다는 가설은 아래의 추정식 (2)를 이용하여 검정할 수 있다.

(2) 유통마진 $M_t = f($유통비용 C_t, 정상이윤 π, 초과이윤 E_t, 위험프리미엄 $RP_t)$

유통업자의 정상이윤은 시간에 따라 변하지 않은 상수이고, 초과이윤(E)의 대리변수로서 허핀달 지수(Herfindahl Index: HI)[5]와 평균을 초과하는 시장반입물량(Q)을 이용한다. 위험프리미엄의 대리변수로서 가격 변이계수(Coefficient of Variation: CV)를 사용하였다. 결과적으로 본 연구에서 수립한 유통마진 모형은 식 (3)과 같다.

(3) $M_t = C_t + \pi + \lambda CV_t + \gamma(Q - \overline{Q}) + \delta HI_t$

상기 모형의 추정을 좀더 간편하게 하기 위해 유통비용을 양 변에서 제하여 종속변수를 유통이윤의 형태로 재구성하면 아래와 같다.

(4) $M_t - C_t = \pi + \lambda CV_t + \gamma(Q_t - \overline{Q}) + \delta HI_t$

마지막으로 유통업자의 이윤에 독과점적 이윤이나 위험프리미엄이 존재

5 $HI = \sum_{i=1}^{n} S_i^2$, S_i는 i유통업자가 운영하는 업체의 거래량으로 본 시장점유율로, 0~1의 값을 가지며, 1에 가까울수록 순수 독점임.

하지 않는다는 가설을 검정하기 위한 추정식은 아래와 같이 구성된다.

$$(5)\ \Pi_t = \alpha_0 + \alpha_1 CV_t + \alpha_2 (Q_t - \overline{Q}) + \alpha_3 HI_t + \epsilon_t$$

2. 분석 자료 및 분석 방법

본 연구는 엽근채류의 고랭지 배추, 가을배추, 고랭지 무와 조미채소류의 풋고추, 양파를 대상으로 하였다. 품목 선정은 농산물 중 대표적으로 높은 유통마진을 가지고 있으며(그림 4), 분석에 필요한 자료의 확보가 가능한 품목을 대상으로 하였다.

유통단계는 산지유통, 중도매, 소매 중 가장 언론에 의해 언급이 많이 되고, 논란의 중심에 있는 도매 단계를 대상으로 하였다. 물론 자료 확보 여부도 중요한 요인이었다.

그림 4. 분석대상 품목의 유통마진

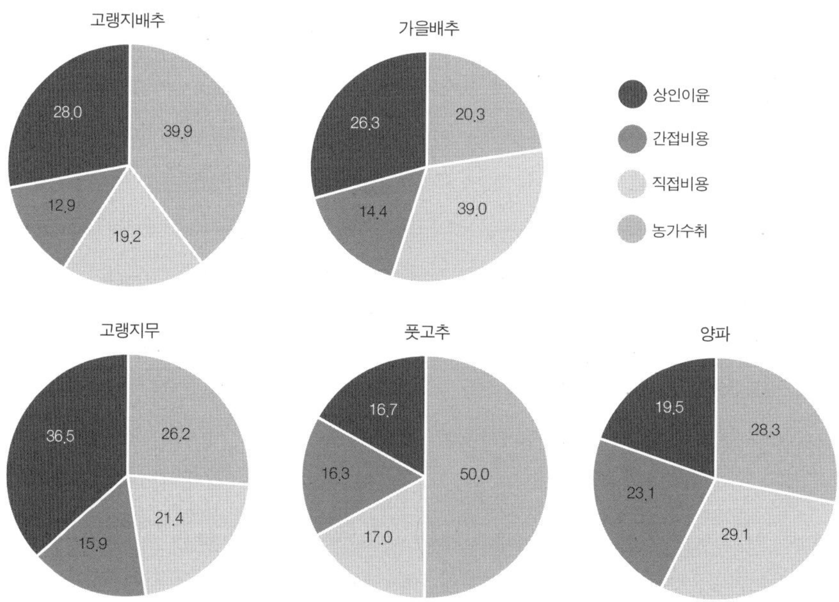

본 연구의 가장 커다란 제약은 필요한 자료의 확보 문제였다. 분석에 필요한 자료는 유통업자의 이윤, 농산물 가격, 그리고 거래물량이다. 우선 가락시장 가격자료를 이용하면 위험의 대리변수인 변이계수(CV)와 시장지배력의 대리변수인 허핀달 지수(HI)와 초과거래량(Q-QMean)을 구할 수 있다. 그러나 중도매인들의 이윤은 기업기밀로 비공개(confidential) 자료이기 때문에 부득이 한국농수산식품유통공사에서 조사한 자료를 사용할 수밖에 없다.

유통업자의 이윤 자료는 2000년에서 2006년의 〈주요농산물유통실태〉(한국농수산식품유통공사)에서 조사된 가락시장 경로의 중도매인 이윤(%)을 이용하였다. 위험프리미엄의 변이계수와 허핀달 지수를 도출하기 위한 가격 및 거래물량자료는 가락시장의 자료를 주요농산물유통실태 조사기간에 맞추어 사용하였다. 이때 이용된 가격은 상2등급의 경매 낙찰가격이며, 거래물량은 품목별 중도매인의 거래물량이다.

모형의 분석은 주요농산물유통실태 조사기간만을 이용하여 추정하는 방법(모형I)과 여기에 주요농산물유통실태 조사 이전 1주일을 포함한 자료를 이용하여 추정하는(모형II) 2가지 방식으로 진행하였다. 이는 중도매인들이 위험을 감지하는데 당해 주간의 가격뿐만 아니라 직전 주간의 가격에 대한 기억을 반영할 것이라는 가정에 근거한다.[6]

가용한 유통이윤 자료가 7개년에 그친다는 점을 감안하여 5개 품목을 패널자료로 구성하여 분석하였다. 패널자료는 대체적으로 이분산(heteroskedasticity)을 가지고, 이는 추정량의 효율성을 떨어뜨리고 t-값을 낮추어 검정결과가 수용되는 쪽으로 치우치게 하는 문제를 발생시킨다. 따라서 패널 모형에 품목별로 인터셉트 더미를 포함시켜 GLS(Generalized Least Squares)를 사용하였다. 인터셉트 더미를 통해 위험프리미엄과 독과점적 이윤을 감안한 품목별 적정이윤을 추정할 수 있다.

중도매인의 유통이윤 내에 독과점적 이윤과 위험프리미엄이 존재하는지 여부는 아래 가설을 통해 검정한다. 위험프리미엄이 존재하지 않는다는 가

6 서울시농수산식품공사 자문 내용을 반영하였음.

설은 H_1: α_1=0이며, 이는 위험회피계수가 0, 즉 위험 중립적임을 의미한다. 대립가설은 α_1>0, 즉 시장참여자는 위험회피적이며, 따라서 위험프리미엄이 존재한다.

독과점적 이윤이 존재하지 않는다는 가설은 H_2: α_2=α_3=0이다. 이 가설의 기각은 가락시장 중도매인에 시장지배력이 존재하며, 이것이 초과이윤의 형태로 유통이윤에 포함됨을 의미한다. 그러나 만약 이 가설이 수용되면 이는 좀 더 신중한 해석을 필요로 한다. 즉 가설의 수용은 이용된 대리변수가 유통이윤의 움직임을 충분히 설명하지 못하는 대리변수의 문제일 수 있기 때문이다. 초과이윤이 존재할 경우 예상되는 부호의 방향은 α_2 >0, α_3>0이다.

Ⅳ. 분석결과

〈표 1〉은 식 (5)를 추정한 결과를 보여 준다. 5개 품목의 패널모형 Ⅰ과 Ⅱ 모두 통계적으로 유의한 변수가 추정되지 않았다. 이는 유통업자의 이윤은 일반적으로 의심하는 바와 달리 적정한 수준의 이윤으로 구성되어 있음을 의미한다. 위험프리미엄이 존재하지 않는다는 결과는 직거래나 인터넷거래를 통한 유통단계의 축소가 위험의 유통단계별 이전에 따른 위험프리미엄의 전가를 초래하지 않는다는 것을 의미한다.

최근 정부의 유통정책은 직거래의 확대를 근간으로 하고 있다. 이는 생산자와 소비자가 유통업자를 거치지 않고 거래함으로써 유통마진을 절감한다는 논리에 근거한다. 그러나 직거래를 통해 중간 유통단계를 배제할 수는 있지만 이들이 담당하였던 가격위험은 유통단계 상의 누군가가 담당해야 한다. 대부분의 직거래는 생산자가 가격위험을 안을 수밖에 없으며, 직거래를 통한 유통마진 절감의 일부는 유통업자에게 지불하지 않은 위험프리미엄으로 해석할 수 있다. 본 연구결과는 이러한 직거래가 필연적으로 위험프리미엄을 농민에게 부담시키지 않음을 시사한다.

그러나 본 모형의 전체적인 추정결과는 일반적인 예상과는 거리가 있다. 우선 세 변수 중 초과거래량이 가장 유의도가 높으나, 통계적으로 유의하지 않으며, 변이계수와 허핀달 지수는 예상했던 것과 반대 방향의 부호를 제시하고 있다. 또한 R^2값도 식 (3)의 균형식에서 도출한 추정식 임을 감안할 때 상당히 낮은 수준이라 할 수 있다.

표 1. 유통이윤 분해모형 추정 결과

<table>
<tr><th></th><th></th><th>정상이윤(α_0)</th><th>변이계수(α_1)</th><th>초과거래량(α_2)</th><th>허핀달 지수(α_3)</th></tr>
<tr><td rowspan="5">모형 I</td><td>고랭지배추</td><td>7.982825</td><td rowspan="5">-5.73823
(-0.593282)</td><td rowspan="5">4.06E-06
(1.624215)</td><td rowspan="5">-12.58807
(-0.730525)</td></tr>
<tr><td>고랭지무</td><td>10.67593</td></tr>
<tr><td>가을배추</td><td>6.649456</td></tr>
<tr><td>풋고추</td><td>4.358499</td></tr>
<tr><td>양파</td><td>7.294095</td></tr>
<tr><td rowspan="5">모형 II</td><td>고랭지배추</td><td>7.827942</td><td rowspan="5">-1.216656
(-1.325137)</td><td rowspan="5">3.96E-06
(1.5083)</td><td rowspan="5">-9.967155
(-0.651572)</td></tr>
<tr><td>고랭지무</td><td>10.47898</td></tr>
<tr><td>가을배추</td><td>6.509377</td></tr>
<tr><td>풋고추</td><td>4.244309</td></tr>
<tr><td>양파</td><td>7.180328</td></tr>
</table>

주: *는 5%에서 유의. ( )는 t-value

이러한 분석결과는 첫째, 사실 그대로 일 수 있다. 가락도매시장은 공정한 거래를 바탕으로 독과점적 이윤 없이 4-11% 정도의 정상이윤만으로 운영되고 있으며, 가격변동에 따른 위험프리미엄은 요구하지 않는다고 해석할 수 있다.

그러나 이러한 결과가 자료의 문제에 기인할 수도 있다. 첫째, 분석에 쓰인 자료는 유통이윤 자료의 제한으로 7개 시계열에 불과하다. 자료수의 부족으로 인한 자유도 문제를 패널분석을 통해 보완하고자 하였으나, 유의한 결과를 도출하기에는 미흡하다. 둘째, 자료의 불일치 문제가 있다. 본 분석에 사용된 유통마진과 유통이윤은 가락시장 중도매인으로부터 얻지 못하여 조사의 신뢰성이 비교적 낮은 주요농산물유통실태 조사결과를 활용하였다. 주요농산물유통실태 조사는 해당 농산물이 주로 거래되는 약 1주일 동안의 대표경로에 따라 유통마진을 추적한 것이다. 전문적인 조사자가 아닌 경우가 많고, 연도별로 일관적인 조사가 되지 못하여 자료의 질적 우수성이 상당히 낮을 수밖에 없다. 이러게 얻은 이윤 자료와 가락시장의 가격과 거래량 자료와의 괴리가 있을 가능성이 적지 않을 것이다. 향후 보다 완성된 자료를 이용한 분석이 필요할 것이다.

V. 요약 및 결론

유통마진은 소비자지불가격에서 농가수취가격을 제한 것으로 정의된다. 따라서 농산물의 높은 유통마진은 소비자는 (상대적으로) 높은 값으로 구입하고 농가는 낮은 값으로 출하함을 의미한다. 이러한 점 때문에 국내 농산물의 높은 유통마진은 유통업자의 비정상적인 수익 창출을 위한 행위에 의한 것으로 간주되어 끊임없이 언론의 비판과 소비자, 농민의 불만 대상이 되어 왔다. 이에 따라 실제로 유통단계의 축소를 주로 하는 유통구조개선이 유통정책의 주요 내용이 되어왔다.

유통이윤에는 유통업체들의 시장지배력에 기인한 초과이윤이 포함될 수 있다. 또한 유통은 소유권 이전을 수반한 활동이기 때문에 유통과정 중에 발생하는 다양한 물리적, 경제적 위험을 누가 책임질 것인가 하는 문제가 야기된다. 유통과정 중 발생하는 이러한 위험들은 대부분 농민들로부터 유통에 종사하는 중간상인에게 전가되고, 그 대가로 위험프리미엄이 요구된다. 따라서 유통이윤에는 유통업자들의 독과점적 이윤과 위험에 대한 보상이 포함될 가능성이 많다.

본 연구는 이러한 가설을 바탕으로 유통업자들의 이윤이 무엇으로 구성되어 있는지를 실증적으로 분석하고자 하였다. 이를 위해 유통비용과 유통업자의 정상이윤, 독과점적 초과이윤, 그리고 유통업자의 위험프리미엄으로 구성되는 유통마진 모형을 구성하였다.

실증적 분석을 위해 2000년부터 2006년까지 7개년의 5개 농산물(고랭지배추, 가을배추, 고랭지 무, 풋고추, 양파)을 대상으로 패널자료를 구축하여 모형을 추정하였다. 추정 결과, 가격위험 변수와 독과점적 이윤 변수 모두 통계적으로 유의하지 않다는 결과가 도출되었다. 이는 유통업자의 이윤에는 위험프리미엄이 존재하지 않으며, 유통업자의 이윤은 중간상인으로써 위험을 부담하는 역할의 대가가 아니라 유통업자의 정상적인 이윤으로 해석될 수 있다.

그러나 본 분석에 쓰인 자료의 제약과, 이를 근거로 한 분석결과를 볼 때, 보다 일관적이고 양질의 자료에 바탕을 둔 분석이 시도될 때까지 최종적인 결론을 유보하는 것이 안전할 것 같다.

참고문헌

한국농수산식품유통공사,《주요 농산물 유통실태》, 1998-2006.

식품환경신문(www.fenews.co.kr)

연합뉴스(www.yonhapnews.co.kr)

조선일보(www.chosun.co.kr)

II. 농산물 유통 조성 기능과 시장 선진화

7장 농산물 표준등급화를 위한 품질지수 개발

> 농산물 유통을 효율화할 수 있는 핵심 열쇠는 '표준 등급화'에 있다. 산지에서 생산된 농산물의 품질이 어느 정도인지 누구나 신뢰할 수 있도록 등급화가 이뤄지면 단계마다 물건을 내려 품질을 확인하고 다시 싣는 수고를 줄일 수 있다.
>
> — 한겨레, 2013.6.12.

Ⅰ. 서론

일반적으로 상품의 속성과 품질에 대한 정보가 상품 포장에 표기되고, 소비자는 이를 바탕으로 구매의사를 결정한다. 특히 상품마다 규격과 품질이 다른 농산물의 경우 상품에 대한 정보가 매우 중요하다. 농산물 표준등급화는 객관적이고 체계적인 품질정보를 제공하여 여러 가지 측면에서 농산물 유통이 효율적으로 이루어질 수 있게 한다. 첫째, 소비자, 농산물가공업자, 유통업체 등은 객관적인 농산물 품질정보를 통해 원하는 등급 및 규격의 상품을 정확하고 비용 효율적으로 구매할 수 있다. 둘째, 농산물 표준등급화는 소비자의 품질에 대한 신뢰를 제고하고, 등급화 된 농산물에 대한 수요를 증가시킨다. 셋째, 표준등급화는 품질에 따라 차별화된 가격결정을 가능하게 하고, 가격에 대한 생산자 불만이나 거래자 간의 갈등을 감소시킬 수 있다. 넷째, 농산물 등급화는 등급 및 규격별 운 · 배송을 가능하게 하여 물류 효율화를 증가시키고, 상류와 물류의 분리를 가능하게 하여 유통비용을 절감시킬 수 있다. 다섯째, 생산자는 소비자의 니즈에 맞는 품질의 상품을 생산하기 위해 노력하고, 이는 국내산 농산물의 품질경쟁력을 높이는 데 기여할 것이다.

이러한 농산물 표준등급화의 중요성에도 불구하고 표준등급화가 실제 유통현장에서 제대로 작동되고 있지 않다. 이는 현존의 표준등급화가 소비자 선호를 제대로 반영하지 못하고 여러 상품적 특성을 나열하는 방식으로 운영되고 있기 때문이다.[1] 〈그림 1〉은 가락시장의 한 도매법인에 2012년 8월, 한 달간 출하된 복숭아(백도계열)와 2012년 12월, 한 달간 출하된 사과(부사계열)의 출하자 표시 등급과 가락시장 공표 등급을 비교하고 있다. 무늬 없는 진한 막대로 표시된 출하자 등급의 경우 대부분 특품과 약간의 상품으로만 표시되어 있다. 반면, 가락시장은 경락가격을 기준으로 다시 분류하여 특, 상, 중, 하의 일정한 비율로 등급을 표시하고 있다. 즉, 출하자가 자의적으로 표시한 등급과 가락시장이 사후적으로 표시한 등급은 전혀 다른 모습을 보이고 있다. 물론 이 두 등급 모두 법적으로 규정하고 있는 등급체계와도 상당한 괴리가 있다. 농산물 유통의 효율화는 표준등급화의 효율적 운영에서부터 출발한다는 점에서 보다 합리적이고 소비자 지향적이며, 시장 참여자가 모두 이해하고 사용하기 편리한 방향으로의 개선이 시급하게 필요하다.

그림 1. 출하자 표시 등급과 가락시장 공표 등급 차이

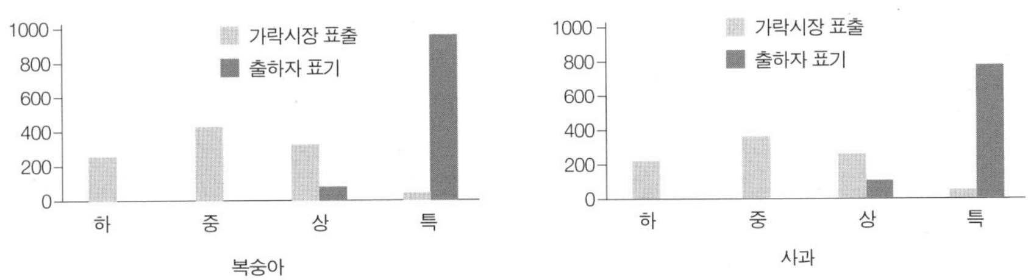

본 연구의 목적은 소비자들의 선호를 반영한 합리적인 농산물 표준등급화 방안을 모색하는 데 있다. 본 연구는 소비자가 이해하지도 못하는 여러 상품적 속성을 나열하여 등급사가 주관적으로 판정하는 기존의 등급화 시

1 "Grading has been promoted by producers and traders, and largely because they stood to gain by it; but grades must rest solely on consumers' preferences or on basic utility to consumers if they are to be effective." (Kohls and Uhl, 1972, p. 357).

스템과 달리, 소비자가 선호하는 속성을 기준으로 소비자(또는 소비자의 대리인)의 품질가치 평가에 따라 특정 농산물의 품질을 점수로 표시하여 등급화하는 방식을 제안한다.[2] 본 연구는 농산물 표준등급화의 새로운 대안으로 품질지수를 개발하고 실용화 방안을 모색한다. 연구는 거래물량이 가장 많고 시장의 대표가격을 결정하는 가락시장을 대상으로 하고, 개발된 지수를 "농산물품질지수(Agricultural Produce Quality Index)"로 명명한다.

농산물 표준등급화에 대한 선행연구는 많지 않다. 이호철·박재홍(2000)의 복숭아 규격화 실태와 이호철·강태훈(2000)의 사과 등급 실태에 관한 연구가 있으며, 김동환(1999) 등에서 농산물 유통의 효율화 조건으로 표준등급화의 개선이 언급되었다. 외국의 연구로는 George L. Mehren(1961)가 등급제가 미국 식품산업 전체의 경쟁력을 높이는 유용한 수단임을 연구하였고, James A. Chalfant and Richard J. Sexton(2002)은 미국에서 실시되고 있는 현행의 잘못된 grading system으로 인해 농업인의 생산의욕은 줄어들고 있음을 언급하였다. 본 연구에서 제시하는 새로운 표준등급화 방안은 농산물 유통 혁신을 위한 기초연구가 될 것으로 기대한다.

Ⅱ. 연구방법

본 연구는 국내 대표적 농산물 도매시장인 가락시장에 출하되는 복숭아와 사과를 대상으로 분석하였다. 복숭아와 사과는 상품적 특성상 표준등급화가 상대적으로 용이하고, 표준등급화를 통해 유통비용을 크게 줄일 수 있는 품목이며, 가락시장에서 거래가 많은 대표적 과일에 속한다.[3] 본 연구에서

2 대대수의 소비자를 대상으로 품질 선호를 조사하는 것은 비용과 시간의 한계가 있어, 본 연구는 수십 년 간의 가락시장 영업을 통해 소비자의 품질 선호를 잘 알고 있는 중도매인의 품질 선호를 조사 및 활용하였다.

3 2012년 기준으로 가락시장 과일류 거래량은 316,305톤이며, 감귤(54,650톤, 17.3%), 바나나(52,818톤, 16.7%), 사과(34,715톤, 11.0%), 포도(32,096톤, 10.1%), 복숭아(26,295톤, 8.3%) 순으로

개발된 방법은 여타 농산물에도 원용될 수 있을 것이다.

소비자 선호를 반영한 표준등급화 체계를 개발하기 위해서는 우선 대상 농산물의 품질속성에 대한 분석이 선행되어야 한다. 소비자들이 구매 또는 소비할 때 중요하게 생각하거나 실제로 확인하는 속성이 무엇인지를 파악하고, 이들 속성을 대상으로 중요도를 도출한다. 각 품질속성의 중요도를 바탕으로 특정 상품의 품질 또는 등급을 종합적으로 평가하는 모형을 개발하는 것이 본 연구의 궁극적인 목표이다.

대상 농산물의 상품성을 나타내는 품질속성을 규명하기 위해 농산물품질관리원의 농산물 표준규격 고시 등 관련법령 자료와 도매시장에서 경매 시 표기하는 제원(specifi-cation), 그리고 중도매인이 경매가격을 결정할 때 고려하는 품질속성을 조사하였다.

표 1. 품질속성 조사 결과

조사 대상	품목	상품속성										
		품종	크기(무게)	색깔(선명도)	모양(횡경)	흠결(외상)	경도	당도	맛	신선도	청결도	병충해
품관원 표준규격고시	사과, 배	○	○	○	○	○	○	○		○	○	○
가락시장 경매 품질제원	사과, 배	○	○									
중도매인 선호 품질속성	사과, 배	○	○	○	○	○			○			
농산물품질등급규격 표준화 기술개발연구(농림부, 2002)	사과, 배, 감귤	○	○	○	○	○	○	○	○	○		

조사 대상	품목	생산특성		친환경특성			상품화특성			
		출하시기	생산지	유기농	무농약	저농약	포장단위	브랜드	등급	인증
품관원 표준규격고시	사과, 배									
가락시장 경매 품질제원	사과, 배	○	○	○	○	○	○		○	
중도매인 선호 품질속성	사과, 배		○	○						
농산물품질등급규격 표준화 기술개발연구(농림부, 2002)	사과, 배, 감귤									

〈표 1〉에서 보는 바와 같이 농산물품질관리원 규격고시는 과일 자체의 상

거래되었다.

품적 속성인 품종, 크기, 색깔, 모양, 흠결, 경도, 당도, 신선도, 청결도, 병충해 등 10개 속성을 기준으로 등급화하고 있다. 그러나 가락시장 경매 시에는 상품속성 중에서 품종과 크기만을 요구하고, 이외 출하시기와 생산지 등 생산특성과 친환경인증 여부, 그리고 포장단위와 출하자 등급 등 상품화속성을 추가로 요구한다. 이는 등급화 과정에 있어서 정부제도와 시장의 차이가 얼마나 큰지를 단적으로 보여주는 것이다.

그런데 실제로 소비자 선호를 반영해서 상품을 구매하는 중도매인들을 인터뷰 한 결과 중도매인이 중요하게 생각하는 속성은 또 다르게 나타났다. 중도매인들은 품종과 크기 외에도 색깔, 모양, 흠결, 맛을 중요하게 생각하고, 생산 특성 중에서는 산지, 그리고 유기농 여부를 중요하게 생각하는 것으로 나타났다. 이는 2002년 농림부의 연구용역 결과와도 차이가 있다.

상기 조사결과를 바탕으로 소비자가 중요하게 생각할 것으로 판단되는 크기, 당도, 색깔, 모양, 흠결, 경도, 신선도, 품종의 8가지 상품속성에 산지와 친환경인증 여부를 포함한 10가지 품질속성을 최종적으로 설정하였다. 중도매인과 농림부 용역연구가 제안한 속성인 맛은 매우 주관적인 판단을 요하기 때문에 본 연구는 맛 대신 객관적 수치로 나타낼 수 있는 당도를 포함하였다.[4]

이렇게 설정된 품질속성의 중요도를 추정하기 위해 중도매인들의 평가를 실시하였다. 가락시장에서 영업하는 2명의 중도매인에게 소속법인에서 경매된 상품에 대해 평가를 의뢰하였다.[5] 〈표 2〉에서 보는 바와 같이, 송장(invoice)을 통해 객관적으로 확인할 수 있는 크기, 품종, 산지, 친환경인증 여부를 제외한 6가지 속성에 대해 속성별 평가와 종합평가를 최우수, 우수, 양호, 보통의 4개 등급으로 평가하게 하였다. 속성별 평가결과는 중도매인들이 중요하게 생각하는 속성의 가치를 추정하는 데 사용한다. 종합평가 결과

4 물론 맛은 당도를 위시하여 산도나 향 등을 포함한 종합적 속성에 해당한다.

5 한 달이 넘는 기간 동안 매일 품질 평가를 하는 데 있어 많은 중도매인들을 섭외하는 것은 현실적인 한계가 있었다.

는 출하자가 자의적으로 표시한 등급 및 경매 후 가락시장이 사후적으로 표기한 등급과 비교한다.

표 2. 중도매인 품질속성 평가표

<table>
<tr><td colspan="2">조사자</td><td colspan="2">1, 2</td><td>품목</td><td colspan="2"></td><td colspan="2">조사일자</td><td colspan="2">월 일</td></tr>
<tr><td colspan="2">조사번호</td><td colspan="2"></td><td>출하자명</td><td colspan="2"></td><td colspan="2">원표번호</td><td colspan="2"></td></tr>
<tr><td colspan="2">상자 표기 등급</td><td colspan="7">품질속성별 평가</td><td colspan="2">종합평가</td></tr>
<tr><td>특</td><td></td><td>구분</td><td>당도</td><td>색깔</td><td>모양</td><td>흠결</td><td>경도</td><td>신선도</td><td>특</td><td></td></tr>
<tr><td>상</td><td></td><td>최우수</td><td></td><td></td><td></td><td></td><td></td><td></td><td>상</td><td></td></tr>
<tr><td>중</td><td></td><td>우수</td><td></td><td></td><td></td><td></td><td></td><td></td><td>중</td><td></td></tr>
<tr><td>하</td><td></td><td>양호</td><td></td><td></td><td></td><td></td><td></td><td></td><td rowspan="2">하</td><td rowspan="2"></td></tr>
<tr><td>기타</td><td></td><td>보통</td><td></td><td></td><td></td><td></td><td></td><td></td></tr>
</table>

속성별 가치는 경매가격을 이용한 헤도닉 분석을 통해 추정하였다. 헤도닉 분석은 과일의 속성가치를 추정하는데 유용하게 사용되고 있다(김경필 외 2002; 이승룡 2010). 이를 위해 중도매인 평가표에 기재된 조사대상 품목의 원표번호에 따라 판매원표를 조회하여 해당상품의 경매가격 자료를 수집하였다.

본 연구를 위해 설정된 헤도닉 가격모형은 식 (1)과 같다. 10가지 속성을 나타내는 독립변수는 모두 질적 더미변수이며, 가락시장에 존재하는 요일효과(윤병삼 · 양승룡 2004)와 같은 특이현상(anomaly)을 제거하기 위해 요일 더미변수를 포함하였다.[6]

(1) 경락가격 = f(크기, 당도, 색깔, 모양, 흠결, 경도, 신선도, 품종, 생산지, 친환경, 요일)+e

6 익명의 심사자는 요일이 더미변수에 포함된다면 출하시기도 고려되어야 한다는 지적이 있었다. 출하시기가 과일 가격에 영향을 주는 것은 사실이나, 본 연구는 과일 가격을 결정하는 다양한 수급 요인 중 상품 속성을 대상으로 분석한 것으로 해당 상품의 속성 가치가 특정 기간 동안 일정하다는 가정을 전제한 것이다. 그러나 출하시기에 따라 소비자 선호가 바뀔 수 있으므로 본 연구의 품질지수를 실제로 적용하는 데 있어서는 시기별로 품질지수를 차별화하는 것도 고려할 필요가 있다.

마지막으로 추정된 품질속성별 가치 중 통계적으로 유의미한 것을 선택하여 해당 상품의 헤도닉 가치를 추정한다. 이렇게 추정된 가치를 지수화 하여 최종적인 품질지수를 도출한다. 특정 상품의 품질을 최하인 0과 최상인 1 사이의 숫자로 표시하기 위해 식 (1)에서 추정된 각 품질속성별 최우수 등급의 가치의 합을 분모로 하고, 해당 상품의 헤도닉 가치를 분자로 하여 지수화한다.

Ⅲ. 품질속성가치와 품질지수

1. 속성가치 분석자료

속성가치 추정을 위한 복숭아 표본은 백도 계열을 대상으로 성수 출하시기인 2012년 8월 1일에서 8월 30일 사이에 수집되었다. 총 관측치는 1,502개이었으며, 이 중 비백도계열 등 실측치 439개를 제외한 유효 관측치는 1,063개로 표본 수집 기간 중 해당 도매법인의 복숭아 총 경매건수 51,746건의 약 2%를 차지한다.

〈표 3〉은 표본의 속성별 평가에 관한 빈도분석 결과이다. 중도매인이 평가한 표본의 품질속성을 보면 모양은 대체로 우수하게 평가되었으나, 당도와 경도는 상대적으로 미흡한 것으로 평가되었다. 친환경 인증 상품은 없었으며, 생산지는 모두 충북 음성으로 나타났다. 품종은 미백 계열이 43.3%로 가장 많은 것으로 나타났다.

표 3. 복숭아 표본의 빈도분석 결과

구분	당도	색깔	모양	흠결	경도	신선도	크기(수량)	친환경 인증	생산지	품 종
최우수	2.4%	5.7%	9.5%	4.4%	2.8%	4.6%	10내: 9.3% 14내: 37.3% 18내: 34.3% 23내: 18.4% 28내: 0.7%	없음: 100%	음성: 100%	미백:43.3% 천중도:37.9% 그레이트:10.2% 대옥계:2.7% 아부백도:2.2% 유명백도:1.9% 기타:1.8%
우 수	20.0%	23.9%	30.6%	19.5%	21.5%	24.8%				
양호	33.0%	37.0%	39.9%	36.5%	32.9%	31.4%				
보통	44.6%	33.4%	20.0%	39.6%	42.7%	39.1%				

〈그림 2〉는 동일한 상품에 대해 출하자가 표시한 등급과 가락시장이 사후적으로 공표한 등급, 그리고 중도매인이 평가한 등급의 분포를 비교하고 있다. 출하자는 90% 이상을 특품, 나머지는 상품으로 표기하여 출하한 반면, 가락시장은 경매가격에 따라 일정 비율로 사후적으로 등급을 표시하기 때문에 당연히 차이가 있다. 그러나 이들이 표기한 등급도 중도매인들이 평가하는 등급과는 현격한 차이가 있다. 특품의 경우 출하자 90.9 %, 가락시장 5%인 반면, 중도매인들은 15.7%를 특품으로 평가하고 있다. 이는 출하자 등급은 시장에서 거의 신뢰받지 못하는 반면, 가락시장의 사후적 등급도 출하자의 상품을 과소평가하여 시장가격을 왜곡시키거나 유통정책을 잘못된 방향으로 유인하는 결과를 가져올 수 있음을 의미한다.

그림 2. 복숭아의 출하자 표시, 가락시장 표출, 중도매인 평가 등급 분포

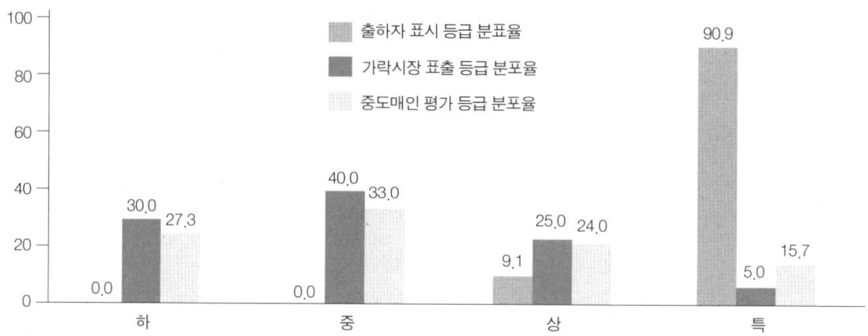

사과의 경우는 2012년 12월 10일부터 20일까지 표본을 수집하였으며, 유효 관측치는 모두 878개이다. 〈표 4〉에서 보는 바와 같이 중도매인이 평가한 표본의 품질속성 중 모양은 대체로 우수하게 평가되었으나, 여타 품질속성은 전반적으로 양호 이하로 평가되었다. 당도의 최우수 등급은 없는 것으로 조사되었으며, 크기는 39내, 49내. 59내, 69내의 구성 상품이 약 82%를 차지하여 중간 사이즈와 그보다 큰 상품이 주로 출하되었음을 알 수 있다. 표본의 친환경 인증은 약 18%로 모두 저농약 인증 상품이었다. 생산지는 충북 충주가 53.1%로 절반 이상을 차지하였고, 그 다음 청송, 영천의 순으로 나타났

다. 표본의 품종은 모두 부사로 나타났다.

표 4. 사과 표본의 빈도분석 결과

구분	당도	색깔	모양	흠결	경도	신선도	크기(수량)	친환경 인증	생산지	품종
최우수	0.0%	0.5%	2.7%	0.9%	0.5%	0.8%	39내:12.8% 49내:22.3% 59내:24.7% 69내:21.8% 79내:16.4% 100내:1.9%	저농약: 17.9%	충주:53.1% 청송:21.9% 영천:11.5.% 금산:5.4% 장수:2.8% 상주:2.2% 무주:1.5% 기타:1.7%	부사: 100%
우수	11.9%	12.3%	35.8%	11.8%	14.5%	20.4%				
양호	44.6%	52.1%	47.7%	45.6%	47.6%	50.5%				
보통	43.5%	35.1%	13.8%	41.7%	37.5%	28.3%				

〈그림 3〉에 그려진 등급표시는 복숭아와 마찬가지로 주체별로 현격한 차이가 있으며, 가락시장과 중도매인의 평가도 적지 않은 차이를 보이고 있다.

그림 3. 사과의 출하자 표시, 가락시장 표출, 중도매인 평가 등급 분포

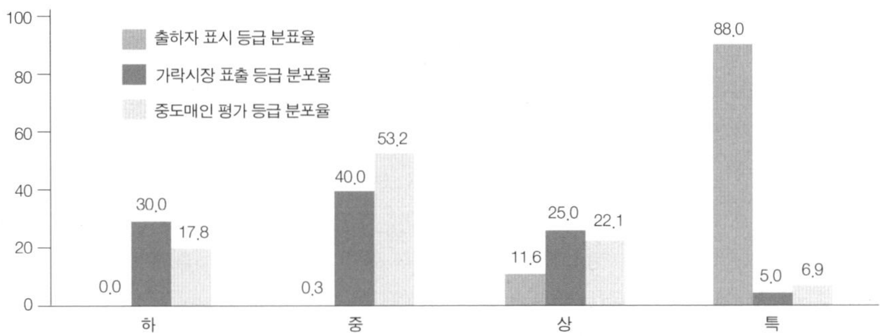

2. 헤도닉 가격 분석

1) 복숭아

수집된 자료 중 친환경 인증 상품이 없고, 생산지는 모두 음성이기 때문에 이 두 속성을 제외한 8개 속성을 이용하여 헤도닉 모형을 추정하였다. 크기 속성의 경우 가장 작은 등급인 "28내"를 기저변수(base variable)로 하였고, 나

머지 속성은 "보통"을 기저변수로 처리하였다. 또한 요일변수는 월요일을 기저변수로 하였다. 이에 따라 각 속성의 추정 값은 각 등급의 기저변수에 대한 상대적 차이가 된다.

복숭아에 대한 헤도닉 가격 모형의 추정 결과는 〈표 5〉와 같다. 추정모형의 조정 R^2값이 0.80이고, 모형의 적합도를 나타내는 F 통계치의 P값이 1% 수준에서 유의하여 횡단면 자료를 이용한 분석임을 감안할 때 상당히 설명력이 높은 모형임을 알 수 있다. 독립 변수들을 더미변수 처리하면서 가장 하위의 등급인 보통을 기저변수로 했기 때문에 여타 등급의 추정치는 양(+)으로 나타나야 하고, 등급이 높을수록 추정치가 단계적으로 높아져야 한다. 추정결과, 모양 속성의 최우수 등급을 제외한 모든 추정치가 기대한 결과를 나타나고 있다.

표 5. 복숭아의 헤도닉 가격 분석 추정 결과

구분		계수값	t-값	구분		계수값	t-값
절편항		5766***	4.32	흠결	양호	1211***	3.09
수량	23내	966	0.72		우수	2993***	5.12
	18내	2888**	2.15		최우수	4657***	4.99
	14내	5586***	4.14	경도	양호	401	0.86
	10내	6199***	4.46		우수	1379**	2.12
당도	양호	380	0.97		최우수	2130*	1.79
	우수	1686***	2.81	신선도	양호	300	0.63
	최우수	4137***	3.66		우수	1586**	2.24
색깔	양호	1336***	3.89		최우수	3018***	2.86
	우수	3590**	6.80	품종	미백	1532***	6.56
	최우수	8285***	9.24	요일 효과	화	-795**	-2.03
모양	양호	2261***	6.27		수	-775**	-2.08
	우수	2763***	4.73		목	495	1.32
	최우수	1504*	1.81		금	478	1.28
					토	1764***	4.23
R^2(adjusted R^2) : 0.80(0.80) P-value : 0.000							

주: *, **, ***는 해당 변수가 각각 10%, 5%, 1% 수준에서 통계적으로 유의함을 의미

품질속성 중 수량(크기)의 더미변수 추정치는 모두 양(+)으로 나타났으며,

"23내"를 제외하고는 5% 수준에서 모두 통계적으로 유의하다. "18내"의 추정치는 약 2900원으로 "23내"에 비해 2,000원 더 가치가 있는 것으로 나타났다. "14내"는 약 5,600원, "10내"는 약 6,200원으로 "14내"의 경우 한계가치가 가장 큰 것으로 나타났다.

당도 속성의 추정치는 "양호"를 제외하고는 모두 1% 수준에서 통계적으로 유의한 것으로 나타났다. 기저변수인 "보통"에 비해 "양호"는 약 400원의 가치가 더 있는 것으로 나타났으며, "우수"는 1,700원, "최우수"는 4,200원 더 높은 것으로 나타나, 당도가 높을수록 가치는 기하급수적으로 상승하는 것을 알 수 있다.

색깔의 등급별 속성가치도 모두 5% 수준에서 통계적으로 유의한 것으로 나타났다. 기저변수인 "보통"에 비해 "양호"는 약 1,300원의 가치가 더 있는 것으로 나타났으며, "우수"는 3,600원, "최우수"는 8,300원이 더 높은 것으로 나타나, 색깔이 우수할수록 가치가 더 크게 증가하는 것을 보이고 있다. 또한 우수한 색깔의 가치는 다른 속성에 비해 가장 큰 것으로 분석되어, 복숭아의 상품가치를 높이기 위해서는 색깔에 특별한 노력을 기울이는 것이 중요함을 보여주고 있다.

모양의 경우 "최우수"를 제외하고는 모두 1% 수준에서 통계적으로 유의한 것으로 나타났다. 다른 속성과 달리 최우수 등급의 모양이 우수한 등급의 모양에 비해 상대적 가치가 낮아 해석하기 어려운 결과를 보이고 있다. 이는 모양에 대한 중도매인들 간의 평가가 일관적이지 않음을 의미할 수 있다. 기저변수인 "보통"에 비해 "양호"는 2,300원, "우수"는 2,800원 더 가치 있는 것으로 나타나 "양호" 등급 이상의 한계가치는 거의 미미한 것으로 해석할 수 있다.

흠결 속성의 등급별 추정치는 모두 1% 수준에서 유의한 것으로 나타났다. 기저 변수인 "보통"에 비해 "양호"는 1,200원, "우수"는 3,000원, "최우수"는 4,700원 더 높은 것으로 나타나, 흠결 등급이 우수할수록 가치가 증가하는 것을 알 수 있다.

경도의 경우는 기저변수인 "보통"에 비해 "양호"는 커다란 차이가 없으나, "우수"는 1,400원, "최우수"는 2,200원 더 높은 것으로 나타났다. 이는 다른 속성에 비해 높은 등급의 품질가치가 크게 증가하지 않음을 보여주는 것이다.

신선도의 경우 "양호"는 통계적으로 유의하지 않아 "보통"과 큰 차이가 없음을 보이고 있다. 그러나 "우수"는 1,600원, "최우수"는 3,000원 가량 더 높은 것으로 나타났다.

복숭아 표본에서 가장 많이 출하된 품종인 "미백"은 그렇지 않은 품종에 비해 약 1,500원 정도 더 가치가 높은 것으로 분석되었다. 마지막으로 복숭아 가격은 요일별로 차이가 있음이 나타났다. 월요일 대비 화요일과 수요일은 가격이 낮고, 토요일에는 가격이 높은 것으로 나타났다.[7]

2) 사과

사과의 경우 수량 등급이 모두 6개로, 기저변수는 가장 작은 사이즈인 "100내(80-100개)"로 하였다. 반면, 당도의 경우 최우수 등급을 받은 표본이 없어 등급이 하나 줄었다. 또한 출하지역이 여러 곳이어서 가장 빈도가 높은 "충주"를 기저변수로 하여 독립변수에 추가하였다. 복숭아와 달리 저농약 인증 상품[8]도 출시되어 인증이 없는 상품을 기저변수로 하여 분석하였다.

사과에 대한 헤도닉 가격 모형의 추정 결과는 〈표 6〉과 같다. 사과의 헤도닉 가격 모형은 R^2값이 0.76이고, P값이 1% 수준에서 유의하여 대체로 적합한 모형임을 알 수 있다. 흠결과 경도의 "최우수" 등급을 제외한 대부분의

7 중도매인 인터뷰 결과, 복숭아는 제철 과일로 저장성이 없어, 가격이 수급에 더욱 민감하게 반응하는 것으로 나타났다. 월요일의 경우, 일요일이 도매시장 휴장일인 관계로 물량을 확보하기 위해 중도매인의 경쟁이 높고, 토요일의 경우, 주중 구매보다 주말 구매가 많기 때문에 가격이 오르는 것으로 조사되었다.

8 국립농산물품질관리원 고시에 따르면, 저농약 농산물에 대한 친환경농산물 인증은 15년까지 유효하므로 본 연구의 헤도닉 가격분석에서는 저농약 농산물을 친환경 품질속성 변수의 기저변수로 사용하였으며, 향후 저농약 농산물 인증이 폐지될 경우에는 현재 추정된 헤도닉 모형에서 기저변수만 바꿔 재해석이 가능하다.

변수가 통계적으로 유의하고, 등급이 높을수록 가치가 상승하는 것으로 분석되었다.

표 6. 사과의 헤도닉 가격 분석 추정 결과

구분		계수값	t-값
절편항		20235***	23.01
수량	79내	2946***	3.26
	69내	5907***	6.73
	59내	7743***	8.88
	49내	9184***	10.27
	39내	11145***	11.20
당도	양호	3128***	4.29
	우수	5222***	4.89
색깔	양호	2822***	3.67
	우수	6750***	5.63
	최우수	17011***	3.75
모양	양호	4437***	5.80
	우수	5048***	4.87
	최우수	10314***	5.15

구분		계수값	t-값
흠결	양호	1646***	2.48
	우수	3219**	3.02
	최우수	-378	-0.10
경도	양호***	2370***	3.32
	우수***	4226***	3.95
	최우수	553	0.11
신선도	양호	1539*	1.88
	우수	4452***	3.97
	최우수	18423***	4.23
지역	충주	-21	-0.05
친환경	저농약	3042***	5.18
요일 효과	화	2584***	4.26
	수	2807***	4.14
	목	861	1.23
	금	847	1.19
	토	207	0.15

R^2(adjust R^2) : .0.76(0.75) P-value : 0.000

주: *, **, ***는 해당 변수가 각각 10%, 5%, 1% 수준에서 통계적으로 유의함을 의미

수량(크기)의 계수 추정치는 기대한 바와 같이 모두 양(+)의 값이며, 1% 수준에서 통계적으로 유의한 것으로 나타났다. 기저변수인 "100내"에 비해 "79내"는 약 3,000원, "69내"는 6,000원이 높은 것으로 분석되었다. 그 이상은 등급별로 2,000원씩 높아지는 것으로 나타나, 크기가 클수록 상품가치가 높아지는 것으로 평가할 수 있다.

당도의 경우 모든 등급이 1% 수준에서 통계적으로 유의하였다. 기저변수인 "보통"에 비해 "양호"는 약 3,100원, "우수"는 약 5,200원 더 높은 것으로 나타났다.

색깔의 경우 기저변수에 비해 "양호"는 약 2,800원, "우수"는 6,750원, 그리고 "최우수"는 17,000원 더 높은 것으로 나타나, 품질속성 중 높은 등급의

가치가 크게 상승하는 것으로 분석되었다. 이는 복숭아와 동일한 결과로, 과일의 색깔이 품질속성 중 가장 중요하게 평가되는 것으로 해석할 수 있다.

모양의 경우 "양호"는 약 4,400원, "우수"는 5,000원이 더 높은 것으로 나타났으며, "최우수"는 기준변수에 비해 약 10,000원 더 높은 것으로 분석되어, 복숭아에 비해 "최우수" 등급의 한계가치가 더 높은 것으로 나타났다.

흠결의 경우 "양호"는 약 1,600원, "우수"는 약 3,200원 더 높은 것으로 나타났으며, "최우수"는 통계적으로 유의하지 않아, 전체적으로 가장 중요도가 떨어지는 속성으로 해석된다.

복숭아 품질속성 중 가장 중요도가 떨어지는 경도는 사과의 경우에도 크게 중요하지 않은 것으로 분석되었다. 기저변수인 "보통"에 비해 "양호"는 약 2,400원, "우수"는 약 4,200원 더 높은 것으로 나타났다.

신선도의 경우 "양호"는 약 1,500원, "우수"는 4,500원 더 높은 반면, "최우수"는 무려 18,000원 더 높은 것으로 나타나 "최우수" 등급의 중요도가 가장 높은 것으로 분석되었다.

사과 표본에서 가장 출하지가 많은 "충주"는 기타 출하지에 비해 유의한 차이를 보이지 않았다. 반면, 저농약 인증은 일반 농산물 보다 약 3,000원의 가치가 더 있는 것으로 나타났다. 사과의 요일효과는 복숭아와 달리 월요일 대비 화요일과 수요일 가격이 높은 것으로 분석되었다.

Ⅳ. 농산물품질지수(Agricultural Produce Quality Index)

헤도닉 가격분석 결과 나타난 복숭아와 사과의 품질속성별 등급 수와 등급의 추정치가 각각 〈표 7〉과 〈표 8〉에 정리되어 있다.[9] 복숭아 품질지수 개발에 사용된 속성은 수량, 당도, 색깔, 모양, 흠결, 경도, 신선도의 7가지로, 전

9 수량(크기)과 여타 품질 속성을 일관되게 표시하기 위해 최고 등급을 1등급으로 하여 내림차순으로 명명하였다.

체 품질은 이들 속성이 통합되어 판단된다. 모양 속성의 경우 최우수 등급(1등급)의 헤도닉 가치가 오히려 우수 등급보다 낮은 것으로 추정되어 최우수 등급을 우수 등급과 동일하게 취급하여 분석하였다. 사과의 경우는 복숭아의 속성에 친환경 인증 여부를 추가하여 8개 속성으로 품질지수를 개발하였다. 복숭아와 마찬가지로 흠결과 경도의 최우수 등급은 우수 등급과 동일한 가치를 부여하여 분석하였다.

표 7. 복숭아의 품질속성별 등급 수와 등급의 추정치

구 분		수량(크기)	당도	색깔	모양	흠결	경도	신선도
등급 수		5개	4개	4개	3개	4개	4개	4개
속성별 계수 추정치	5등급	0	-	-	-	-	-	-
	4등급	967	0	0	0	0	0	0
	3등급	2889	381	1336	2261	1211	401	301
	2등급	5587	1687	359	2763	2994	1379	1587
	1등급	6119	4137	8286	2763	4658	2131	3018

표 8. 사과의 품질속성별 등급 수와 등급의 추정치

구 분		수량(크기)	당도	색깔	모양	흠결	경도	신선도	친환경
등급 수		6개	3개	4개	4개	3개	3개	4개	2개
속성별 계수 추정치	6등급	0							
	5등급	2946							
	4등급	5907	0	0	0	0	0	0	
	3등급	7743	3128	2822	4437	1646	2370	1539	
	2등급	9184	5222	6750	5048	3219	4226	4452	0
	1등급	11145	-	17011	10314	3219	4226	18423	3042

추정된 헤도닉 분석결과를 바탕으로 개별 품질속성의 상대적 가치를 식 (2)와 같이 구할 수 있다. 이는 전체 품질에서 특정 속성이 차지하는 중요도로 해석할 수 있다.

$$(2)\ RV_j = \frac{V_j}{\sum_{j=1}^{n} V_j^{\max}}$$

단, RV_j =j 품질속성의 상대적 가치

V_j =j 품질속성의 추정치

V_j^{max}=j 품질속성 중 1등급 추정치

〈표 9〉는 복숭아의 품질속성별 상대적 가치를 나타낸다. 각 속성가치의 평균 중요도는 크기, 색깔, 흠결, 모양, 당도, 신선도, 경도 순이다. 반면, 각 품질속성의 최고 등급의 가치는 색깔, 크기, 흠결, 당도, 신선도, 모양, 경도 순으로 나타났다.

표 9. 복숭아의 품질속성별 상대적 가치

구분		수량(크기)	당도	색깔	모양	흠결	경도	신선도
품질속성의 상대적 가치	평균	12.6%	5.0%	10.6%	5.4%	7.1%	3.1%	4.0%
	5등급	0	-	-	-	-	-	-
	4등급	3.1%	0	0	0	0	0	0
	3등급	9.3%	1.2%	4.3%	7.3%	3.9%	1.3%	1.0%
	2등급	17.9%	5.4%	11.5%	8.9%	9.6%	4.4%	5.1%
	1등급	19.9%	13.3%	26.6%	8.9%	14.9%	6.8%	9.7%

사과의 품질속성별 상대적 가치는 〈표 10〉에 나타나 있다. 속성별 평균 가치는 크기, 색깔, 신선도, 모양, 당도, 경도, 흠결, 친환경의 순이다. 반면, 각 속성의 최고 등급의 가치는 신선도, 색깔, 크기, 모양, 당도, 경도, 흠결, 친환경 인증 순이었다.

표 10. 사과의 품질속성별 상대적 가치

구분		수량(크기)	당도	색깔	모양	흠결	경도	신선도	친환경(안전성)
품질속성의 상대적 가치	평균	10.2%	2.3%	7.3%	5.5%	1.3%	1.8%	6.7%	0.8%
	6등급	0	-	-	-	-	-	-	-
	5등급	4.1%							
	4등급	8.1%	0	0	0	0	0	0	
	3등급	10.7%	4.3%	3.9%	6.1%	2.3%	3.3%	2.1%	
	2등급	12.6%	7.2%	9.3%	7.0%	4.4%	5.8%	6.1%	0
	1등급	15.4%	-	23.4%	14.2%	4.4%	5.8%	25.4%	4.2%

마지막으로 개별 품질속성의 상대적 가치를 이용해 특정 농산물의 품질을 하나의 지수로 나타내는 모형은 식 (3)과 같다. 속성별로 가장 우수한 속성가치의 합을 분모로 하고, 해당 상품이 가지는 품질속성별 가치의 합을 분자로 하여 해당 상품의 상대적 품질지수를 산출할 수 있다. 만약 모든 속성에서 가장 우수한 등급을 가진 상품이면 APQI=1이 된다. 만약 모든 속성에서 가장 낮은 등급을 가진 상품이면 APQI=0이 되어, 농산물품질지수는 특정 상품의 품질을 0과 1 사이의 숫자 하나로 표시할 수 있다.

(3) $APQI_i = \frac{\sum_{j=1}^{n} RV_{ij}}{\sum_{j=1}^{n} RV_{ij}^{\max}}$, i 번째 상품의 농산물품질지수

단, RV_{ij} =i번째 상품의 j 품질속성의 상대적 가치

$\sum_{j=1}^{n} RV_{j}^{\max}$ =j 품질속성의 1등급 상대적 가치의 합

APQI는 기존의 표준등급화 방식에 비해 다음과 같은 장점이 있다. 첫째, 상품의 품질을 수치로 나타내기 때문에 쉽게 이해 할 수 있다. 둘째, 전체 품질등급뿐 아니라 속성별 가치를 수치로 표현하기 때문에 개별 상품의 품질에 대한 세부적인 정보를 제공할 수 있다. 셋째, 품질에 대한 객관적 평가가 가능하다. 정량적 분석에 의한 속성별 상대적 가치를 반영하여 상품성을 평가하기 때문에 기존의 관행적인 등급시스템보다 신뢰할 수 있을 것이다.

〈그림 5〉와 〈그림 6〉은 각각 복숭아와 사과의 출하자 표기 등급, 가락시장 표출 등급, 중도매인 평가 등급을 APQI 분포와 비교한 것이다. 기대한 바와 같이 APQI 분포는 중도매인 평가 등급과 유사한 분포를 보인다. 이는 APQI가 중도매인의 평가결과를 바탕으로 개발되었기 때문이다. 이는 중도매인들의 상품선택이 실제로 소비자의 선호를 잘 반영한다면 APQI는 농산물 표준등급화에 매우 유용한 방법이 될 수 있음을 보여 준다.[10]

10 판매자가 수요자 또는 고객의 니즈를 파악하는 것은 중요하며, 본 연구의 상품 속성 평가를 해준 중도매인이 가락시장에서 20년 넘게 영업을 지속하고 있다는 사실은 소비자들의 니즈

그림 5. 복숭아의 등급 분포 비교

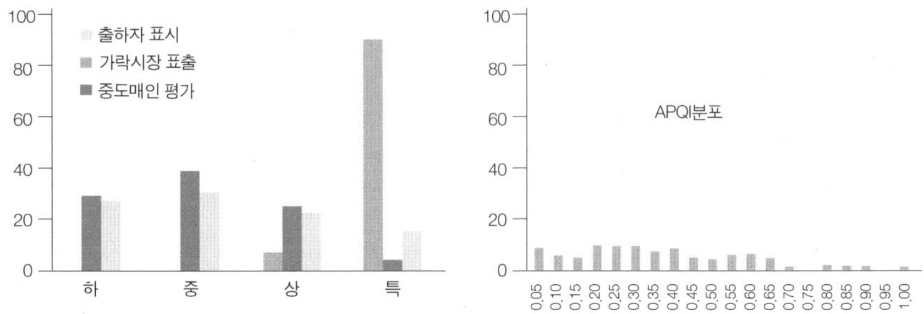

그림 6. 사과의 등급 분포 비교

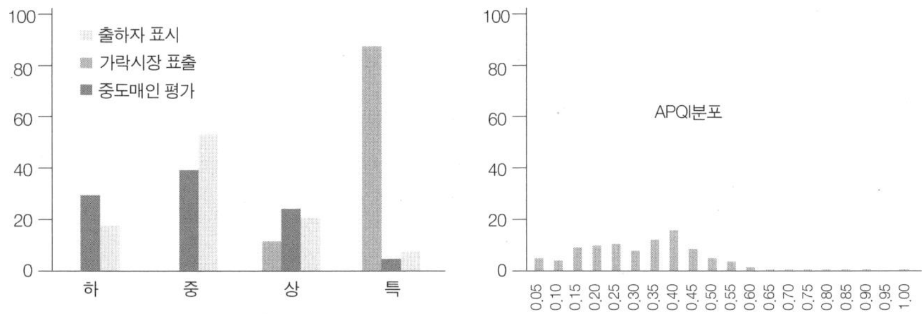

V. 농산물품질지수의 실용화 과제

1. 등급화 vs. 점수화

생산자나 유통 상인들은 현재 사용하고 있는 등급화(Grading)에 익숙하기 때문에 APQI를 실제 상품유통과 가격결정에 활용하기 위해서는 품질지수를 등급화 하는 것을 고려할 수 있다. 품질지수를 기준으로 현행과 같이 일정 비율에 따라 4-5등급으로 나눌 수도 있다.

그러나 등급의 수와 명칭을 인위적으로 정하고, 등급의 경계가 주는 의미가 명확하지 않는 현행의 등급체계에 비해 상품의 품질가치를 직접 점수화 하는 APQI가 상품성에 대해 더 많은 정보를 보다 정확하게 담고 있다. 또한

를 잘 파악했기 때문임을 유추할 수 있다.

소비자의 관점에서 보면 특, 상, 중, 하로 표시된 등급보다 100점 만점으로 표시된 상품성이 보다 쉽게 이해될 수 있다는 측면에서는 APQI를 점수로 표시하는 것도 대안이 될 수 있다. 이에 대해서는 전문가와 실무자 간의 논의를 통해 결정할 수 있을 것이다.[11]

2. 도매시장 도입 방안

도매시장은 국내 농산물 유통에 있어 중요한 역할을 수행하기 때문에 농산물품질지수의 정착과 확산을 위해 도매시장에 먼저 정착되어야 한다. 이를 위해 다음과 같은 다각적이고 지속적인 노력이 필요하다.

첫째, 출하상품에 대한 지속적인 견본 검사 및 피드백을 통해 품질지수가 조기에 정착될 수 있는 여건을 마련해야 한다. 이를 위해 도매시장 관리자는 출하상품에 대해 일정 비율의 샘플을 추출하여 농산물품질지수를 검증하고 오차를 줄이는 노력이 필요하다.

둘째, 의도적이거나 지속적으로 인계수준(tolerance level)을 초과하는 오차(error)를 일으키는 경우 페널티를 부과하는 등 산지에서 산정한 농산물품질지수의 신뢰도를 제고하기 위한 검증시스템도 도입해야 한다.[12] 농산물 품질 정보를 지속적으로 왜곡하여 출하할 경우 수탁 거부 등 물리적, 경제적 제재를 가할 수 있는 근거 조항을 도입하는 것이 필요하다.[13] 이와 함께 농산물품질지수 표시 출하품에 대해 우선경매 및 하역, 정가수의 거래조건 완화 등 제도적 인센티브를 부여하는 방안도 필요하다.

셋째, 품질지수의 주기적인 모니터링을 통해 품목별 농산물품질지수가

11 전문가와 실무자 간 논의를 통해 품질지수를 등급화 하는 것이 현실적으로 더 적정한 것으로 결정될 수 있으며, 이때 필요한 품질지수의 객관적이고 합리적인 등급화 방법 및 적용 과제는 향후 연구과제로 남겨둔다.

12 품질지수의 검증시스템 도입으로 산지의 생산자들 입장에서는 기존의 표준등급화에 비해 비용이 증가될 수 있으므로 정부 차원의 인센티브 제공도 고려할 필요가 있다.

13 현재 도매시장에서 (의도적으로) 과대평가된 출하품이 만연하는 것은 농수산물 유통 및 가격안정에 관한 법률 제38조(수탁거부 금지의 원칙)에 의해 출하자의 수탁 물품을 법적으로 거부할 수 없기 때문이기도 하다.

현실과 일치되도록 지속적인 개선 작업이 필요하다. 농산물품질지수를 산정하는 데 중요한 속성가치는 시간이 흐름에 따라, 또는 시장 여건이 변함에 따라 바뀔 수 있다. 따라서 3년이나 5년 등 일정 기간을 정해두고 중도매인들의 속성가치를 재평가하는 작업이 필요하다. 평가대상은 대표가격을 결정하는 가락시장에서 영업하는 중도매인을 비롯하여 주요 도매시장의 중도매인을 비례적으로 포함하여 전국적인 선호를 반영하는 것이 필요하다.

넷째, 농산물품질지수에 대한 지속적인 교육과 홍보를 비롯하여, 시장에서 생산하는 유통정보에 농산물품질지수를 명기함과 동시에 기존의 등급과 비교하여 어느 정도 수준인지 비교될 수 있도록 설명하여 모든 시장 참여자가 농산물품질지수를 쉽게 이해하고 조기에 적응하게 하는 것도 중요하다.

Ⅵ. 요약 및 결론

표준등급화는 특히 품질과 크기 등 상품성의 변동이 심한 농산물의 유통을 효율화하는 데 핵심적인 유통조성 기능이다. 효과적인 표준등급화를 위해서는 농산물의 최종 소비자의 선호를 반영해야 함은 물론이다. 정부에서도 농산물 표준등급화의 중요성을 인식, 농산물 표준등급화 정책을 시행하고 있다. 그러나 현재 시행되고 있는 농산물 표준등급화 정책은 농산물의 유통 및 소비 현실을 반영하고 있지 못할 뿐만 아니라, 기준 자체도 모호하여 표준등급화가 실제 유통현장에서 거의 작동하지 않고 있다.

본 연구는 농산물의 품질속성별 가치를 반영한 객관적이고 명확한 품질지수 개발하고 이에 대한 실용화 방안을 제시하였다. 농산물의 가치를 구성하는 품질속성에 대해 관련 소비자와 가장 접점에 있는 중도매인의 평가를 통해 속성별 가치를 추정하고, 이를 기준으로 특정 상품의 품질가치를 0과 1 사이의 숫자 하나로 평가할 수 있는 방안을 개발하였다.

본 연구에서 개발한 농산물품질지수(APQI)는 개별 상품의 품질에 대한 보다 정확하고 객관적인 정보를 담고 있으며, 유통인이나 소비자가 쉽게 이해할 수 있는 장점을 갖고 있다. 등급화의 한 방안으로 점수로 표시하는 농산물품질지수는 전 세계에서 처음 시도되는 혁신적인 방법이다. 새로운 방식에 대한 이해의 부족이나 거부감은 농산물품질지수가 극복해야 할 가장 어려운 과제가 될 것이다. 정부를 비롯해 도매시장 관리자, 산지유통조직 등의 적극적인 참여가 무엇보다 중요하다. 그럼에도 불구하고 농산물품질지수는 농산물유통 효율화에 중요한 디딤돌이 될 것으로 믿는다.

참고문헌

김동환, 〈농산물 물류센터의 도매물류기능 강화 방안〉, 《식품유통연구》 16(2), 1999, 191-195쪽.

김경필 · 정복조 · 양승룡, 〈과일상품 가치의 헤도닉 가격 분석〉, 《농업경제연구》, 43(3), 2002, 33-56쪽.

이승룡, 〈과일의 속성가치 분석을 통한 대형마트 자체브랜드(PB) 포지셔닝 전략〉, 고려대학교 대학원 응용경제학과 석사학위 논문, 2010.

윤병삼 · 양승룡, 〈양념채소가격의 요일효과, 월별효과, 월중효과에 관한 연구〉, 《농업경제연구》 45(2), 2004, 187-210쪽.

이호철 · 박재홍, 〈복숭아 소비행태 및 등급규격 개선에 관한 연구〉, 《식품유통연구》 17(4), 2000, 93-116쪽.

이호철 · 강태훈, 〈대구경북지역 중간상인의 사과 표준화 · 등급화 실태〉, 《식품유통연구》 17(1), 2000, 89-110쪽.

허길행 · 조명기, 〈농산물 표준규격출하촉진을 위한 도매시장 관리제도 개선 연구〉, 한국농촌경제연구원 연구보고, 1995.

국립농산물품질관리원, 《농산물 표준규격》, 국립농산물품질관리원 고시 제2011-45호, 2011.

국립농산물품질관리원, 《친환경농축산물 및 유기식품등의 인증에 관한 세부실시 요령》, 국립농산물품질관리원 고시 제2013-20호, 2013.

농림수산식품부, 《농산물 품질등급규격 표준화기술 개발 연구》, 2002.

George L. Mehren, "The Function of Grades in an Affluent, Standardized-Quality Economy", *Journal of Farm Economics*, 43(5), 1961, pp.1377-1383.

James A. Chalfant and Richard J. Sexton, "Marketing Orders, Grading Errors, and Price Discrimination", *AJAE*, 84(1), 2002, 53-66.

Kohls, R. and J. Uhl, "Marketing of Agricultural Products", *Collier Macmillan International Editions 5th ed*, 357, 1972.

8장 소비자 선호를 반영한 등급표준화에 관한 연구: 사과의 사례[1]

앞으로 벌크 판매되는 농산물도 품종, 등급, 당도 등 소비자가 올바른 정보를 확인할 수 있도록 품질표시를 해야 하는 법안이 발의됐다.

— 식품음료신문, 2017.3.14

Ⅰ. 서론

소비자 선호를 반영한 등급표준화의 필요성

소비자들의 소득이 증가함에 따라 가격 이외에 농산물의 품질에 대한 관심이 높아지고 있다.[2] 이와 함께 WTO와 FTA 등 시장개방에 대응하여 품질경쟁력을 갖추어야 한다는 지적이 꾸준히 이어지고 있다. 이에 따라 중앙정부와 지자체들은 브랜드화, 산지조직화, 선별 · 포장 개선사업, 그리고 이를 위한 기술교육 등을 실시하고 있다. 이와 같이 농산물 수요에 관한 논의의 초점은 고품질화로 수렴하고 있다. 그런데 과연 소비자가 선호하는 농산물의 품질 수준은 무엇이고 고품질화가 추구해야 할 지향점은 어디인지에 대한 의문이 여전히 제기되고 있다. 이런 상태에서 고품질화와 유통혁신은 공허한 메아리에 그칠 수밖에 없다.

---

1 개인적인 연구에 고가의 장비(디지털 당산도 측정기)를 무상으로 대여해 주신 ㈜지원하이테크의 최찬용 상무님께 감사의 마음을 전합니다.

2 사전적으로는 품질이란 '상품의 질(質)'로 규정하고 있으나, 농산물의 경우로 구체화하고 사용자까지 고려하면 '소비자가 주관적으로 가중치를 부여하고 있는 품질속성들의 만족도를 종합적으로 고려한 결과(가중평균 값)가 소비자의 기대 수준에 부합하는 정도'로 다시 정의할 수 있다.

현재 국내 농산물이 갖추어야 할 품질수준과 고품질화가 지향해야 할 방향은 공식적으로 '농산물 표준규격제도'가 정하고 있다.[3] 이 제도에 의하면 과일의 경우 등급규격[4]으로 고르기, 색택[5], 신선도[6], 중결점과[7], 경결점과[8] 등을 종합적으로 고려하여 특, 상, 보통의 3등급으로 나누도록 되어 있다. 이렇게 현행의 등급제는 외관에 중점을 두고 있으며, 그 기준이 대부분 정성적이기 때문에 평가자의 주관이 개입될 여지가 높다. 또한 등급규격을 결정하는 과정에서 소비자가 실제로 중요하게 고려할 것으로 예상되는 당도, 산도, 아삭거림, 즙이 많은 정도 등은 반영되어 있지 않다.

국립농산물품질관리원이 등급의 표준을 제도화하고 개정하는 과정에서도 소비자 선호를 반영할 수 있는 소비자 조사는 실시되고 있지 않다.[9] 단지 이해관계자 의견을 청취할 때 소비자단체가 참여하는 정도에 그치고 있다. 소비자 선호가 반영되지 못하는 현행 농산물 표준규격제도는 유통현장에서 제대로 작동하지 못하고 농산물 유통효율화에 커다란 걸림돌이 되고 있다. 예를 들면, 자체적으로 등급을 표시해 출하하는 현행의 관행 하에서 가락시장에 출하되는 과일의 90%는 '특', 나머지는 '상'으로 표시되어 출하되고 있다. 그리고 가락시장에서는 산지의 등급표시와 관계없이 경락가격으로 다시 분류하여 상위 5%는 특, 6-30%는 상, 31-70%는 중, 이하는 하품 등 4개

---

3 담당 주체인 국립농산물품질관리원에서는 표준규격화에 대해 "농산물을 통일된 기준, 즉 표준규격에 맞도록 품질, 크기, 쓰임새에 따라 등급을 분류하고 규격 포장재에 담아 출하함으로써 내용물과 표시사항이 일치하도록 하고 있다"라고 규정하고 있다.

4 포장 규격은 주로 유통과정에서의 물리적인 부분을 다루고 있으므로, 본고에서는 등급 규격에 중점을 두어 논의한다.

5 낱개별로 전체 면적에 대한 품종 고유의 색깔이 착색된 면적.

6 껍질의 수축 현상 여부.

7 이품종과, 부패·변질과, 미숙과, 과숙과, 병해충과, 상해과, 모양의 불량 여부 등 평가.

8 품종 고유의 모양이 아닌 것, 경미한 과피 흑점, 얼룩, 녹, 일소(日燒), 경미한 병해충, 경미한 상처, 기타의 결점.

9 표준규격의 제·개정은 ① 규격자료 조사(생산/유통실태 조사), ② 규격시안 작성, ③ 의견조회(생산자/소비자단체/유통업체/관계 기관 등), ④ 규격(안)작성(의견수렴 결과 반영), ⑤ 규격분과위원회(심의 의결), ⑥ 규격 확정(심의결과 반영), ⑦ 고시(관보게재)의 절차를 따른다.

등급으로 분류해서 유통시키고 있다(김유종·양승룡 2014). 물론 가락시장의 등급분류도 소비자의 선호가 반영된 것으로 보기 어렵다.

소비자의 선호를 반영한 등급표준화[10]는 비용절감을 통해 유통효율을 높일 뿐만 아니라 고품질 농산물의 기준점이 된다는 점에서 거듭되는 FTA에 직면한 한국농업의 경쟁력 향상에 필수적이다. 우선 생산자 측면에서는 소비자가 인식하는 고품질의 속성을 가진 농산물의 공급이 가능해져 품질경쟁력이 높아질 수 있다. 그리고 같은 등급의 농산물은 동일한 상품으로 취급되어 거래비용이 줄어들고 산지의 거래교섭력도 높일 수 있다. 또한 품질 수준에 대한 차별화, 균일화, 지속적 관리가 용이해져 브랜드화에 더욱 효과적일 것이다.

유통업자는 원하는 수준의 농산물을 찾기가 용이해져 샘플 및 통명거래가 가능해지고, 선별에 따른 비용을 줄일 수 있게 된다. 또한 어떠한 수준의 농산물의 수요가 늘어나고 줄어드는가에 대한 정보의 획득이 가능해진다. 지자체의 입장에서는 고유의 품질 표준(등급 표준)을 정하기가 보다 용이해질 것이다. 소비자의 선호가 잘 반영된 국가의 표준이 존재하기 때문에 지자체의 특성을 부각시키고 차별화를 위한 표준을 정하기가 쉬워지게 된다. 소비자 선호를 반영한 효율적인 등급표준화는 정부의 유통정책과 관련한 행정비용이 줄어드는 효과를 발휘할 수 있다. 단기적으로는 브랜드화 및 산지조직화가 수월해짐에 따라 관련 예산을 절감할 수 있다. 또한 장기적으로 등급이 표준화된 농산물을 기반으로 한 선물 및 선도거래가 가능해짐에 따라 정부의 개입이 아닌 시장에서의 가격 위험관리도 가능해지게 된다.

본 연구의 목적은 소비자의 선호를 반영한 등급기준을 어떻게 정할 수 있는가에 대한 방법론을 제시하는 것이다. 연구의 구체적인 대상은 사과로 하

10 이 연구에서는 기존의 '표준등급화'가 아니라 '등급표준화'라는 용어를 사용하였다. 등급화는 이질적인 상품들을 동질적인 상품의 묶음으로 모으고, 품질의 우수성에 따라 순위를 매기는 과정이다. 한편 표준화는 특정 순위에 들어가는 농산물의 품질 속성을 특정화하는 과정이다. 따라서 등급이 먼저 정해져야 그에 속하는 속성이 구체적으로 무엇인지를 규정할 수 있기 때문이다.

였다. 그 이유는 최근 여러 국가와의 FTA 등으로 대체 가능한 다양한 신선 과일류가 수입되는 상황에서 과일의 품질경쟁력 향상이 매우 중요한 과제이며, 사과는 2013년 생산액 1조 577억 원으로 전체 과일류의 26%를 차지하여 가장 중요한 품목이기 때문이다.

연구 절차는 먼저 등급 표준화의 효과에 관한 기존의 이론 및 경험적 연구 결과를 고찰하였다. 다음으로 사과의 등급 표준화 개선을 위한 소비자의 선호 실험을 실시하였다. 마지막으로 실험을 통해 얻어진 데이터를 이용해 소비자의 선호를 반영한 등급기준을 정하는 방법을 보이고, 시사점을 도출하였다.

Ⅱ. 등급표준화에 관한 선행 연구 검토

등급화의 중요성에 비해 학문적 연구는 상대적으로 저조하다고 볼 수 있다. Mehren(1961)은 농업경제학에서 사용하는 등급(grades)에 관한 개념을 처음으로 정리하였다. 또한 '등급제의 의의'를 가설로 설정하여 타당성을 검증하고, 등급제가 차익거래, 등급 간 가격차별, 시장세분화를 가능하게 한다고 결론 내렸다. Zusman(1967)은 농산물의 등급화는 소비자의 선호에 기초해야 한다는 관점에서 IQVF(Individual Quality Valuation Function)이라는 개념을 도입하여 등급제에 관한 이론을 전개하였다. 그는 동태적으로 등급제가 효율적으로 실행되지 않을 때는 정부 주도로 소비자 실험을 실시하여 이를 개정할 필요가 있음을 역설하였다.

Watson(2008)은 호주의 소비자들이 소고기를 구매할 때 레이블(labelling)로 제시된 그림을 보면, 어떤 요리용으로 이 소고기를 구매하는 것이 좋은지를 판단할 수 있도록 하는 MSA(Meat Standard Australia)가 탄생하기까지의 과정을 소개하였다. 그는 1996년부터 소비자가 선호하는 소고기의 맛을 탐색하기 위하여 3차례의 실험, 참여한 소비자 8,820명, 61,740개의 소고기

요리의 샘플을 이용하였다. 구체적인 분석에서는 상관분석과 주성분 분석(PCA)을 통해, 연도(tenderness), 전체적인 만족도(overall), 풍미(flavor), 육즙(juiciness)의 4개 속성이 최종 결정되었다. 이후 선형 판별분석을 실시하여, 각 속성별 점수가 어떤 수준일 때 각 등급에 해당하는가를 판별할 수 있는 모형을 제안하였다.

하시모토 나오시(橋本直史, 2012)는 일본의 비파괴 선과기의 도입에 따른 경제적 효과를 파악하였다. 일본의 니시우와 농협(감귤)과 쿄와농협(멜론)에 대한 사례분석을 통해, '내부품질에 관한 규격화'가 대형 소매업체가 요구하는 품질 수준에 대응하는 효과는 있었으나, 농가의 소득 제고로까지 이어지지는 못했다는 결론을 내렸다. 아울러 시사점에서 저자는 복잡한 현행의 등급제를 간략하게 하는 것이 필요하다고 제안하였다.

국내 연구로 고성보 · 현창석(2011)은 현재까지 제주산 감귤에 대한 등급설정이 객관적이지 못하다고 주장하고 소비자 선호도 조사를 통해 만족도에 근거한 등급의 조정이 필요하다고 판단하였다. 저자들은 4,237명의 관광객을 대상으로 실제 감귤을 맛보게 하는 개별면접을 실시하고, 당도와 산도의 수준을 기준으로 노지감귤의 5개 내부품질 등급기준을 설정하였다.

우수곤(2013)은 1인당 소비량이 지속적으로 감소하는 사과의 소비량을 높이기 위해서는 소비자가 좋아하는 사과가 무엇인지를 규정하는 작업이 필요하다고 보았다. 이를 위해 저자는 농촌진흥청의 소비자 패널 434명을 대상으로 설문조사를 실시해 사과의 속성별 선호도를 분석하였다. 분석 결과, 단맛이 높을수록 소비자의 선호도가 높으며, 가정 내 소비를 주로 하는 소비자들은 대과보다 중간크기의 사과를 선호하는 것으로 나타났다.

김유종 · 양승룡(2013)은 복숭아 및 사과에 대한 소비자의 선호도를 가장 잘 파악하고 있을 것으로 예상되는 중도매인의 품질 속성평가를 통해 농산물 품질지수(Garak Quality Index)를 개발하였다. 이 지수는 연구대상 과일의 품질 속성별 가치를 점수화하여 종합한 것으로, 과일의 상품성을 하나의 숫자로 표기하여 생산농가와 유통시장에서 간편하고 유용하게 사용할 수 있게 하였다.

선행연구 검토 결과, 현행 등급 표준의 개선을 위해서는 소비자를 대상으로 하는 정밀한 선호 실험과 판별분석 등의 다양한 통계적 방법을 이용하는 표준화 작업이 필요하다는 시사점을 얻을 수 있다. 본 연구는 소비자에 대한 실험을 통해 현시된 소비자 선호를 반영해 등급체계와 표준을 정하는 방법을 시도한 최초의 연구가 된다.

Ⅲ. 소비자선호 실험

1. 준비 절차

실험에 참여하는 소비자 패널은 2012년 주민등록인구 통계를 기준으로 20-50대별로 층화 추출하여 서울, 경기에 거주하는 여성 소비자 101명을 선발하였다.

실험에 쓰인 사과 품종은 우리나라 재배면적 비중이 가장 높은 후지(富士) 품종을 대상으로 선정하였다. 2010년 농림어업총조사에 따르면 후지의 재배면적 비중은 약 81%에 이르는 것으로 파악되었다. 사과의 구매는 2013년 11월 29일(금요일) 오전 서울 가락시장에서 이루어졌다. 구체적으로 40-49개 들이에서부터 80-89개 들이까지 5개 그룹별로 4개 등급(특, 상, 중, 하) 총 20박스를 구매하였다.[11] 그런 다음 구매한 사과의 각 그룹(들이)별 등급이 균일하게 안배되도록 총 170개의 사과를 선별하였다. 실험에 쓰일 사과는 모두 85개지만 크기, 모양, 색깔 등을 측정하는 과정과 실험 장소까지 운반하는 도중 예기치 못한 파괴 및 상처가 발생할 경우를 대비하여 두 배수를 선별하였다.

11 일반적으로 가락시장에서 사과는 15kg 한 상자당 30-39개 들이에서부터 80-89개 들이로 6개 그룹, 각 그룹별로 특, 상, 중, 하품으로 나뉘어 판매되고 있다.

최종 선별 후 먼저 사과의 색깔을 측정하였다[12]. 색깔을 측정할 때는 가장 잘 익었다고 판단되는 빨간 부분과 가장 안 익었다고 판단되는 부분, 그리고 중간 부분 등 세부분을 2회 반복하여 측정하였다. 색깔 측정이 완료된 후에는 사과의 무게, 높이(과고), 직경(과경), 껍질의 이상 유무를 파악하고 일련번호별로 데이터베이스에 기록하였다. 외관에 관한 측정이 완료된 사과는 실험일자와 소비자 그룹별로 소포장하고 신선도 유지를 위해 에틸렌 흡수제를 넣고 진공포장 하였다.

2. 실험 과정

실험은 소비자 101명을 대상으로 2013년 12월 5(목)-6일(금)과 9(월)-10일(화) 4일간 서울의 한 사설 세미나실에서 실시하였다. 실험시간이 식사 시간과 중복되는 경우 사과의 맛을 평가하는데 지장을 줄 우려가 있어 오전 10시, 11시 30분, 오후 2시, 3시 30분, 5시 등 총 5회 실시하였다. 실험 1일차(12월 5일)부터 3일차(9일)까지는 소비자패널 1개 그룹당 6명이 정해진 시간과 장소에 집합하여 실험에 참가하였으며, 마지막 4일차에는 오전 10시 6명, 오전 11시 30분 5명이 참여하여 총 17회 이루어졌다. 실험에 참여한 소비자는 총 101명, 실험에 소요된 사과는 85개였다.

이런 방식으로 실험과정을 설계한 이유는 한정된 소비자와 사과의 수로 가급적 많은 관측치를 얻고, 특정 품질에 대한 소비자의 다양한 평가를 얻을 수 있기 때문이다. 총 관측치의 수는 참여하는 소비자(101명) 각자가 5개씩 평가하여 모두 505개가 된다. 동일한 사과에 대해 i번째 소비자가 느끼는 만족도와 j번째 소비자가 느끼는 만족도가 달리 나타나며, 해당 사과에 대한

12 사과 색깔의 측정에 사용된 기기는 농촌진흥청에서 보유하고 있는 코니카(Konica)의 미놀타 크로마 미터(Minolta Chroma meter) CR-400이 사용되었다. 크로마 미터(Chroma meter)를 이용해 색깔을 측정하면 Hunter L, Hunter a, Hunter b 등 세 가지의 값이 동시에 계산된다. 여기서 L값은 밝기(0이면 검은색, 100이면 흰색)를 나타내며, a값은 빨강과 초록 중 어느 쪽(음수이면 초록에 치우친 값, 양수이면 빨간색)으로 치우쳐져 있는지를 나타낸다. b값은 노랑과 파랑을 나타내는데 음수이면 파랑, 양수이면 노랑이 된다. 통상적으로 사과의 색깔 측정에는 Hunter a값을 통해 빨간 정도를 측정한다.

최대지불의사(WTP)도 달라질 수 있어 소비자의 다양한 선호를 반영할 수 있게 된다.

그림 1. 소비자 선호 실험 절차의 요약

준비 절차
① 소비자 패널 선정 ② 실험장소의 섭외 ③ 정시에 패널들이 실험장소에 도착하게 하는 제반사항 준비 ④ 설문문항 구성 ⑤ 품종 선정 및 구매 ⑥ 실험용 사과의 보관 ⑦ 외관(색깔, 무게, 흠집, 반점, 모양) 기계 측정

실험 과정
① 정해진 시간, 실험 장소에 6명씩 입장 ② 1개의 사과에 대해 외관 만족도 평가 ③ 경도의 기계 측정 ④ 사과(6조각)의 시식 ⑤ 달콤, 새콤달콤, 즙, 아삭거림 만족도 평가 ⑥ 등급과 WTP 결정 ⑦ 5개의 사과 반복

실험 이후
① 냉장보관한 2조각에 대해 당도, 산도 측정(실험당일 오후) ② 냉장보관한 일부를 이용해 수분측정(실험 최대 2일 후) ③ 비표로 관리한 전 과정의 DB화 ④ 판별분석(QDA) ⑤ 비선형계획법(NLP)

구체적인 실험과정은 〈그림 1〉에 정리되어 있다. 우선 정해진 시간과 실험 장소에 소비자 6명이 입장한다. 책상에는 개인용 물컵, 접시, 비닐장갑, 설문지 각 5장 1세트가 준비되어 있다.[13] 소비자들이 착석하면 환영인사와 함께 왜 이 실험을 실시하는지(가정에서 먹을 때의 품질 기준 설정)에 대한 소개와 대강의 진행과정을 설명한다. 다음으로 소비자들에게 사과 한 개를 보여 주고 각자가 관찰할 시간을 부여한 후 사과의 무게, 모양, 색깔, 껍질 상태에 대한

13 물 컵은 입을 헹구기 위한 용도이며, 비닐장갑은 소비자가 사과의 외관을 테스트할 때 위생상 필요한 경우에 사용하도록 하였다. 또한 설문지는 1명의 소비자가 테스트하게 될 5개 사과에 대한 만족도, 개당 WTP(최대지불의사) 등을 체크하기 위한 것이다.

만족도를 4점 척도로 표시하도록 한다.

외관에 대한 만족도 체크가 모두 완료된 것을 확인한 후 경도(硬度)를 측정한다(Fruit hardness tester, FR-5120). 경도를 측정하는 이유가 아삭거림을 측정하기 위한 것임을 설명하고, 가장 빨간 부분과 반대 부분의 적도 부근을 슬라이서(slicer)를 이용해 자른 후 11mm 프로브(probe)를 이용해 측정한다. 경도 측정을 완료한 사과는 깎아서[14] 8조각으로 균등 분할한다. 경도를 측정한 부분이 포함된 2개 조각은 당도(달콤함)와 산도(새콤함)를 측정하기 위해 산소흡수제를 넣어 위생 비닐로 포장하고, 고유번호를 기록한 비표와 함께 냉장박스에 보관한다.

나머지 6개 조각의 사과는 패널에게 하나씩 전달하여 시식하게 한다. 시식 후 사과의 달콤한 정도, 새콤달콤함의 조화, 아삭거리는 정도, 즙이 많고 적은 정도에 대해 각 4점 척도로 평가하게 한다. 그 후 외관과 맛에 대한 평가를 고려해 종합적으로 최고 1등급에서 4등급까지 구분하여 평가하고 최대지불의사를 기록하게 한다. 하나의 사과에 대한 평가가 완료되면 물을 마셔 입을 헹구게 하고, 나머지 4개의 사과에 대해 동일한 방식으로 평가하게 한다.[15]

3. 실험 실시 이후

실험 당일 오후에는 산소흡수제와 함께 냉장 보관된 사과의 당도 및 산도를 측정한다. 준비된 사과 2조각(경도 측정에 사용된) 중 일부를 떼어내어 수분 측정용으로 남겨두고, 나머지를 강판에 갈아 시료채취 용기 및 여과망을 이용해 즙을 낸다. 즙은 잘 흔들어 주사기로 5*ml*를 채취한 후 과일 당산도 디지털측정기(㈜지원하이텍의 SAM 7300 PLUS)를 이용해 당도와 산도를 동시에 측정한다. 혹시 발생할 수 있는 오류를 감안해 2회 반복하여 측정하고 평균값을 기록한다.

14 우리나라의 소비자들이 사과를 깎아 먹는 비율은 67.4%로 매우 높다는 조순덕 등(2008)의 연구 결과를 근거로 하였다.

15 소비자 1인당 5개가 넘는 수의 사과를 평가하게 하지 않은 이유는 그 이상의 사과를 평가하면 혀의 둔감 등으로 인해 정확한 평가가 이루어지지 않을 수 있다는 판단에 따른 것이다.

마지막으로 수분 측정용으로 남겨둔 조각을 이용해 수분을 측정한다. 농촌진흥청 농업과학기술연구조사 분석기준(2012년)을 준용하여, 시료의 일정량을 드라이 오븐으로 완전 건조한 후, 감소된 중량을 초기중량에 대한 백분율로 계산하는 방식으로 측정하며, 2회 반복한 평균값을 기록한다.

4. 소비자선호 실험 결과

실험에 사용된 사과의 객관적 품질 속성을 살펴보면 〈표 1〉과 같다. 먼저 내부의 품질 특성을 나타낼 수 있는 사과의 평균 당도는 14.2 brix 수준으로 나타났으며, 산도의 평균은 0.23%, 아삭거림을 나타낼 수 있는 경도는 평균 6.46 kgf(Kilogram-force), 수분함량은 평균 85%이다.

표 1. 실험에 사용한 사과의 객관적 품질 속성(n=85)

속성(단위)		평균	최소값	최대값	변이계수
내부	당도(%)	14.25	9.70	18.30	0.09
	산도(%)	0.23	0.095	0.470	0.16
	경도(kgf)	6.46	4.67	8.63	0.09
	수분함량(%)	85.06	80.30	91.80	0.02
외부	무게(g)	240.55	166	363	0.21
	흠집(개수)	0.35	0	4	1.89
	반점(개수)	0.34	0	6	2.45
	과고(cm)	6.99	5.90	8.40	0.08
	과경(cm)	8.08	6.95	9.35	0.07
	색깔(Hunter a)	24.37	14.89	30.70	0.14

외부의 품질 특성을 나타낼 수 있는 사과의 평균 무게는 240g, 흠집의 개수는 평균 0.35개, 반점은 0.34개, 과고(세로)는 7cm, 과경(가로)은 8cm로 측정되었다. 색깔의 빨간 정도를 나타내는 Hunter a값은 24.4 수준이다. 각 품질 속성의 표준편차를 평균으로 나눈 변이계수는 과고와 과경의 경우 0.07~0.08로 매우 낮게 나왔으며, 당도도 0.09로 상대적으로 낮게 계산되었다. 이에 반해 흠집과 반점은 각각 1과 2를 넘어 편차가 심한 것으로 나타났다.

본 연구의 핵심 과제 중 하나는 소비자가 사과의 외관과 맛을 통해 판정한 최종등급(즉, 소비자선호에 의한 주관적 평가)을 실제로 측정한 속성들의 값이 얼마나 잘 설명(또는 매칭)하는가이다. 이를 위해 본 연구는 판별분석(discriminant analysis)을 사용하였다. 판별분석은 베이즈(Bayes) 정리에서 도출된다.

데이터가 다변량인 경우 정규분포의 확률밀도함수는 다음과 같다.

$$(1)\ f(x) = \frac{1}{(2\pi)^{n/2}|\Sigma|^{1/2}} exp[-\frac{1}{2}(x-\mu)^T \Sigma^{-1}(x-\mu)]$$

식(1)에 베이즈 정리를 적용하면 (2)식과 같은 판별함수가 유도된다. 판별함수는 특정 사과의 품질속성에 관한 측정값이 주어질 때 소비자가 어떤 등급으로 최종 판정할 것인가를 결정하는 것이다.

$$(2)\ g_i(x) = p(w_i|x) = \frac{p(x|w_i)p(w_i)}{p(x)}$$
$$= \frac{1}{(2\pi)^{n/2}|\Sigma_i|^{1/2}} exp[-\frac{1}{2}(x-\mu_i)^T \Sigma_i^{-1}(x-\mu_i)]p(w_i)\frac{1}{p(x)}$$

식(2)에 자연로그를 취하면, 식(3)이 유도된다.

$$(3)\ g_i(x) = -\frac{1}{2}(x-\mu_i)^T \Sigma_i^{-1}(x-\mu_i) - \frac{1}{2}log(|\Sigma_i|) - \frac{n}{2}log(2\pi) + log(\frac{1}{p(x)}) + log(p(w_i))$$

위 식(3)은 베이즈 이차 판별함수식의 일반 형태이다. 여기서 i=1,...,r는 각 등급, x는 품질속성 값의 벡터, μ_i는 등급별 품질속성 값 평균의 벡터, Σ_i는 등급별 품질속성 값들의 공분산 행렬, $|\Sigma_i|$는 이에 대한 행렬식을 의미하며, w_i는 각 등급에 대한 사전적 확률이다.

위의 등급별 품질속성 값들의 공분산 행렬이 Σi=Σj로 동일한 경우를 가정하고, 모든 등급에서 공통인 상수를 제외하는 과정을 거치면 벡터 x에 관해 식(4)와 같이 표현할 수 있다.

$$(4)\ g_i(x) = -\frac{1}{2}(-2\mu_i^T\Sigma^{-1}x + \mu_i^T\Sigma^{-1}\mu_i) + log(p(w_i))$$
$$= \mu_i^T\Sigma^{-1}x - \frac{1}{2}\mu_i^T\Sigma^{-1}\mu_i + log(p(w_i)) = \gamma_i^T x + \gamma_{i0}$$
$$\text{단}, \gamma_i^T = \mu_i^T\Sigma^{-1}, \gamma_{i0} = -\frac{1}{2}\mu_i^T\Sigma^{-1}\mu_i + log(p(w_i))$$

식(4)에 의하면, $g_i(x)$는 속성값 x에 대해 선형함수임을 알 수 있다. 즉, 선형판별식(Linear Discriminant Analysis)이다. 그러나 등급별 품질속성 값들의 공분산 행렬이 동일하다는 가정을 하지 않고 제곱, 선형, 상수항 등으로 묶어 정리하면 아래 식(5)가 도출된다.

$$(5)\ g_i(x) = x^T A_i x + \gamma_i^T x + \gamma_{i0}$$
$$\text{단}, A_i = -\frac{1}{2}\Sigma_i^{-1}, \gamma_i^T = \Sigma_i^{-1}\mu_i, \gamma_{i0} = -\frac{1}{2}\mu_i^T\Sigma_i^{-1}\mu_i - \frac{1}{2}log(|\Sigma_i|) + log(p(w_i))$$

식(5)에서 $g_i(x)$는 x에 대해 이차판별식(Quadratic Discriminant Analysis)이 된다. 이 식을 통해 사과 속성의 값들이 주어지면 각 등급별 $g_i(x)$를 추정하여 소비자들이 평가하는 등급을 판정할 수 있다.

등급별 품질속성 값의 공분산 행렬이 모두 동일한지에 대한 검정은 Box's M test로 할 수 있다. Box의 검정통계량은 다변량 정규분포의 가정 하에서 r개 공분산 행렬에 대한 귀무가설(H0)을 $H_0 : \Sigma_1 = \cdots = \Sigma_r$로 설정할 수 있으며, 이때 검정통계량은 $M = (n-r)log|S| - \sum_{i=1}^{r}(n_i - 1)log|S_i|$이 된다. 여기서 n_i는 i번째 등급에 속하는 데이터의 수, S_i는 i번째 등급의 공분산행렬, n는 $\sum_{i=1}^{r} n_i$, S는 표본전체의 공분산행렬을 의미한다. 검정통계량은 귀무가설 하에서 F 분포를 한다. 귀무가설이 기각되면 이차판별식(QDA)을 사용하는 것이 합당하다.

판별식을 추정하기 위해 소비자가 정한 등급(1-4등급)을 종속변수, 속성별 측정값(무게, 모양, 색깔, 흠집, 당도, 산도, 경도, 수분)을 독립변수로 식(5)를 추정하였다. 분석에는 SAS를 이용하였다. 8개의 품질속성을 모두 고려하는 경우, Box's M 검정 값이 552.7(유의확률 < 0.05)로 나와 QDA를 적용하였다.

표 2. QDA의 판별 결과(등급과 전체 속성별 측정값의 관계)

구분		모형의 판별 값				
		1등급	2등급	3등급	4등급	행합
실제값	1등급	72 (67.9)	29 (27.4)	4 (3.8)	1 (0.9)	106 (100)
	2등급	45 (22.3)	116 (57.4)	35 (17.3)	6 (3.0)	202 (100)
	3등급	25 (17.4)	54 (37.5)	52 (36.1)	13 (9.0)	144 (100)
	4등급	0 (0.0)	14 (26.4)	7 (13.2)	32 (60.4)	53 (100)
	열합	142 (28.1)	213 (42.2)	98 (19.4)	52 (10.3)	505 (100)

〈표 2〉에서 보는 바와 같이 8개의 품질 속성(무게, 모양, 색깔, 흠집 및 반점, 당도, 산도, 경도, 수분)을 모두 고려하는 경우, 전체 판별력은 54% 수준에 그치는 것으로 분석되었다. 그런데 2등급과 3등급에 대한 판별력이 다른 등급에 비해서 특히 낮게 나타났다. 이는 소비자의 입장에서 매우 맘에 드는 사과와 아주 맘에 들지 않는 사과는 구분할 수 있지만, 맘에 드는 사과와 그다지 맘에 들지 않는 사과를 구분하기 곤란하다는 것을 의미하는 것으로 해석할 수 있다. 3등급을 2등급으로 판정하는 경우가 37.5%, 2등급을 3등급으로 판정하는 경우가 17.3%로 나타났다.

이를 바탕으로 소비자가 정한 1등급과 4등급은 그대로 두고 2등급과 3등급을 하나로 합해 다시 분석하였다. 이 경우 역시 Box's M 통계치가 468.21로 유의수준이 0.00보다 적어 공분산 행렬의 동일성을 기각하였다. QDA를 이용한 재분석 결과, 전체 판별력은 72.1%로 등급별 판별력이 상당부분 개선되었다(표 3). 그러나 1등급을 2+3등급으로 판정하는 경우가 34.9%, 4등급을 2+3등급으로 판정하는 경우가 41.5%로 여전히 판별력이 명확하지 않았다.

다음으로 각 품질속성들을 제외하는 경우, 판별력이 어떻게 바뀌는가에 대해서 살펴보았다. 이는 등급표준화에서 고려할 품질속성의 수는 최소로 하면서 높은 판별력이 가능한 경우를 탐색하기 위한 것이다. 다양한 경우를 고려한 결과, 흠집 및 반점의 수와 모양을 제외하는 경우에 전체 판별력은

74.1%로 전체의 속성을 고려하는 경우보다 높아지며, 등급별 판별력도 보다 우수해지는 것으로 분석되었다(표 4).

특히 1등급에 대한 판별력이 70.8%로 우수하며, 2+3 통합등급에 대한 판별력도 77.8%로 높게 나타났다. 다만 실제의 4등급을 모형에서 4등급으로 분류할 확률은 56.6%로 소폭 감소하고, 4등급을 2+3등급으로 판정하는 경우도 여전히 적지 않았다.

표 3. QDA의 판별 결과(통합 등급과 전체 속성별 측정값의 관계)

구분		예측값			
		1등급	2+3등급	4등급	행합
실제값	1등급	68 (64.2)	37 (34.9)	1 (0.9)	106 (100)
	2+3등급	62 (17.9)	265 (76.6)	19 (5.5)	346 (100)
	4등급	0 (0.0)	22 (41.5)	31 (58.5)	53 (100)
	열합	130 (25.7)	324 (64.2)	51 (10.1)	505 (100)

표 4. QDA의 판별 결과(모양, 흡집 등을 제외한 경우)

구분		예측값			
		1등급	2+3등급	4등급	행합
실제값	1등급	75 (70.8)	30 (28.3)	1 (0.9)	106 (100)
	2+3등급	59 (17.1)	269 (77.8)	18 (5.2)	346 (100)
	4등급	0 (0.0)	23 (43.4)	30 (56.6)	53 (100)
	열합	134 (26.5)	322 (63.8)	49 (9.7)	505 (100)

지금까지 사과의 속성별로 측정값이 소비자의 선호가 반영된 등급을 얼마나 잘 설명할 수 있는가에 대해 분석하였다. 다음 과제는 판별분석에서 사용한 등급별 판별함수를 이용해 3개 등급(1등급, 2+3등급, 4등급)의 구간을 결정하는 등급경계(grade boundary)를 찾는 것이다. 이는 각 등급의 표준을 정하는 과정으로 이해할 수 있다.

최적의 등급경계는 그 경계보다 우수한 속성값은 높은 등급을 나타내야 하고, 그 보다 하위의 등급을 나타내는 오류가 최소가 되어야 한다. 이러한 등급경계를 찾는 과정은 아래의 비선형계획법(Nonlinear Programming)을 이용하였다.

$$(6\text{-}1)\ \text{Minimize } m = [g_1(X1) - g_2(X1)]^2 + [g_2(X2) - g_3(X2)]^2$$
$$[X1, X2]$$

$$(6\text{-}2)\ \text{subject to } g_1(X1) \geq g_2(X1) \text{ and } g_2(X2) \geq g_3(X2)$$

$$(6\text{-}3)\ \min X \leq X1 \leq \max X \text{ and } \min X \leq X2 \leq \max X$$

여기서 $X1$, $X2$는 비선형계획법에서 결정될 품질속성 벡터로 각각 1등급과 2+3등급, 그리고 2+3등급과 4등급을 나누는 품질속성의 경계값이다. 목적함수 (6-1)의 첫 번째 항은 특정 속성값에서 1등급의 확률밀도와 2+3등급의 확률밀도의 편차, 두 번째 항은 2+3등급과 4등급 간 편차를 의미한다.

첫 번째 제약조건 (6-2)는 최적경계에서 1등급은 2+3등급보다, 2+3등급은 4등급보다 확률밀도가 커야 함을 의미한다. (6-3)는 도출된 최적값이 실험을 통해 측정된 값 사이에 있어야 한다는 것을 의미한다. 이는 도출된 등급경계가 현실적인 수준에서 결정되기 위한 제약식이다.

비선형계획법을 통해서 도출한 사과의 품질 결정경계는 〈표 5〉와 같다.

표 5. 소비자 선호를 반영한 사과(후지) 품질의 결정경계

	당도 (°Bx)	당산비 (%)	무게 (g)	경도 (kgf)	색깔 (Hunter a)	모양 (%)	WTP29* (원/kg)
1과 2+3등급 경계	11.736	35.523	166	5.631	29.164	75.135	5,200
2+3과 4등급 경계	10.943	35.653	166	5.629	15.900	75.135	3,577

주: *WTP의 등급간 경계는 각 등급 WTP의 평균 및 분산과 사전적 확률에 대한 정보를 이용하여 우도비(likelihood ratio)를 이용하여 계산하였다. 판별식은 $\Lambda(x|c_i) = \frac{p(x|c_i)}{p(x|c_j)} \underset{c_j}{\overset{c_i}{\gtrless}} \frac{p(c_j)}{p(c_i)}$ 이다. 여기서 $C_i > C_j$이며, $p(x|c_l)$는 각 등급별 확률밀도함수, 또한 $p(c_l)$은 사전확률(전체 표본에서 각 등급이 차지하는 비중)을 의미한다.

분석 결과, 모든 경우에서 상위등급의 결정경계가 하위등급의 경우에 비해 높거나 동일함을 알 수 있다. 〈표 5〉의 맨 오른쪽 열에 있는 최대지불의사(WTP)는 비선형계획법 모형에는 포함되지 않았지만 등급경계간의 차이를 경제적 가치로 환산하여 비교하기 위해 포함하였다. 최대지불의사의 경우, 2+3등급과 4등급의 경계를 100(3,577원/kg)으로 보면 1등급과 2+3등급은 145(5,200원/kg)로 높다. 즉, 1등급 사과는 그 하위 등급 사과에 비해 최소 45% 이상의 가치를 평가받는다고 해석할 수 있다.

1등급 사과가 되기 위한 당도는 약 12°Bx 수준으로 국립농산물품질관리원에서 권장사항으로 정하고 있는 수준에 비해서 낮은 수준임을 알 수 있다. 농산물품질관리원의 후지사과에 대한 당도 기준을 보면, 특품(1등급)은 14°Bx, 상(2등급)은 12°Bx 이상으로 정하고 있다. 이번 실험에 쓰였던 후지사과의 평균 당도가 14°Bx이었다는 사실과 연구결과 1등급을 결정하는 당도의 결정경계가 12°Bx로 도출되었다는 것을 고려할 때 재배과정에서 당도를 더 높이기보다는 다른 품질속성을 향상시키기 위한 노력이 필요하다는 시사점을 얻을 수 있다. 한편 위 결과는 소비자가 원하는 사과의 최저 당도수준도 나타낸다. 2+3등급과 4등급을 구분하는 결정경계에서의 당도 수준은 약 11°Bx이다. 결론적으로 1등급을 생산하기 위해 12°Bx가 넘는 단맛이 강한 사과를 굳이 생산할 필요는 없다 하더라도 11°Bx 이상 되어야 2등급으로 평가받을 수 있음을 의미한다.

당산비의 경우 1등급은 35.52%, 2+3등급은 35.65%, 경도는 1등급이 5.631kgf, 2+3등급이 5.629kgf로 분석되었다. 본 실험에서 측정에 사용한 기계의 측정오차를 감안하면 이 두 속성의 등급 간 경계의 차이가 거의 존재하지 않는 것으로 볼 수 있다.[16] 당산비의 경우 소비자는 산도(acidity)가 당도에 비해서 특정 수준 이상으로 높은 것을 좋아하지 않는다는 것으로 해석할 수 있다. 이는 우수곤(2013)에서 보여 준 바와 같이 사과의 신맛이 강할수록 소비자가 제시하는 잠재가격이 하락한다는 결과와 일관적이다. 경도의 경우도 일정 수준 이상의 아삭거림을 제공한다면 소비자가 충분히 만족하는 것으로 해석할 수 있다.

무게의 경우에는 가장 작은 사이즈(2S) 이상만 되면 소비자 선호에 커다

16 당산비의 측정에 사용한 (주)지원하이테크의 SAM 7300-PLUS는 당도의 측정오차는 ±0.2%, 산도의 측정오차는 ±0.05%이다. 그리고 아삭거림을 측정한 기계(FR-5120)의 측정오차는 0.5% 수준이다.

란 차이가 없는 것으로 분석되었다. 이는 소비자가 품질을 결정할 때 무게를 그다지 중요하게 여기지 않는 것으로 해석되며, 김유종(2012)의 연구결과와 일치한다. 이는 또한 가락시장에서 30개 들이(30-39개)부터 80개 들이(80-89개) 단위까지 크기에 관계없이 특, 상, 중, 하품으로 구분해 판매하는 관행이 크게 문제가 없음을 의미한다.

현행의 등급 규격에서 중시하는 모양(=과고/과경×100)도 소비자에게는 그다지 중요한 품질 속성이 아닌 것으로 나타났다. 그러나 소비자들은 빨간색 사과에 대해 높은 선호를 가지는 것으로 분석되었다. 이는 현장에서 착색관리를 위해 수확기(期)를 앞두고 반사필름을 토양에 피복하는 재배방식이나 봉지 씌우기가 효과를 발휘할 수 있음을 의미한다.[17]

본 연구의 결과는 사과의 품종을 육종하고 재배기술을 연구하는 과학자들에게도 시사점을 준다. 필요 이상의 고당도, 대과 위주의 사과를 육종하는 관련 재배기술 보다는 색깔, 아삭거림 등이 우수한 사과를 만들기 위한 다양한 재배기술의 개발에 집중하는 것이 타당하다고 볼 수 있다. 아울러 후지 사과가 다른 품종에 비해서 저장성이 뛰어나 10월 말부터 다음 해 11월 초까지 연중 시장에 유통이 되고 있다는 사실을 감안할 때 저장된 후지의 아삭거림(경도)이 소비자가 원하는 수준 이상(5.63kgf)으로 지속될 수 있도록 하는 수확 후 관리의 연구도 중요함을 시사한다.

Ⅳ. 요약 및 결론

본 연구는 농산물 수요에 관한 논의가 고품질화로 초점이 맞춰지는 상황에서, 과연 소비자가 원하는 농산물의 품질 수준과 고품질화가 추구해야 할 지향점이 어디인가에 관한 문제를 다루고 있다. 이러한 문제에 대한 해법으로

17 최근 전북 무주군의 착색용 반사필름 지원 사업, 봉화군의 수출사과용 착색봉지 지원 사업 등이 소비지에서도 호응을 얻을 수 있음을 반증하는 결과라고 볼 수 있다.

본 연구는 소비자선호를 객관적이고 명확하게 반영하는 등급표준화를 위한 소비자 실험 및 계량적 분석 연구를 병행하였다.

본 연구는 3조 원이 넘는 과일류 생산액의 약 26%를 차지하고 생산액 규모 1위를 차지하는 사과(1조 577억 원)를 사례연구의 대상으로 선택했다. 한국의 과수 산업은 최근 연속되는 FTA로 인해 위기를 맞고 있다. 소비자가 선택할 수 있는 과일의 종류가 많아지고 수입산 과일이 상대적으로 저렴해짐에 따라 국내산 사과와 수입산 과일의 경쟁이 보다 심화될 것이다. 사과를 비롯한 과일류의 품질경쟁력을 향상하는 것은 한국 농업의 가장 시급한 과제임에 틀림없다.

본 연구는 소비자의 선호 실험을 통해 실제로 소비자가 사과의 외관과 맛을 보게 하여 주관적인 등급을 정하게 하였다. 이와 함께 사과에 대한 외부 및 내부 품질속성의 기계적 측정을 실시하여 소비자가 판정한 등급과 실제 품질 속성(크기, 껍질 상태, 모양, 색깔, 당도, 당산비, 경도, 수분)과의 관계를 살펴보고, 품질속성이 등급을 얼마나 잘 설명할 수 있는가를 판별 분석하였다. 또한 비선형계획법을 이용해 각 등급의 경계에 해당하는 품질속성의 수준을 결정하여 등급의 표준을 정하는 방식을 제시하였다.

분석 결과, 당도는 품관원에서 권장사항으로 제시하는 정도에 비해 낮은 수준을 원하고 있는 것으로 도출되었으며, 당산비와 경도의 경우 일정수준을 만족하면 소비자 평가에 커다란 차이가 없는 것으로 분석되었다. 또한 무게, 모양은 어떠한 수준이든지 소비자가 등급을 결정하는데 중요한 요인이 아닌 것으로 분석되었다. 다만 색깔의 경우에는 실험에 사용한 사과들의 평균치 이상을 원하는 것으로 나타났다. 이러한 결과는 향후 사과의 등급화를 개선하기 위해서 기존의 모양, 껍질 상태가 아니라 내부 속성 수준에 대한 세부 표준을 더욱 명확하게 규정할 필요가 있음을 시사한다.

농산물 유통의 효율화와 혁신을 위해서는 과학적이고 효과적인 등급표준화가 선행되어야 한다. 본 실험연구는 소비자의 선호를 반영한 등급표준화를 제도화 하는데 이론적, 경험적 토대를 제공한 초기단계의 연구이다. 즉

이번 실험을 통해 얻은 결과를 우리나라 사과의 등급 표준을 정하는데 그대로 이용하기에는 많은 제한점이 있다. 본 연구에서 제안한 방법론을 중시하되 보다 다양한 샘플(시장 및 소비시기 등을 감안)과 대상 품목에 적용하여 등급체계를 개선하는 노력이 필요할 것이다. 이를 바탕으로 향후 농산물 등급표준화가 합리적으로 발전할 수 있기를 기대한다.

참고문헌

고성보 · 현창석, 〈감귤의 소비자 선호도 조사를 통한 객관적 품질등급 기준설정〉, 《한국산학기술학회논문지》 제12권 제8호, 2011.

김유종 · 양승룡, 〈농산물 표준등급화를 위한 품질지수 개발〉, 《농업경영 · 정책연구》 제41권 제2호, 2014.

김재희, 《SAS를 이용한 다변량 통계분석(제2판)》, 교우사, 2008.

농촌진흥청, 《농업과학기술 연구조사 분석기준》, 2012.

배무언 · 김영균, 《소비자행동론》, 도서출판 두남, 2005.

양승룡 · 이정환, 〈농산물 유통의 진짜 문제와 진짜 해법〉, 《시선집중 GSnJ》 제156호, 2013.

우수곤, 〈사과 속성에 대한 소비자 선호분석〉, 충북대학교 대학원 농업경제학과 박사논문, 2013.

위태석, 〈산지유통조직의 규모화와 조직력 강화: 모순과 그 해법〉, 《시선집중 GSnJ》 제65호, 2008.

위태석, 〈도매시장이 가야 할 길과 가지 말아야 할 길〉, 《시선집중 GSnJ》 제84호, 2009.

조순덕 · 김동만 · 김건희, 〈사과의 품질결정을 위한 소비자 인식조사〉, 《한국식품저장유통학회지》 15(5), 2008, 810-815쪽.

Bruce Gardner, "U.S. Food Quality Standards: Fix for Market Failure or Costly Anachronism?", *American Journal of Agricultural Economics*, 85(3), 2003, pp.725-730.

David A. Hennessy, "Microeconomics of Agricultural Grading: Impacts on the Marketing Channel", *American Journal of Agricultural Economics*, vol 77, 1995.

George L. Mehren, "The Function of Grades in an Affluent, Standardized-Quality Economy", *Journal of Farm Economics*, vol 43(5), 1961.

Griffith, Garry R et al., "The aggregate economic benefits to the Australian beef industry from the adoption of meat standards Australia: Updated to 2010/11", *Australasian Agribusiness Review,* Vol 20, 2012.

Hideo Aizaki et al., "A non-compensatory choice modeling analysis of Japanese consumers' preference for beef: A choice experiment approach", *IAAE Conference,* 2009.

James A. Chalfan et al., "Asymmeteric Grading Error and Adverse Selection : Lemons in the California Prune Industry", *Journal of Agricultural and Resource Economics* 24(1), 1999, pp.57-79.

James A. Chalfant and Richard J. Sexton, "Marketing Orders, Grading Errors, and Price

Discrimination", *AJAE* 84(1), 2002, pp.53-66.

Pinhas Zusman, "A Theoretical Basis for Determination of Grading and Sorting Schemes", *Journal of Farm Economics*, vol 49(1), 1967.

R. Watson et al., "Consumer assessment of eating quality - development of protocols for Meat Standards Australia(MSA) testing", *Australian Journal of Experimental Agriculture* 48, 2008, pp.1360-1367.

Tina L. Saitone and Richard J. Sexton(), "Impacts of Minimum Quality Standards Imposed through Marketing Orders or Related Producer Organizations", *AJAE*, 92(1), 2009, pp.164-180.

Waugh, *Quality as a Determinant of Vegetable Prices*, New York: Columbia Univ. Press, 1929, pp.87-88.

Wilsoon and Norber, "When Higher Quality Does Not Translate to Higher Prices: A Case of Quality and Specialty Coffees from the Cup of Excellence Auctions", *AAEA 2014 Annual meeting*, July 27-29, 2014.

橋本直史, 青果物流通變容下における《內部規格》化の進展に關する研究, 北大農研邦文紀要 32(2), 2012, 115-194面.

9장 농산물 도매가격 결정 방식에 관한 연구

> 위탁상체제의 도매시장 운영방식에서 상장경매와 전자경매 등의 거래방식을 도입해 공정성과 투명성을 높였다. 1992년 80% 수준이었던 상장경매율은 2014년 84%까지 높아졌고, 전자경매율 또한 같은 기간 37%에서 95% 수준으로 개선됐다.
>
> ― 농민신문, 2016.7.1.

I. 서론

최근 공영도매시장 시설현대화 과정에서 시장가격 결정방식에 대한 논란이 증폭되고 있다. 가락시장의 경우 시장도매인제 도입 여부를 두고 이해 당사자 간에 갈등이 커지면서 현대화사업 추진 자체에 영향을 주고 있다. 하지만 많은 연구들이 경매제에 비해 유통비용을 절감시킨다는 시장도매인제의 도입 취지와 상반되는 결과를 보이고 있다(장성욱·양승룡·손용석 2007; 윤창식·양승룡 2009; 전창곤·황의식·김동훈·김현희 2012; 양성범 2014).

한편 정부는 경매제 방식의 높은 유통비용과 가격 변동성을 이유로 정가수의매매를 경매제의 대안으로 추진하고 있다. 기존에는 예외적인 경우에 적용되던 정가수의매매를 2012년 농안법 개정을 통해 경매입찰과 동등한 거래방법으로 규정하였다. 정부는 2013년 5월 〈농산물 유통구조 개선 종합대책〉에서 정가수의매매의 비중을 2012년 8.9%에서 2016년 20%까지 확대하겠다는 계획을 발표하였다. 이와 같은 정책 목표 달성을 위해 정가수의매매 거래 참여자에 대한 정책자금 지원, 관련 법률 및 제도 정비, 평가 및 환류체계 강화 등 다양한 정책 활동이 이루어지고 있다. 따라서 현재 시점에서 주식시장의 대량 협의매매와 유사한 정가수의매매 방식이 당초 도입 의도

대로 제대로 작동하고 있는지에 대한 검토가 필요할 것이다.

또한 경매제 방식 자체를 볼 때 전자경매로 통칭되는 현행 방식의 문제점에 대한 의문이 거의 없었다. 일반적으로 가락시장의 과거 수지경매는 상향식 경매 방식이었고, 2000년대 이후 도입된 전자경매는 최고가 입찰 방식을 취하고 있다. 전자경매 도입 당시 채택된 최고가 입찰 방식이 모든 부류와 품목에 일률적으로 적용되고 있는 것이 과연 적합한지에 대한 연구도 도매가격 결정 방식에서 고려되어야 할 것이다.

본 연구의 목적은 농산물 도매가격 결정 방식에 대한 가락시장 유통인에 대한 조사를 통하여 정가수의매매에 대한 유통인들의 인식과 평가를 분석하고, 현재의 경매 방식에 대한 대안을 모색하는 데 있다. 이를 위해 첫째, 경매입찰 방식과 정가수의매매[1] 방식에 대한 인식을 조사하고, 두 제도를 어떻게 평가하는지를 비교한다. 또한 현재의 정가수의매매 확대 정책에 대한 시장 참여자들의 인식을 조사한다. 둘째, 현행의 전자입찰식 경매 방식[2]을 과거의 수지경매[3] 및 새로운 전자경매 방식[4]과 비교하여 유통인이 선호하는 적정 가격결정 방식을 모색한다. 마지막으로 국내 시장에서 시행된 적이 없는 하향식(네덜란드식) 경매[5]와 비크리(두 번째 최고가격) 입찰[6]에 대한 선호도를 조사한다. 이러한 조사 분석을 바탕으로 향후 농산물 도매가격 결정 방식

1 정가매매는 출하자가 판매가격과 물량을 제시하여 도매시장법인이 거래 참여자와 거래하는 방식이고, 수의매매는 도매시장법인이 출하자와 구매자를 직접 상대하여 가격 등을 흥정하여 결정하는 거래방식.

2 일반적으로 중도매인은 입찰 도중에 현재 제시되는 최고가격을 알 수 없음. 현재 최고가격을 모르는 상태에서 응찰기 입력가격 중 최고가격으로 최종 낙찰하는 방식.

3 일반적으로 경매 도중 경매사 호창으로 진행 중인 경매의 최고가격 알 수 있음. 현재 최고가격을 아는 상태에서 손가락으로 가격을 수정해서 더 높은 가격으로 최종 낙찰하는 방식.

4 전자경매 도중에 중도매인이 현재 제시되는 최고가격을 알 수 있도록 알려줌. 현재 최고가격을 아는 상태에서 응찰기에 수정 입력해서 최고가격으로 최종 낙찰하는 방식.

5 경매사가 먼저 높은 가격을 제시 후, 점차적으로 가격을 내려가다가, 특정 가격에서 희망자가 나오면 경매가 끝나는 방식.

6 낙찰자는 최고가격 제시자이지만, 최고가격 바로 다음 최고가격으로 지불. 입찰자들이 원하는 진정한 가격을 그대로 입찰하므로 입찰가격을 유보가격보다 낮게 하는 것을 막을 수 있다는 것이 이론적으로 증명된 방식.

에 대한 함의를 제시한다.

농산물 가격 결정과 관련된 거래제도에 대한 선행연구는 거래제도의 다양화가 필요하다는 황의식(2005), 정가수의매매의 운영방안을 제시한 위태석·권승구(2006), 농산물 도매시장 거래제도별 거래비용을 비교분석한 장성욱·양승룡·손용석(2007), 강서도매시장 상장경매제와 시장도매인제 가격을 비교분석한 윤창식·양승룡(2009), 가락시장 농산물 전자식 경매에 따른 효과를 분석한 서경남·양승룡(2011) 등이 있다. 경매이론, 경매유형과 구조에 대한 연구는 왕규호·조인구(2005) Vickrey(1961), Milgrom and Weber(1982), Klemperer(2002), Menezes and Monteiro(2005), Jehle and Reny(2011) 등 다양한 분야의 문헌들이 있다. 그러나 경매와 정가수의매매 및 다양한 형태의 경매를 비교하여 유통인의 인식과 평가를 조사한 사례는 거의 없다. 본 연구는 설문조사를 통해 다양한 형태의 농산물 도매가격 결정방식에 대한 유통인의 인식을 조사하고, 공정성, 신속성, 편리성 등을 기준으로 가격 결정방식에 대한 평가를 최초로 시도했다는 점에서 의의가 있다.

Ⅱ. 연구방법

본 연구에서는 다양한 도매가격 결정 방식의 분석에 사용 가능한 자료가 존재하지 않아 가락시장 청과 중도매인과 경매사를 대상으로 설문조사를 실시하였다. 30명의 중도매인과 경매사에 대한 사전조사를 통해 설문 문항의 적정성을 검토하고, 2014년 10월에서 11월까지 총 233명(중도매인 138명, 경매사 95명)을 대상으로 본 조사를 실시하였다.[7]

설문 항목은 크게 2가지로 경매입찰과 정가수의매매 방식에 대한 비교와

7 본 연구는 출하자를 조사 대상에 포함하고 여러 산지를 방문하여 조사하였으나, 출하자들의 무관심 등 여러 한계점이 존재하여 분석 대상을 유통인으로 한정하였다. 하지만 농산물 도매가격을 직접 결정하는 주체인 유통인들의 농산물 도매가격 결정에 대한 인식과 평가를 분석하는 것은 본 연구의 목적에 부합한다고 판단된다.

경매입찰의 방식별 비교로 구성하였다.

첫째, 경매입찰과 정가수의매매 방식을 비교하는 설문에서는 방식별 종합적인 선호도를 묻고, 도매가격 결정방식에 있어 가격 결정의 효율성 측면에서 '가격 결정 공정성'과 '결정 가격 만족도'를, 거래의 효율성 측면에서 '거래 과정 복잡성'과 '대금 정산 안전성', 그리고 '대금 정산 신속성'을 리커트 5점 척도로 응답하도록 하였다. 그리고 정부의 정가수의매매 확대 정책의 적절성도 조사하였다(표 1).

둘째, 경매입찰 방식별 비교는 과거 수지경매, 현재 전자입찰 및 새로운 전자경매의 세 가지 방식에 대한 비교와 더불어 하향식(네덜란드식) 경매와 비크리(두 번째 최고가격) 입찰에 대한 선호도로 구성하였다(표 2). 경매입찰 방식에 대한 설문 시 각 경매 방식에 대한 종합적인 선호도와 함께 가격 결정의 공정성, 신속성, 편리성을 리커트 5점 척도로 평가하도록 하였다.

표 1. 경매입찰 방식과 정가수의매매 방식에 대한 조사 항목

구분	설문항목
경매입찰과 정가수의매매	방식별 종합적 선호도
	방식별 가격 결정의 공정성
	방식별 결정 가격의 만족도
	방식별 거래 과정의 복잡성
	방식별 대금 정산의 안전성
	방식별 대금 정산의 신속성
정부 정책의 적절성	정부의 정가수의매매 확대 정책의 적절성

표 2. 경매입찰 방식에 대한 분석

구분	설문항목
과거 수지경매 현재 전자입찰 새로운 전자경매	방식별 종합적 선호도
	방식별 가격 결정의 공정성
	방식별 가격 결정의 신속성
	방식별 가격 결정의 편리성
하향식(네덜란드식) 경매방식 비크리(두 번째 최고가격) 입찰	하향식(네덜란드식) 경매 선호도
	비크리(두 번째 최고가격) 입찰 선호도

경매의 유형은 공개구두경매(open auction)와 봉인입찰경매(sealed bid

auction)로 나눌 수 있다. 공개구두경매는 상향식 경매(영국식 경매)와 하향식(네덜란드식) 경매로 구분하고, 봉인입찰경매는 최고가(최고가 봉인입찰) 입찰과 비크리(두 번째 최고가격) 입찰로 나누어지는데 각 방식별로 다양한 파생 형태들이 존재한다. 상향식 경매는 낮은 가격에서 경매를 시작하여 가장 높은 가격 제시자를 구매자로 결정하는 방식이고, 하향식 경매는 높은 가격에서 시작하여 가격을 점점 낮추면서 가장 먼저 응찰한 이를 구매자로 결정한다. 최고가 입찰은 최고가를 제시한 구매 의향자를 낙찰자로 결정한 후 해당 낙찰자가 제시한 금액을 지불하는 방식이고, 두 번째 최고가격 입찰은 최고가를 제시한 구매 의향자가 낙찰자로 결정되지만, 해당 낙찰자가 본인이 제시한 금액 대신 입찰가 중에서 두 번째로 높은 가격(입찰에서 탈락한 가격 중 최고 가격)을 지불하는 방식이다. 일반적으로 과거 수지경매는 상향식 경매 방식이고, 현재 전자입찰은 가락시장에서 전자경매로 통칭되는 방식으로 최고가 입찰 방식이라 할 수 있다. 상향식 경매의 가장 큰 특징은 타인의 입찰가격을 관찰 가능하므로 보다 많은 정보를 얻을 수 있다는 점이다. 최고가 입찰 방식은 소위 승자의 저주(Winner's Curse)[8]가 적용될 가능성이 높다는 특징이 있다(Capen et al., 1971; Thaler, 1988).

상향식 경매에 비해 최고가 입찰은 승자의 저주를 피하기 위해 자신의 진정한 지불의사보다 낮은 응찰가격을 제시한다고 알려져 있다. 본 연구에서 제시한 새로운 전자경매는 현재 전자입찰 방식을 전자경매 방식으로 수정하여 입찰자들이 더 많은 정보를 얻도록 하는 방식을 의미한다. 즉 전자경매 도중 현재 제시되는 최고가격을 중도매인이 알 수 있도록 한다. 현재의 최고가격 정보를 아는 상태에서 응찰기에 수정 입력할 기회를 부여하여 최고가격을 제시한 중도매인에게 최종 낙찰하는 방식을 의미한다. 한편 가락시장에서 경험해 본 적이 없지만 하향식 경매는 네덜란드 화훼 경매에서 그 예를, 비크리 입찰은 미국의 eBay 방식에서 유사한 예를 찾을 수 있다.

8 최근 현대차그룹의 한국전력 부지 매입 사례가 대표적인 '승자의 저주' 가능성 예로 인용되고 있다.

Ⅲ. 분석결과

1. 설문대상 특성

전체 응답자 중 과일을 취급하는 중도매인과 경매사는 92명(39.5%), 채소를 취급하는 중도매인과 경매사는 141명(60.5%)으로 채소의 비중이 높다(표 3).

응답자 중에서는 서울청과 소속 경매사와 주거래 중도매인의 비중이 상대적으로 많다(표 4).

대부분 과거 수지경매 경험(85.0%)이 있었고, 중도매인은 82.6%, 경매사는 88.4%였다(표 5).

응답자 중 정가수의매매를 경험한 중도매인은 81명(58.7%)이었으나, 경매사는 94명(98.9%)로 차이를 보였다(표 6). 정가수의매매 확대 정책으로 도매시장법인 소속 경매사는 정가수의매매를 거의 경험한 반면 중도매인의 경우 거래 여건에 따른 특정 품목 중심 거래 등으로 정가수의매매가 아직 활성화되지 못하고 있는 것이 주된 원인으로 볼 수 있다.

표 3. 취급부류별 분류 (단위: 명, %)

구분	중도매인	경매사	전체
	응답수(비중)	응답수(비중)	응답수(비중)
과일	56(40.6)	36(37.9)	92(39.5)
채소	82(59.4)	59(62.1)	141(60.5)
합계	138(100)	95(100)	233(100)

표 4. 주거래(또는 근무) 도매시장법인 (단위: 명, %)

구분	중도매인	경매사	전체
	응답수(비중)	응답수(비중)	응답수(비중)
서울청과	33(23.9)	17(17.9)	50(21.5)
농협가락(공)	20(14.5)	16(16.8)	36(15.5)
중앙청과	27(19.6)	19(20.0)	46(19.7)
대아청과	12(8.7)	13(13.7)	25(10.7)
동부팜청과	26(18.8)	18(18.9)	44(18.9)
한국청과	20(14.5)	12(12.6)	32(13.7)
합계	138(100)	95(100)	233(100)

표 5. 과거 수지경매 경험 여부

(단위: 명, %)

구분	중도매인	경매사	전체
	응답수(비중)	응답수(비중)	응답수(비중)
있다	114(82.6)	84(88.4)	198(85.0)
없다	24(17.4)	11(11.6)	35(15.0)
합계	138(100)	95(100)	233(100)

표 6. 정가수의매매 거래 경험 여부

(단위: 명, %)

구분	중도매인	경매사	전체
	응답수(비중)	응답수(비중)	응답수(비중)
있다	81(58.7)	94(98.9)	175(75.1)
없다	57(41.3)	1(1.1)	58(24.9)
합계	138(100)	95(100)	233(100)

2. 경매입찰과 정가수의매매 비교

우선 경매입찰과 정가수의매매의 비교를 위해 방식별 종합적 선호도, 가격 결정의 공정성, 결정 가격의 만족도, 거래 과정의 복잡성, 대금 정산의 안전성과 신속성의 총 6문항에 대한 중도매인과 경매사의 인식을 알아보고, 정가수의매매 확대 정책의 적절성에 대한 문항도 포함하여 조사하였다.

1) 종합적 선호도

중도매인과 경매사 모두 상대적으로 경매입찰을 정가수의매매보다 선호하는 것으로 나타났다. 경매입찰의 종합적 선호도는 중도매인과 경매사 모두 보통 이상으로 평가하여 전체의 종합적 선호도는 보통 이상(3.91점)으로 높게 나타났다. 가격 결정 등 경매입찰을 주관하는 경매인(auctioneer)으로서의 경매사는 중도매인보다 높은 선호를 보였는데 선호한다는 비중이 88.4%(=55.8+32.6)인 반면 선호하지 않는다는 비중은 0.0%였다. 정가수의매매의 경우 종합적 선호도는 전체적으로 보통 수준(2.98점)이고, 중도매인은 보통 이하(2.73점), 경매사는 보통 이상(3.35점)으로 상반되게 인식하였다. 이는 경매사의 경우 정가수의매매를 주관하는 입장인 반면 중도매인은 경매입찰에 비해 도매법인의 주도권 행사로 인한 거래 교섭력 약화와 특정 중도매인에의 거래 집중에 따른 형평성 우려 등이 작용한 결과로 해석된다(표 7).

표 7. 종합적 선호도 (단위: 명, %, 점)

구분		중도매인	경매사	전체
		응답수(비중)	응답수(비중)	응답수(비중)
경매입찰	전혀 선호하지 않는다	1(0.7)	0(0.0)	1(0.4)
	선호하지 않는다	6(4.3)	0(0.0)	6(2.6)
	보통이다	49(35.5)	11(11.6)	60(25.8)
	선호한다	60(43.5)	53(55.8)	113(48.5)
	매우 선호한다	22(15.9)	31(32.6)	53(22.7)
	합계	138(100)	95(100)	233(100)
	평균(t-값)	3.70(10.02)***	4.21(18.61)***	3.91(17.55)***
정가수의매매	전혀 선호하지 않는다	26(18.8)	2(2.1)	28(12.0)
	선호하지 않는다	23(16.7)	11(11.6)	34(14.6)
	보통이다	59(42.8)	43(45.3)	102(43.8)
	선호한다	22(15.9)	30(31.6)	52(22.3)
	매우 선호한다	8(5.8)	9(9.5)	17(7.3)
	합계	138(100)	95(100)	233(100)
	평균(t-값)	2.73(-2.82)***	3.35(3.83)***	2.98(-0.24)

주: t값은 'H_0 : 평균 = 3'의 귀무가설에 대한 검정결과로 *(**,***)는 10%(5%, 1%) 수준에서 유의함을 의미

2) 가격 결정의 공정성

가격 결정 공정성 정도는 중도매인과 경매사 모두 정가수의매매에 비해 경매입찰이 더 공정하다고 평가하였다. 경매입찰은 중도매인(3.74점)과 경매사(4.21점) 모두 공정하다고 평가했고, 경매사가 중도매인보다 더 공정하다고 인식하였다. 특히 전혀 공정하지 않다는 비중은 중도매인, 경매사 모두 0.0%로 응답하였다. 정가수의매매는 중도매인 보통 이하(2.86점), 경매사 보통 이상(3.59점)으로 선호도와 마찬가지로 상반된 모습을 보였다. 전혀 공정하지 않다는 비중은 중도매인 14.5%, 경매사 3.2%였고, 반면 매우 공정하다는 비중은 중도매인 5.8%, 경매사 14.7%로 경매입찰과 비교하여 차이를 보

였다. 중도매인은 정가수의매매의 경우 가격 결정 과정이 불투명하게 이뤄지거나, 정보 부족에 따른 교섭력 열위 문제를 야기할 수 있다는 지적 등이 주요한 원인으로 판단된다(표 8).

표 8. 가격 결정 공정성 정도 (단위: 명, %, 점)

구분		중도매인	경매사	전체
		응답수(비중)	응답수(비중)	응답수(비중)
경매입찰	전혀 공정하지 않다	0(0.0)	0(0.0)	0(0.0)
	공정하지 않다	4(2.9)	0(0.0)	4(1.7)
	보통이다	49(35.5)	14(14.7)	63(27.0)
	공정하다	64(46.4)	47(49.5)	111(47.6)
	매우 공정하다	21(15.2)	34(35.8)	55(23.6)
	합계	138(100)	95(100)	233(100)
	평균(t-값)	3.74(11.61)***	4.21(17.29)***	3.93(18.78)***
정가수의매매	전혀 공정하지 않다	20(14.5)	3(3.2)	23(9.9)
	공정하지 않다	25(18.1)	4(4.2)	29(12.4)
	보통이다	55(39.9)	36(37.9)	91(39.1)
	공정하다	30(21.7)	38(40.0)	68(29.2)
	매우 공정하다	8(5.8)	14(14.7)	22(9.4)
	합계	138(100)	95(100)	233(100)
	평균(t-값)	2.86(-1.48)	3.59(6.35)***	3.16(2.24)**

주: t값은 'H_0 : 평균 = 3'의 귀무가설에 대한 검정결과로 *(**,***)는 10%(5%, 1%) 수준에서 유의함을 의미

3) 결정되는 가격의 만족도

결정 가격의 만족도는 중도매인과 경매사 모두 정가수의매매에 비해 경매입찰을 더 만족한다고 인식하는 것으로 나타났다. 경매입찰은 중도매인(3.54점)과 경매사(3.86점) 모두 보통 이상으로 평가했고, 경매사가 중도매인보다 더 만족한다고 응답하였다. 특히 전혀 만족하지 않는다는 비중은 중도매인 0.7%, 경매사 모두 0.0%에 불과해서 결정 가격의 만족도가 높았다. 정가수의매매의 결정 가격 만족도는 중도매인 보통 이하(2.77점), 경매사 보통 이상(3.63점)으로 앞서 선호도, 공정성과 마찬가지로 상반된 양상을 띠었다.

전혀 만족하지 않다는 비중은 중도매인 13.8%에 비해 경매사는 1.1%였고, 매우 만족한다는 비중은 중도매인 3.6%, 경매사 9.5%였다. 정가수의매매로 인해 경매입찰 물량이 줄어들면서 물량 확보와 가격 결정 등에 문제가 생길 수 있고, 정가수의매매로 거래되는 많은 품목들이 경매 가격에 연동되어 결정되므로 가격 변동성 완화라는 도입 취지를 살리지 못한다는 의견 등이 있었다(표 9).

표 9. 결정 가격 만족 수준

(단위: 명, %, 점)

구분		중도매인	경매사	전체
		응답수(비중)	응답수(비중)	응답수(비중)
경매입찰	전혀 만족하지 않는다	1(0.7)	0(0.0)	1(0.4)
	만족하지 않는다	6(4.3)	2(2.1)	8(3.4)
	보통이다	63(45.7)	25(26.3)	88(37.8)
	만족한다	54(39.1)	52(54.7)	106(45.5)
	매우 만족한다	14(10.1)	16(16.8)	30(12.9)
	합계	138(100)	95(100)	233(100)
	평균(t-값)	3.54(8.23)***	3.86(11.87)***	3.67(13.47)***
정가수의매매	전혀 만족하지 않는다	19(13.8)	1(1.1)	20(8.6)
	만족하지 않는다	29(21.0)	6(6.3)	35(15.0)
	보통이다	60(43.5)	29(30.5)	89(38.2)
	만족한다	25(18.1)	50(52.6)	75(32.2)
	매우 만족한다	5(3.6)	9(9.5)	14(6.0)
	합계	138(100)	95(100)	233(100)
	평균(t-값)	2.77(-2.67)***	3.63(7.83)***	3.12(1.79)

주: t값은 'H_0 : 평균 = 3'의 귀무가설에 대한 검정결과로 *(**,***)는 10%(5%, 1%) 수준에서 유의함을 의미

4) 거래과정의 복잡성

거래과정의 복잡성은 중도매인, 경매사 모두 경매입찰에 비해 정가수의매매의 거래과정이 복잡하다고 평가하였다. 경매입찰은 중도매인(2.50점)과 경매사(2.09점) 모두 보통 이하로 복잡하지 않다고 응답하였다.

복잡하지 않다는 비중은 중도매인 50.7%(=10.1+40.6), 경매사 73.7%

(=24.2+49.5)로 나타났다. 정가수의매매는 중도매인 보통(3.04점), 경매사 보통 이상(3.64점)으로 경매사가 더 거래과정이 복잡하다고 평가했다. 경매사의 경우 업무부담의 증가, 거래 과정에서 가격 및 물량 조정의 어려움, 분쟁 발생 시 문제 해결의 부담 등이 작용한 것으로 볼 수 있다. 거래과정이 복잡하지 않다는 비중은 중도매인 27.5%(=5.8+21.7), 경매사 16.8%(=4.2+12.6)로 경매입찰의 비중과 대비되었다. 이러한 결과는 정가수의매매가 거래의 복잡성으로 인해 탐색비용, 협상비용 등 거래비용이 상대적으로 높아질 수 있음을 보여 준다고 할 수 있다(표 10).

표 10. 거래과정 복잡성 정도 (단위: 명, %, 점)

구분		중도매인	경매사	전체
		응답수(비중)	응답수(비중)	응답수(비중)
경매입찰	전혀 복잡하지 않다	14(10.1)	23(24.2)	37(15.9)
	복잡하지 않다	56(40.6)	47(49.5)	103(44.2)
	보통이다	57(41.3)	19(20.0)	76(32.6)
	복잡하다	7(5.1)	5(5.3)	12(5.2)
	매우 복잡하다	4(2.9)	1(1.1)	5(2.1)
	합계	138(100)	95(100)	233(100)
	평균(t-값)	2.50(-6.86)***	2.09(-10.21)***	2.33(-11.53)***
정가수의매매	전혀 복잡하지 않다	8(5.8)	4(4.2)	12(5.2)
	복잡하지 않다	30(21.7)	12(12.6)	42(18.0)
	보통이다	62(44.9)	18(18.9)	80(34.3)
	복잡하다	25(18.1)	41(43.2)	66(28.3)
	매우 복잡하다	13(9.4)	20(21.1)	33(14.2)
	합계	138(100)	95(100)	233(100)
	평균(t-값)	3.04(0.42)	3.64(5.79)***	3.28(4.01)***

주: t값은 'H_0 : 평균 = 3'의 귀무가설에 대한 검정결과로 *(**,***)는 10%(5%, 1%) 수준에서 유의함을 의미

5) 대금 정산의 안전성

대금 정산의 안정성은 중도매인과 경매사 모두 경매입찰을 정가수의매매

보다 안전하다고 인식하는 것으로 나타났다. 경매입찰은 중도매인(3.83점)과 경매사(4.52점) 모두 보통 이상으로 안전하다고 인식하고, 경매사가 더 높게 평가했다. 안전하지 않다는 비중은 중도매인 1.4%(=0.0+1.4), 경매사 0.0%(=0.0+0.0)에 불과했다. 정가수의매매 역시 중도매인(3.26점)과 경매사(4.12점) 모두 보통 이상으로 안전하다고 보았지만 경매입찰에 비해 상대적으로 낮았다. 하지만 다른 문항들과 비교해 볼 때 양자 간 차이가 크지 않았다. 대금 정산 절차가 동일한 프로세스임에도 안전성에 대한 인식이 낮은 것은 일부 품목들의 거래 과정에서 발생하고 있는 문제점이 반영된 것으로 볼 수 있다. 실제 절차가 동일함과 상관없이 안전성에 대한 인식이 낮다면 거래 과정에서 더 많은 노력이 요구된다고 할 수 있을 것이다(표 11).

표 11. 대금 정산 안전성 정도

(단위: 명, %, 점)

구분		중도매인	경매사	전체
		응답수(비중)	응답수(비중)	응답수(비중)
경매입찰	전혀 안전하지 않다	0(0.0)	0(0.0)	0(0.0)
	안전하지 않다	2(1.4)	0(0.0)	2(0.9)
	보통이다	40(29.0)	4(4.2)	44(18.9)
	안전하다	75(54.3)	38(40.0)	113(48.5)
	매우 안전하다	21(15.2)	53(55.8)	74(31.8)
	합계	138(100)	95(100)	233(100)
	평균(t-값)	3.83(14.19)***	4.52(25.43)***	4.11(23.29)***
정가수의매매	전혀 안전하지 않다	7(5.1)	3(3.2)	10(4.3)
	안전하지 않다	14(10.1)	2(2.1)	16(6.9)
	보통이다	59(42.8)	12(12.6)	71(30.5)
	안전하다	52(37.7)	42(44.2)	94(40.3)
	매우 안전하다	6(4.3)	36(37.9)	42(18.0)
	합계	138(100)	95(100)	233(100)
	평균(t-값)	3.26(3.44)***	4.12(11.66)***	3.61(9.31)***

주: t값은 'H_0 : 평균 = 3'의 귀무가설에 대한 검정결과로 *(**,***)는 10%(5%, 1%) 수준에서 유의함을 의미

표 12. 대금 정산 신속성 정도 (단위: 명, %, 점)

구분		중도매인	경매사	전체
		응답수(비중)	응답수(비중)	응답수(비중)
경매입찰	전혀 신속하지 않다	1(0.7)	0(0.0)	1(0.4)
	신속하지 않다	2(1.4)	0(0.0)	2(0.9)
	보통이다	49(35.5)	8(8.4)	57(24.5)
	신속하다	67(48.6)	32(33.7)	99(42.5)
	매우 신속하다	19(13.8)	55(57.9)	74(31.8)
	합계	138(100)	95(100)	233(100)
	평균(t-값)	3.73(11.61)***	4.49(22.40)***	4.04(19.96)***
정가수의매매	전혀 신속하지 않다	5(3.6)	3(3.2)	8(3.4)
	신속하지 않다	13(9.4)	2(2.1)	15(6.4)
	보통이다	72(52.2)	17(17.9)	89(38.2)
	신속하다	41(29.7)	42(44.2)	83(35.6)
	매우 신속하다	7(5.1)	31(32.6)	38(16.3)
	합계	138(100)	95(100)	233(100)
	평균(t-값)	3.23(3.28)***	4.01(10.48)***	3.55(8.78)***

주: t값은 'H_0 : 평균 = 3'의 귀무가설에 대한 검정결과로 *(**,***)는 10%(5%, 1%) 수준에서 유의함을 의미

6) 대금 정산의 신속성

대금 정산의 신속성 역시 중도매인과 경매사 모두 경매입찰을 정가수의매매보다 신속하다고 인식하고 있다. 경매입찰은 중도매인(3.73점)과 경매사(4.49점) 모두 보통 이상으로 신속하다고 인식하고, 경매사가 더 높게 평가했다. 신속하지 않다는 비중은 중도매인 2.1%(=0.7+1.4), 경매사 0.0%(=0.0+0.0)에 그쳤다. 정가수의매매의 경우 중도매인(3.23점), 경매사(4.01점) 모두 보통 이상으로 신속하다고 평가하였지만 경매입찰보다 상대적으로 낮았다. 하지만 안전성과 마찬가지로 다른 문항들에 비해서는 양자 간 차이가 크지 않았다. 따라서 정가수의매매의 대금 정산 안정성과 신속성에 대한 인식 방향을 위한 절차 개선 등의 보완 방안이 필요하다고 할 수 있다(표 12).

7) 정부 정책의 적절성에 대한 인식

정부의 정가수의매매 확대 정책에 대해 전체적으로 보통 이하(2.72점) 즉 적

절하지 않다는 인식을 보였다. 또한 중도매인(2.65점)이 경매사(2.81점)에 비해 더 적절하지 않다고 생각하고 있었다. 전혀 적절하지 않다는 비중은 중도매인 20.3%, 경매사 13.7%였고, 매우 적절하다는 비중은 중도매인 5.8%, 경매사 11.6%였다. 특히 우리나라의 경우 아직까지 산지와 소비지를 연계한 도매시장에서의 정가수의매매 활성화 여건이 제대로 갖춰지지 않은 상황에서 목표 설정, 실적 위주의 정가수의매매 확대 추진은 문제가 있다는 현장 의견이 많았다. 따라서 목표나 실적 위주의 정책 추진보다 정가수의매매가 자연스럽게 정착될 수 있도록 하는 방향 전환이 필요하다고 판단된다(표 13).

표 13. 정부 정책(정가수의매매 확대) 적절성 (단위: 명, %, 점)

구분	중도매인	경매사	전체
	응답수(비중)	응답수(비중)	응답수(비중)
전혀 적절하지 않다	28(20.3)	13(13.7)	41(17.6)
적절하지 않다	31(22.5)	30(31.6)	61(26.2)
보통이다	48(34.8)	25(26.3)	73(31.3)
적절하다	23(16.7)	16(16.8)	39(16.7)
매우 적절하다	8(5.8)	11(11.6)	19(8.2)
합계	138(100)	95(100)	233(100)
평균(t-값)	2.65(-3.55)***	2.81(-1.52)	2.72(-3.67)***

주: t값은 'H_0 : 평균 = 3'의 귀무가설에 대한 검정결과로 *(**,***)는 10%(5%, 1%) 수준에서 유의함을 의미

8) 문항별 종합

앞에서 살펴본 대로 모든 문항(종합적 선호도, 공정성, 만족도, 간편성, 안전성, 신속성)에서 중도매인과 경매사 모두 경매입찰 방식을 정가수의매매에 비해 높은 수준으로 평가하고 있다. 또한 각 문항에서 양자 간 비교 결과에서도 정가수의매매 방식보다 경매입찰 방식을 높게 평가하고 있음을 알 수 있다(표 14).

표 14. 문항별 종합 (단위: 점)

구분		중도매인		경매사		전 체	
		평균	t-값	평균	t-값	평균	t-값
종합적 선호도	경매입찰	3.70	8.18*	4.21	7.73*	3.91	10.60*
	정가수의매매	2.73		3.35		2.98	
가격 결정 공정성	경매입찰	3.74	7.77*	4.21	5.34*	3.93	8.94*
	정가수의매매	2.86		3.59		3.16	
결정 가격 만족도	경매입찰	3.54	7.07*	3.86	2.13*	3.67	6.59*
	정가수의매매	2.77		3.63		3.12	
거래 과정 복잡성	경매입찰	2.50	-4.77*	2.09	-10.90*	2.33	-10.40*
	정가수의매매	3.04		3.64		3.28	
대금 정산 안전성	경매입찰	3.83	5.97*	4.52	3.55*	4.11	6.20*
	정가수의매매	3.26		4.12		3.61	
대금 정산 신속성	경매입찰	3.73	5.28*	4.49	4.13*	4.04	6.05*
	정가수의매매	3.23		4.01		3.55	

주: *는 5% 유의수준에서 경매입찰과 정가수의매매 방식에 대한 평균값이 다름을 의미

이러한 결과는 설문 문항에 나타난 개별의 항목들이 비용으로 작용하여 정가수의매매의 거래비용이 경매입찰의 거래비용에 비해 증가할 수 있음을 보여준다고 할 수 있다. 가격 결정 등 경매입찰을 주관하는 경매인으로서의 경매사는 경매입찰의 모든 문항에서 중도매인에 비해 더 긍정적으로 인식(복잡성은 더 낮다고 응답)하였다. 마찬가지로 정가수의매매를 주관하는 중개인으로서 경매사는 정가수의매매의 모든 문항에서 중도매인에 비해 더 높은 수준으로 인식(복잡성은 더 높다고 응답)하였다. 또한 경매입찰과 정가수의매매의 비교에서 종합적 선호도, 가격 결정의 공정성과 결정 가격의 만족도는 경매사와 중도매인이 다소 상반된 인식을 가지고 있었다. 정가수의매매의 문제점을 지적하는 유통인들은 산지 및 소비지와 연계된 도매시장의 거래 여건 미비, 거래 교섭력 불균등, 특정 거래자 집중에 따른 특혜 시비, 가격 결정 과정의 불투명성, 경매 가격 연동으로 가격 변동성 완화 부족, 경매 물량 감소 문제 등을 언급하였다. 경매사의 경우 거래 절차의 복잡성과 업무 부담 증가, 거래 과정에서 가격과 물량 조정 및 분쟁 발생 시 해결의 어려

움 등을 우려하는 이들이 있었다. 대금 정산에서는 절차가 동일함에도 정산 과정상 안전성과 신속성에 대한 인식에서 정가수의매매가 경매입찰에 비해 상대적으로 낮게 나타났다. 하지만 다른 문항들에 비해서는 그 차이가 크지 않았다.

이는 거래 과정에서 더 많은 신뢰성을 요구한다고 할 수 있으므로 인식 향상을 위한 보완 방안을 마련해야 할 것이다. 특히 목표나 실적을 중심으로 한 정책 추진의 문제점을 지적하는 의견이 많았다. 따라서 당초 도입 취지대로 정가수의매매가 운영되고 있는지에 대해 보다 면밀한 검토와 더불어 산지, 소비지와 도매시장의 여건을 감안한 정가수의매매 정책 추진이 필요하다고 판단된다.

3. 방식별 선호도 비율(ratio)에 대한 요인분석

방식별 종합적 선호도에 대한 비율(정가수의매매/경매입찰)에 대한 요인분석 결과 거래품목, 주 거래(또는 근무) 도매시장법인, 정가수의매매 거래경험 변수가 통계적으로 유의한 수준에서 영향을 주는 것으로 나타났다(표 15).

표 15. 경매입찰 대비 정가수의매매 선호도 비율(ratio)에 대한 요인분석

구분		계수값	t-통계량	P-값
절편항		0.639***	5.729	0.000
거래품목: 과일(기준변수=채소)		0.081*	1.663	0.098
도매시장법인 (기준변수=A법인)	B 도매시장법인	-0.009	-0.150	0.881
	C 도매시장법인	0.022	0.287	0.774
	D 도매시장법인	-0.086	-0.962	0.337
	E 도매시장법인	0.072	0.965	0.336
	F 도매시장법인	0.139*	1.692	0.092
거래경력(년수)		-0.003	-1.084	0.280
거래주체: 중도매인(기준변수=경매사)		0.070	1.198	0.232
정가수의매매 거래경험: 있음(기준변수=없음)		0.181***	2.667	0.008
R^2		0.084		
이분산 검정결과(White test) : χ^2 통계량		21.207**		

주1: 계수항 앞의 *(**, ***) 표기는 해당 계수값이 10%(5%, 1%) 유의수준에서 통계적으로 유의함을 의미

주2: 이분산 검정결과의 *(**, ***) 표기는 잔차항에 동분산이 존재한다는 귀무가설이 10%(5%, 1%) 유의수준에서 기각됨을 의미

거래품목의 경우 과일을 취급하는 중도매인, 경매사가 채소에 비해 정가수의매매를 선호하였다. 이는 과일 부문이 채소 부문에 비해 상대적으로 표준등급화 정도가 높은 점을 중요한 원인으로 볼 수 있다. 도매법인 중 F법인 소속 경매사와 주거래 중도매인은 A법인에 비해 정가수의매매를 선호하였다. 정가수의매매 거래경험이 있는 거래주체들이 정가수의매매를 보다 더 선호하였다. 정가수의매매는 대규모 거래나 대형마트의 요구에 대응하는 거래 등의 경우에 경매제 방식의 보완책으로 활용될 여지가 있다고 판단된다. 하지만 앞서 문항별 분석에서 보듯이 정가수의매매가 경매제 방식을 대신하는 가격 결정 방식이 되기 어렵다는 것이 도매시장 유통인들의 기본적인 인식이었다. 정가수의매매 거래경험이 있는 중도매인이 경험이 없는 중도매인에 비해 정가수의매매를 선호하였다. 잔차항에 대한 이분산 검정결과 동분산 가정이 5% 유의수준에서 기각되어 White(1980)가 제시한 White Heteroskedasticity-Consistent Covariance Matrix Estimator를 이용하여 추정하였다.

4. 경매입찰 방식별 비교

다음으로 경매의 유형을 바탕으로 경매제 방식 자체의 분석을 행하기 위해 유형을 과거의 수지경매, 현재의 전자입찰, 새로운 전자경매의 3가지로 구분하여 비교하였다. 현재의 전자입찰은 최고가 입찰 방식이고, 과거의 수지경매와 새로운 전자경매 방식은 상향식 경매 방식이다. 또한 아직까지 농산물 가격 결정 방식으로 경험해 보지 못한 하향식 경매와 비크리 입찰 방식에 대한 선호도에 대해서도 조사하였다.

1) 종합적 선호도

표 16. 종합적 선호도 (단위: 명, %, 점)

구분		중도매인	경매사	전 체
		응답수(비중)	응답수(비중)	응답수(비중)
과거 수지경매	전혀 선호하지 않는다	62(44.9)	13(13.7)	75(32.2)
	선호하지 않는다	31(22.5)	21(22.1)	52(22.3)
	보통이다	32(23.2)	20(21.1)	52(22.3)
	선호한다	12(8.7)	30(31.6)	42(18.0)
	매우 선호한다	1(0.7)	11(11.6)	12(5.2)
	합계	138(100)	95(100)	233(100)
	평균(t-값)	1.98(-11.44)**	3.05(0.41)	2.42(-7.13)***
현재 전자입찰	전혀 선호하지 않는다	1(0.7)	3(3.2)	4(1.7)
	선호하지 않는다	2(1.4)	4(4.2)	6(2.6)
	보통이다	30(21.7)	16(16.8)	46(19.7)
	선호한다	76(55.1)	53(55.8)	129(55.4)
	매우 선호한다	29(21.0)	19(20.0)	48(20.6)
	합계	138(100)	95(100)	233(100)
	평균(t-값)	3.94(14.90)***	3.85(9.25)***	3.91(17.08)***
새로운 전자경매	전혀 선호하지 않는다	31(22.5)	28(29.5)	59(25.3)
	선호하지 않는다	21(15.2)	26(27.4)	47(20.2)
	보통이다	25(18.1)	20(21.1)	45(19.3)
	선호한다	40(29.0)	14(14.7)	54(23.2)
	매우 선호한다	21(15.2)	7(7.4)	28(12.0)
	합계	138(100)	95(100)	233(100)
	평균(t-값)	2.99(-0.06)	2.43(-4.40)***	2.76(-2.63)***

주: t값은 'H_0 : 평균 = 3'의 귀무가설에 대한 검정결과로 *(**,***)는 10%(5%, 1%) 수준에서 유의함을 의미

종합적 선호도는 현재 전자입찰, 새로운 전자경매, 과거 수지경매의 순으로 나타났다. 현재 전자입찰을 다른 방식보다 선호하는 가장 큰 이유는 그동안 익숙해진 방식을 유지하려는 성향으로 볼 수 있다. 즉 새로운 방식을 거부하는 특성이 존재하며 또한 시행착오 과정에서 현행 방식이 최적화된 것이라는 인식이 강한 것으로 판단된다. 세부적으로 보면 과거 수지경매의 종합적 선호도는 중도매인의 경우 보통 이하(1.98점), 경매사는 보통(3.05점)의 선호도로 양자 간 큰 차이를 나타냈고, 전체적으로 보통 이하(2.42점)였다. 경매사가 중도매인보다 수지경매를 선호하는 주된 이유는 수지경매가 현재 전자입찰에 비해 경매사의 재량 여지가 많다는 점을 들 수 있다. 현재 전자입찰의 종합적 선호도는 다른 방식과 대비해 중도매인, 경매사 모두 크게 선호

하여 보통 이상이었고, 전체적으로도 보통 이상(3.91점)이었다. 새로운 전자경매의 경우 종합적 선호도는 전체적으로 보통 이하(2.76점)였으나, 선호한다는 비중도 35.2%(=23.2+12.0)를 차지했으며 경매사(2.43점)보다 중도매인(2.99점)의 선호도가 높았다(표 16).

2) 가격 결정의 공정성

표 17. 가격 결정 공정성 정도

(단위: 명, %, 점)

구분		중도매인	경매사	전체
		응답수(비중)	응답수(비중)	응답수(비중)
과거 수지경매	전혀 공정하지 않다	44(31.9)	4(4.2)	48(20.6)
	공정하지 않다	49(35.5)	17(17.9)	66(28.3)
	보통이다	38(27.5)	45(47.4)	83(35.6)
	공정하다	7(5.1)	28(29.5)	35(15.0)
	매우 공정하다	0(0.0)	1(1.1)	1(0.4)
	합계	138(100)	95(100)	233(100)
	평균(t-값)	2.06(-12.38)***	3.05(0.62)	2.46(-8.23)***
현재 전자입찰	전혀 공정하지 않다	2(1.4)	1(1.1)	3(1.3)
	공정하지 않다	5(3.6)	2(2.1)	7(3.0)
	보통이다	30(21.7)	14(14.7)	44(18.9)
	공정하다	76(55.1)	33(34.7)	109(46.8)
	매우 공정하다	25(18.1)	45(47.4)	70(30.0)
	합계	138(100)	95(100)	233(100)
	평균(t-값)	3.85(12.30)***	4.25(14.15)***	4.01(18.12)***
새로운 전자경매	전혀 공정하지 않다	18(13.0)	8(8.4)	26(11.2)
	공정하지 않다	18(13.0)	25(26.3)	43(18.5)
	보통이다	37(26.8)	29(30.5)	66(28.3)
	공정하다	40(29.0)	19(20.0)	59(25.3)
	매우 공정하다	25(18.1)	14(14.7)	39(16.7)
	합계	138(100)	95(100)	233(100)
	평균(t-값)	3.26(2.41)**	3.06(0.52)	3.18(2.23)**

주: t값은 'H_0 : 평균 = 3'의 귀무가설에 대한 검정결과로 *(**,***)는 10%(5%, 1%) 수준에서 유의함을 의미

전체적으로 가격 결정의 공정성에 대해 현재 전자입찰, 새로운 전자경매, 과거 수지경매의 순으로 공정하다고 인식하여 종합적 선호도와 같은 순서를 보였다. 과거 수지경매의 경우 중도매인은 공정하지 않다(2.06점)고 보나, 경

매사는 보통 수준(3.05점)으로 인식하여 종합적 선호도와 마찬가지로 양자 간 큰 차이를 보였고, 전체적으로 보통 이하(2.46점)였다. 특히 매우 공정하다는 비중은 중도매인이 0%, 경매사는 1.1%에 불과했다. 현재 전자입찰의 경우 중도매인, 경매사 모두 상대적으로 공정하다고 보며 경매사가 더 높은 수준(4.25점)으로 평가하고 있다. 주목할 점은 새로운 전자경매의 경우 종합적 선호도(2.76점)에 비해 공정성에서는 높게 평가(3.18점)하고 있다는 것이다. 즉 새로운 전자경매에 대한 선호도는 낮으나, 가격 결정의 공정성에 대한 기대를 보이고 있음을 알 수 있다. 또한 상대적으로 경매사에 비해 중도매인이 더 공정하다고 응답하였다(표 17).

3) 가격 결정의 신속성

표 18. 가격 결정 신속성 정도 (단위: 명, %, 점)

구분		중도매인	경매사	전체
		응답수(비중)	응답수(비중)	응답수(비중)
과거 수지경매	매우 늦다	30(21.7)	10(10.5)	40(17.2)
	늦다	46(33.3)	18(18.9)	64(27.5)
	보통이다	48(34.8)	25(26.3)	73(31.3)
	신속하다	11(8.0)	28(29.5)	39(16.7)
	매우 신속하다	3(2.2)	14(14.7)	17(7.3)
	합계	138(100)	95(100)	233(100)
	평균(t-값)	2.36(-7.73)***	3.19(1.52)	2.70(-4.03)***
현재 전자입찰	매우 늦다	1(0.7)	4(4.2)	5(2.1)
	늦다	3(2.2)	2(2.1)	5(2.1)
	보통이다	35(25.4)	12(12.6)	47(20.2)
	신속하다	71(51.4)	47(49.5)	118(50.6)
	매우 신속하다	28(20.3)	30(31.6)	58(24.9)
	합계	138(100)	95(100)	233(100)
	평균(t-값)	3.88(13.41)***	4.02(10.41)***	3.94(16.80)***
새로운 전자경매	매우 늦다	16(11.6)	9(9.5)	25(10.7)
	늦다	20(14.5)	23(24.2)	43(18.5)
	보통이다	50(36.2)	37(38.9)	87(37.3)
	신속하다	40(29.0)	20(21.1)	60(25.8)
	매우 신속하다	12(8.7)	6(6.3)	18(7.7)
	합계	138(100)	95(100)	233(100)
	평균(t-값)	3.09(0.91)	2.91(-0.89)	3.01(0.18)

주: t값은 'H_0 : 평균 = 3'의 귀무가설에 대한 검정결과로 *(**,***)는 10%(5%, 1%) 수준에서 유의함을 의미

전체적으로 가격 결정의 신속성 역시 현재 전자입찰, 새로운 전자경매, 과거 수지경매의 순으로 신속하다고 인식하여 선호도, 공정성의 순서와 마찬가지였다.

과거 수지경매는 앞서 선호도, 공정성과 마찬가지로 중도매인(2.36점)과 경매사(3.19점) 간 큰 인식 차이가 존재했고, 전체적으로 보통 이하(2.70점)였다. 또한 매우 신속하다는 비중은 중도매인이 2.2%에 그친 반면 경매사는 14.7%로 평가했다. 현재 전자입찰은 중도매인, 경매사 모두 상대적으로 신속하다고 보며 경매사(4.02점)가 더 신속하다고 인식하였다. 새로운 전자경매는 가격 결정의 공정성과 동일하게 종합적 선호도(2.76점)에 비해 가격 결정의 신속성에서는 높게 평가(3.01점)하고 있다. 따라서 새로운 전자경매에 대한 선호도에 비해 가격 결정의 신속성은 높아질 것이란 인식을 가지고 있다. 또한 중도매인이 경매사보다 상대적으로 더 신속하다고 응답하였다(표 18).

4) 가격 결정의 편리성

표 19. 가격 결정 편리성 정도 (단위: 명, %, 점)

구분		중도매인	경매사	전체
		응답수(비중)	응답수(비중)	응답수(비중)
과거 수지경매	매우 불편하다	28(20.3)	4(4.2)	32(13.7)
	불편하다	44(31.9)	20(21.1)	64(27.5)
	보통이다	46(33.3)	24(25.3)	70(30.0)
	편리하다	19(13.8)	32(33.7)	51(21.9)
	매우 편리하다	1(0.7)	15(15.8)	16(6.9)
	합계	138(100)	95(100)	233(100)
	평균(t-값)	2.43(-6.81)***	3.36(3.14)***	2.81(-2.60)*
현재 전자입찰	매우 불편하다	0(0.0)	2(2.1)	2(0.9)
	불편하다	4(2.9)	6(6.3)	10(4.3)
	보통이다	35(25.4)	13(13.7)	48(20.6)
	편리하다	77(55.8)	45(47.4)	122(52.4)
	매우 편리하다	22(15.9)	29(30.5)	51(21.9)
	합계	138(100)	95(100)	233(100)
	평균(t-값)	3.85(13.95)***	3.98(10.10)***	3.90(16.85)***

새로운 전자경매	매우 불편하다	14(10.1)	8(8.4)	22(9.4)
	불편하다	12(8.7)	24(25.3)	36(15.5)
	보통이다	42(30.4)	36(37.9)	78(33.5)
	편리하다	48(34.8)	22(23.2)	70(30.0)
	매우 편리하다	22(15.9)	5(5.3)	27(11.6)
	합계	138(100)	95(100)	233(100)
	평균(t-값)	3.38(3.82)***	2.92(-0.81)	3.19(2.56)*

주: t값은 'H_0 : 평균 = 3'의 귀무가설에 대한 검정결과로 *(**,***)는 10%(5%, 1%) 수준에서 유의함을 의미

전체적으로 가격 결정의 편리성도 현재 전자입찰, 새로운 전자경매, 과거 수지경매의 순으로 편리하다고 인식하였다. 과거 수지경매의 경우 중도매인은 불편(2.43점), 경매사는 편리(3.36점)하다고 상반되어 앞서 선호도, 공정성, 신속성과 비슷한 양상을 띠었고, 전체적으로 보통 이하(2.81점)였다. 현재 전자입찰은 중도매인, 경매사 모두 상대적으로 편리하다고 보며 경매사(3.98점)가 중도매인(3.85점)보다 조금 더 편리하다고 평가했다.

새로운 전자경매는 가격 결정의 공정성, 신속성과 마찬가지로 편리성도 종합적 선호도(2.76점) 대비 높은 평가(3.19점)를 나타냈고, 중도매인(3.38점)이 경매사(2.92점)보다 높았다. 그러므로 새로운 전자경매에 대한 선호도와 비교하여 가격 결정의 편리성은 높아질 것이란 인식을 가지고 있었다(표 19).

5) 문항별 종합

표 20. 문항별 종합 (단위: 점)

구분		중도매인	경매사	전체
		평균(t-값)	평균(t-값)	평균(t-값)
종합적 선호도	현재 전자입찰	3.94	3.85	3.91
	과거 수지경매	1.98(-17.94)*	3.05(-5.07)*	2.42(-15.26)*
	새로운 전자경매	2.99(-7.03)*	2.43(-8.95)*	2.76(-10.95)*
가격 결정 공정성	현재 전자입찰	3.85	4.25	4.01
	과거 수지경매	2.06(-17.43)*	3.05(-9.77)*	2.46(-18.04)*
	새로운 전자경매	3.26(-4.58)*	3.06(-7.92)*	3.18(-8.46)*
가격 결정 신속성	현재 전자입찰	3.88	4.02	3.94
	과거 수지경매	2.36(-14.38)*	3.19(-5.24)*	2.70(-13.23)*
	새로운 전자경매	3.09(-6.89)*	2.91(-7.69)*	3.01(-10.23)*

가격 결정 편리성	현재 전자입찰	3.85	3.98	3.90
	과거 수지경매	2.43(-13.69)*	3.36(-4.15)*	2.81(-11.95)*
	새로운 전자경매	3.38(-4.06)*	2.92(-7.46)*	3.19(-7.82)*

주: *는 5% 유의수준에서 과거 수지경매 또는 새로운 경매방식이 현재 전자입찰에 비해 평균값이 같다는 귀무가설을 기각함을 의미

경매입찰 방식별 비교 결과 종합적 선호도, 가격 결정의 공정성, 신속성, 편리성의 모든 문항에서 현재 전자입찰이 높게 나타났고, 다음으로 새로운 전자경매, 과거 수지경매의 순서였다. 또한 각 문항에서 현재 전자입찰을 기준으로 다른 2가지 경매입찰 방식별 비교 결과에서도 예외 없이 현재 전자입찰이 다른 방식에 비해 높게 나타남을 알 수 있다(표 20). 이러한 결과는 가락시장의 도매가격 결정 과정에서 오랜 기간 동안 사용하면서 익숙해져 버린 현행 전자입찰 방식을 고수하고, 새로운 방식을 거부하려는 경향이 강한 점을 가장 큰 이유로 볼 수 있다. 또한 과거 수지경매는 모든 부문에서 중도매인과 경매사의 입장이 상반되며 양자 간 큰 인식 차이를 보였다. 이는 과거의 수지경매가 현재 전자입찰에 비해 경매사의 재량 여지가 많았던 점이 크게 작용했다고 할 것이다.

새로운 경매의 경우 모든 부문에서 중도매인들이 경매사에 비해 상대적으로 높게 평가했다. 눈여겨볼 점은 새로운 전자경매의 경우 종합적 선호도는 전체적으로 보통 이하이나, 가격 결정의 공정성, 신속성, 편리성 측면에서는 선호도에 비해 상대적으로 높은 평가를 나타냈다는 것이다. 즉 중도매인과 경매사들은 새로운 경매방식이 도입될 경우 익숙하지 않은 방식에 대한 거부감은 있지만 가격 결정의 공정성, 신속성, 편리성의 향상에 대한 기대감을 갖고 있다고 해석할 수 있다.

6) 하향식(네덜란드식) 경매 선호도

가락시장에서 아직 경험하지 못한 방식인 하향식 경매에 대해 전체적으로 보통 이하의 선호로 응답(2.31점)했고, 중도매인(2.44점)에 비해 경매사(2.12점)의 선호도가 낮았다. 선호하지 않는다는 비중은 경매사가

70.5%(=30.5+40.0), 중도매인이 52.9%(=24.6+28.3)로 나타났다. 이는 전반적으로 설문의 특성상 하향식 경매에 대한 이해 부족이 있었다고 볼 수 있다. 또한 경매사의 경우 하향식 경매 경험이 없음에 따른 불안감과 출하자 설득의 어려움 등을 가지고 있었다. 즉 출하자들은 가격이 올라가는 것(상향식)에 익숙하여 가격이 위에서 내려올(하향식) 경우 최고 시세를 받지 못하고, 가격 수준이 낮아질 것이라는 생각을 가져 민원 발생이 빈번할 것으로 예상하고 있었다. 중도매인 역시 경험 부재와 새로운 제도에 대한 불안감, 기존 관행 고수 등이 영향을 주는 것으로 볼 수 있다. 반면 하향식 경매를 선호한다는 비중은 15.4%(=13.3+2.1)였고, 중도매인(18.1%)이 경매사(11.6%)에 비해 선호도가 높았다. 여기에서 주시할 점은 아직 경험해 보지 못한 방식임을 감안할 때 선호도가 높게 나왔다는 평가를 할 수 있다고 판단된다(표 21).

표 21. 하향식(네덜란드식) 경매 선호도 (단위: 명, %, 점)

구분	중도매인	경매사	전체
	응답수(비중)	응답수(비중)	응답수(비중)
전혀 선호하지 않는다	34(24.6)	29(30.5)	63(27.0)
선호하지 않는다	39(28.3)	38(40.0)	77(33.0)
보통이다	40(29.0)	17(17.9)	57(24.5)
선호한다	21(15.2)	10(10.5)	31(13.3)
매우 선호한다	4(2.9)	1(1.1)	5(2.1)
합계	138(100)	95(100)	233(100)
평균(t-값)	2.44(-6.00)***	2.12(-8.63)***	2.31(-9.89)***

주: t값은 'H_0 : 평균 = 3'의 귀무가설에 대한 검정결과로 *(**,***)는 10%(5%, 1%) 수준에서 유의함을 의미

7) 비크리(두 번째 최고가격) 입찰 선호도

비크리 입찰 역시 전체적으로 선호하지 않는 것으로 응답(2.60점)했으며 중도매인 대비 경매사 선호도(2.33점)가 낮았다. 하향식 경매와 마찬가지로 설문지의 특성상 비크리 입찰에 대한 이해 부족이 존재하는 것으로 볼 수 있다. 경매사의 경우 비크리 입찰 경험 부재에 따른 불안감, 출하자 민원의 우려를 나타냈고, 중도매인 역시 새로운 제도에 대한 불안감, 기존 관

행 고수 경향 등이 영향을 주는 것으로 이해할 수 있다. 선호한다는 비중은 20.2%(=16.3+3.9)였고, 중도매인 26.8%(=21.7+5.1), 경매사 10.5%(=8.4+2.1)로 나타났다. 하지만 하향식 경매에 비해서는 비크리 입찰이 상대적으로 높은 선호도를 나타내었다. 입찰자들이 원하는 진정한 가격을 그대로 입찰하는 방식이라는 설명이 응답자들에게 긍정적으로 작용했다고 볼 수 있다. 비크리 입찰 역시 한 번도 경험해 보지 못한 새로운 방식임에도 불구하고 높은 선호도를 보였다는 평가를 할 수 있을 것이다(표 22).

표 22. 비크리(두 번째 최고가격) 입찰 선호도 (단위: 명, %, 점)

구분	중도매인	경매사	전체
	응답수(비중)	응답수(비중)	응답수(비중)
전혀 선호하지 않는다	20(14.5)	19(20.0)	39(16.7)
선호하지 않는다	33(23.9)	38(40.0)	71(30.5)
보통이다	48(34.8)	28(29.5)	76(32.6)
선호한다	30(21.7)	8(8.4)	38(16.3)
매우 선호한다	7(5.1)	2(2.1)	9(3.9)
합계	138(100)	95(100)	233(100)
평균(t-값)	2.79(-2.25)**	2.33(-6.83)***	2.60(-5.71)***

주: t값은 'H_0 : 평균 = 3'의 귀무가설에 대한 검정결과로 *(**,***)는 10%(5%, 1%) 수준에서 유의함을 의미

5. 경매 방식별 선호도 비율(ratio)에 대한 요인분석

1) 현재 전자입찰 대비 과거 전자경매

종합적 선호도에 대한 비율(과거 전자경매/현재 전자입찰)에 대한 요인분석 결과 주 거래(또는 근무) 도매시장법인, 거래주체 변수가 통계적으로 유의한 수준에서 영향을 주고 있었다. 도매시장법인 중 D법인 소속 경매사와 주 거래 중도매인은 A법인에 비해 현재 전자입찰을 선호하였다. 거래주체의 경우 중도매인이 경매사에 비해 현재 전자입찰을 선호하는 것으로 나타났다. 잔차항에 대한 이분산 검정결과 동분산 가정이 10% 유의수준에서 기각되어

White(1980)가 제시한 White Heteroskedasticity-Consistent Covariance Matrix Estimator를 이용하여 추정하였다(표 23).

표 23. 현재 전자입찰 대비 과거 전자경매 선호도 비율(ratio)에 대한 요인분석

구분		계수값	t-통계량	P-값
절편항		1.003***	6.911	0.000
거래품목: 과일(기준변수=채소)		-0.082	-1.084	0.279
도매시장법인 (기준변수=A법인)	B 도매시장법인	-0.117	-1.392	0.165
	C 도매시장법인	-0.032	-0.338	0.735
	D 도매시장법인	-0.383***	-4.061	0.000
	E 도매시장법인	0.088	0.622	0.534
	F 도매시장법인	-0.131	-0.822	0.412
거래경력(년수)		-0.002	-0.338	0.735
거래주체: 중도매인(기준변수=경매사)		-0.417***	-3.904	0.000
수지경매 경험: 있음(기준변수=없음)		0.103	1.115	0.266
R^2		0.146		
이분산 검정결과(White test) : χ^2 통계량		15.476*		

주1: 계수항 앞의 *(**, ***) 표기는 해당 계수값이 10%(5%, 1%) 유의수준에서 통계적으로 유의함을 의미
주2: 이분산 검정결과의 *(**, ***) 표기는 잔차항에 동분산이 존재한다는 귀무가설이 10%(5%, 1%) 유의수준에서 기각됨을 의미

2) 현재 전자입찰 대비 새로운 전자경매

종합적 선호도에 대한 비율(새로운 전자경매/현재 전자입찰)에 대한 요인분석 결과 주 거래(또는 근무) 도매시장법인, 수지경매 거래경험 변수가 통계적으로 유의한 수준에서 영향을 주고 있었다. 도매시장법인 중 E법인 소속 경매사와 주 거래 중도매인은 A법인에 비해 새로운 전자경매를 선호하였다. 수지경매 거래경험이 있는 중도매인이 경험이 없는 중도매인에 비해 현재 전자입찰을 선호하였다(표 24).

표 24. 현재 전자입찰 대비 새로운 전자경매 선호도 비율(ratio)에 대한 요인분석

구 분		계수값	t-통계량	P-값
절편항		0.762***	5.812	0.000
거래품목: 과일(기준변수=채소)		0.037	0.524	0.601
도매시장법인(기준변수=A법인)	B 도매시장법인	0.007	0.065	0.948
	C 도매시장법인	0.010	0.099	0.922
	D 도매시장법인	-0.024	-0.189	0.850
	E 도매시장법인	0.213**	2.119	0.035
	F 도매시장법인	0.019	0.172	0.864
거래경력(년수)		0.005	0.943	0.347
거래주체: 중도매인(기준변수=경매사)		0.069	0.926	0.356
수지경매 경험: 있음(기준변수=없음)		-0.213**	-2.084	0.038
R2		0.062		
이분산 검정결과(White test) : χ^2 통계량		9.458		

주1: 계수항 앞의 *(**, ***) 표기는 해당 계수값이 10%(5%, 1%) 유의수준에서 통계적으로 유의함을 의미
주2: 이분산 검정결과의 *(**, ***) 표기는 잔차항에 동분산이 존재한다는 귀무가설이 10%(5%, 1%) 유의수준에서 기각됨을 의미

Ⅳ. 요약 및 결론

현행 농안법은 2012년 법 개정을 통해 농산물 매매방법을 경매입찰, 정가매매 또는 수의매매의 방법으로 정하였다. 예외적인 경우에 적용되던 정가수의매매를 경매입찰과 동등한 거래방법으로 규정한 것이다. 따라서 도매시장 농산물 가격 결정의 방식은 기존 경매입찰 중심에서 정가수의매매 병행으로 변경되고, 최근 정부에서는 정가수의거래의 비중 확대를 위해 다양한 정책 활동이 이루어지고 있다.

본 연구의 목적은 농산물 도매가격 결정 방식에 대한 것으로 정가수의매매에 대해 유통인들의 평가를 검증하고, 경매제 방식 자체를 세분화하여 현재 경매 방식에 대한 평가와 대안을 모색하려는 것이다.

첫째, 경매입찰과 정가수의매매의 비교를 실시하여 방식별 유통인의 평가를 비교하고, 현재의 정가수의매매 확대 정책에 대한 인식을 조사하였다. 분석 결과 종합적 선호도, 공정성, 만족도, 간편성, 안전성, 신속성 측면에서

모두 경매입찰을 정가수의매매보다 긍정적으로 평가하였다. 이러한 결과는 개별의 설문 항목들이 비용으로 작용하여 정가수의매매의 협상비용, 탐색비용 등 거래비용이 경매입찰의 거래비용에 비해 증가할 수 있음을 보여준다고 해석할 수 있다. 또한 정가수의매매의 활성화를 위한 제반 여건이 미성숙한 상태에서 실적 위주의 단순 확대 정책은 다른 측면의 문제를 야기할 우려가 있다. 정가수의매매는 대량 매매 요구에 대응하는 거래 등의 경우 경매제 방식의 보완책으로 활용될 수 있으나, 경매제 방식을 대신할 수 있는 가격 결정 방식이 되기 어렵다는 것이 도매시장 유통인들의 기본적인 인식이라고 할 수 있다. 향후 거래비용, 거래 편리성, 거래의 공정성, 그리고 유통정책과의 정합성 등 다양한 관점에서의 분석을 통해 가격 결정 방식의 효율성을 제고할 필요가 있다. 또한 현행의 정가수의거래는 경매제가 협의거래에 비해 가격 변동성을 높인다는 명분에 의해 도입되었다. 하지만 경매제의 가격 변동성이 큰 것은 수급물량이나 품질이 균형을 이루지 못하기 때문이다. 이는 가격결정 방식이 아니라 제대로 된 등급화와 정보화로 풀어야 하는 문제다. 정가수의거래의 확대는 경매물량을 줄여 경락가격의 대표성과 공정성을 저하시키고 농산물 유통의 효율성을 저해할 수 있기 때문에 보다 신중한 운영이 필요하다.

둘째, 경매 방식을 과거 수지경매, 현재 전자입찰, 새로운 전자경매의 세 가지 방식으로 구분하고, 이에 대한 유통인의 인식과 평가를 조사하였다. 그리고 하향식 경매와 비크리 입찰에 대한 선호도를 조사하였다. 조사 결과 경매입찰 방식별 비교에서 선호도 등 모든 부문에서 현재 전자입찰이 높게 나타났다. 이는 기존의 관행을 고수하고 익숙한 방식을 유지하려는 성향에 기인한 것으로 볼 수 있다. 입찰자들이 보다 많은 정보 하에서 입찰할 수 있도록 하는 새로운 전자경매의 경우 상대적으로 낮은 선호를 보인 반면 가격결정의 공정성, 신속성, 편리성은 높게 평가되었다. 즉 새로운 방식에 대한 거부감은 있으나, 공정성 등에 대한 기대감을 반영하고 있다는 점에서 향후 도입 가능성에 대한 추가적인 검토가 필요할 것으로 판단된다. 하향식 경매와 비크리 입찰의 경우 한 번도 경험해 보지 못한 방식임을 고려할 때 적지 않은 선호를 얻은 것으로 평가된다. 따라서 이러한 가격 결정 방식에 대한 보다 심층적인 분석도 필요하다.

도매시장 가격 결정 방식은 거래물량의 규모, 농산물의 종류, 산지의 여건, 시장의 특성 등 다양한 변수를 고려하여 결정되어야 한다. 현재 모든 부류와 품목에 일률적으로 적용하고 있는 입찰 방식과 절차를 정교화하고 개선시키기 위한 다양한 연구가 이뤄져야 한다. 이를 통해 도매가격이 보다 투명하고 공정하게 결정되어 효율적인 자원배분에 기여할 수 있을 것이다. 최근 정부에서 이미지 경매방식 등 다양한 가격 결정 방식을 추진하고 있다. 그런 측면에서 이 연구는 향후 보다 심층적 연구의 방향계 역할을 할 수 있을 것이다.

참고문헌

서경남 · 양승룡, 〈전자식 경매 도입이 가락시장의 가격효율성에 미치는 영향분석〉, 《농업경영 · 정책연구》 38(2), 2011, 175-195쪽.

왕규호 · 조인구, 《게임이론》, 박영사, 2005.

위태석 · 권승구, 〈거래제도 개선을 통한 도매시장 활성화 방안〉, 《식품유통연구》 23(3), 2006, 113-142쪽.

양성범, 《농산물 도매시장 거래제도 비교분석: 경매제와 시장도매인제를 중심으로》, 농산물 도매시장 발전 방안 모색을 위한 국회 정책세미나 자료집, 2014.

윤창식 · 양승룡, 〈강서도매시장의 상장경매제와 시장도매인제 가격 비교분석", 《유통연구》 14(1), 2009, 67-86쪽.

장성욱 · 양승룡 · 손용석, 〈거래비용을 통한 농산물 도매시장의 거래제도 비교분석〉, 《유통연구》 12(5), 2007, 87-103쪽.

전창곤 · 황의식 · 김동훈 · 김현희, 《강서도매시장 시장도매인제 성과분석 및 발전방안 연구》, 연구보고서, 한국농촌경제연구원, 2012.

황의식, 〈도매시장 거래제도 개선과 산지의 대응방안〉, 《식품유통연구》 22(3), 2005, 63-87쪽.

Capen, E. C., R. V. Clapp, and W. M. Campbell, "Competitive Bidding in High-Risk Situations", *Journal of Petroleum Technology* 23, 1971, pp.641-653.

Jehle, G. A., Reny, P. J., *Advanced microeconomic theory*, Prentice Hall, 2011.

Klemperer, P., "What really matters in auction design", *Journal of Economic Perspectives*, 16, 2002, pp.169-189.

Milgrom and Weber, "A Theory of Auctions and Competitive Bidding", *Econometrica* 50, 1982, pp.1089-1122.

Menezes, F. M., Monteiro, P. K., *An Introduction to Auction Theory*, Oxford University, 2005.

Thaler, R. H., "Anomalies: The Winner's Curse", *Journal of Economic Perspectives* 2(1), 1988, pp.191-202.

Vickery, W., "Counterspeculation, Auctions, and Competitive Sealed Tenders.", *Journal of Finance* 16, 1961, pp.8-37.

White, "A Heteroskedasticity-Consistent Covariance Matrix Estimator and a Direct Test for Heteroskedasticity", *Econometrica* 48(4), 1980, pp.817-838.

10장 농산물 선도거래 청산소 도입 방안[1]

최근 배추가격이 폭락하면서 거래비율이 80%를 넘는 배추 밭떼기가 상인들의 일방적인 계약 파기로 피해를 보고 있다며 농민들은 대책 마련을 호소하고 있다.

— 경북일보, 2011.6.7

I. 서론

농산물, 특히 채소부문은 가격에 비탄력적인 수요와 기후변동에 민감한 생산, 그리고 저장의 어려움 등으로 가격변동이 매우 극심하여 농가경영에 커다란 어려움을 주고 있다. 적절한 위험관리수단이 존재하지 않을 경우 농산물의 가격 불안정성에 노출된 경영인들은 생산을 감소함으로써 위험에 대처하며, 이는 사회 전체적으로 자원의 비효율적 이용과 후생의 감소를 가져온다(양승룡, 2000).

〈표 1〉에서 보는 바와 같이 농산물의 가격변동성은 타 상품에 비해 높다. 주요 농산물 가격의 변이계수는 0.24-0.76으로 원유선물의 0.18, 금 0.08, 그리고 주가지수인 KOSPI 200의 0.12 보다 큰 편이다. 특히 채소류의 경우 변이계수가 0.42-0.76으로 농산물 내에서도 가격 변동성이 큰 편이다.

산지에서는 가격 변동성이 큰 채소류의 가격 위험을 헤징하기 위해 선도거래의 일종인 밭떼기거래(이하 선도거래)를 광범위하게 활용하고 있다. 한국농수산식품유통공사에 의하면 배추나 무, 파의 경우 전체 거래물량의 70% 이상이 선도거래를 통해 유통되고 있다.

1 본 연구는 2008년 산학협동재단 경상학 분야 학술연구비 지원으로 수행되었음.

표 1. 주요 농산물 및 일반상품의 평균가격 및 가격 변동성 ((단위: 원/kg)

구분			평균가격	표준편차	변이계수
주요 농산물	과실류	배	1,992	674	0.34
		사과	2,031	486	0.24
	채소류	배추	381	198	0.52
		상추	2,328	1,778	0.76
		무	345	224	0.65
		생고추	3,161	1,316	0.42
		파	1,218	758	0.62
일반 상품	금(원/kg)		20,776	1,648	0.08
	원유선물($/Bbl)		72	13	0.18
	KOSPI 200		218	27	0.12

자료: 서울시농수산식품공사(주요 농산물 일일경매가격, 2007.1-2007.12), KRX(Gold 및 KOSPI 200 현물가격, 2007.1-2007.12), Nymex(원유 선물가격, 2007.1-2007.12)
주: 농산물 평균가격은 일일 총 거래물량을 총 거래금액으로 나눈 가격의 산술 평균임

그러나 산지유통인의 잦은 계약불이행으로 생산농가의 피해가 발생하고 있다. 강태훈(2001)의 조사에 따르면 고랭지 배추 생산농가의 40%가 상인에 의한 계약 파기를 경험하였다고 한다. 계약파기 외에도 감액요구 등으로 인한 피해를 고려하면 생산농가의 피해는 더욱 커질 수 있다. 최근 미등록 산지유통인이 확산되고 있어 신용위험에 대한 대책 마련이 시급하다.[2]

정부에서는 농협중앙회와 함께 선도거래의 폐해를 보완하기 위해 가격 변동성이 큰 7개 품목(무, 배추, 고추, 마늘, 양파, 파, 당근)에 대하여 〈채소수급안정화사업〉을 실시하고 있다. 그러나 정부나 농협의 지속적인 노력에도 불구하고 2008년 현재 해당 사업을 통해 유통되는 물량이 전체 생산량의 16.5%(품목별로 1.6%-54.3%)에 불과하다.[3] 이는 산지유통인에 의한 선도거래가 농산물 가격위험 헤징에 여전히 중요한 역할을 수행하고 있음을 의미한다. 따라서 선도거래의 장점을 유지하면서 산지유통인의 계약 파기에 따른 신용 위험을 제거할 수 있는 제도적 장치의 필요성이 제기된다.

2 전국농산물산지유통인중앙연합회에 따르면 전국적으로 1만 5000여 명의 산지유통인이 활동하고 있으나 실제로 도매시장관리소에 등록돼 있는 산지유통인은 4,600여 명에 불과하다.

3 채소수급안정화사업의 부진은 해당사업에 대한 농가의 부정적 인식과 산지유통인과의 경쟁에서 밀리기 때문인 것으로 분석된다(양승룡·구지영, 2007).

본 연구는 농산물 선도거래 시 발생하는 농산물 가격 변동에 따른 계약불이행에 대한 제도적 관리기구로서 선도거래 청산소(clearing house)의 설립 타당성을 검토한다. 이를 위해 첫째, 가격변동성이 크고 선도 거래 비중이 높은 채소수급안정화 사업 대상 6개 품목을 중심으로 선도거래의 현황 및 문제점을 파악하고, 둘째 농업인과 산지유통인을 대상으로 한 설문조사를 통하여 청산소 도입 여건과 타당성을 분석한다. 마지막으로 농산물 선도거래 청산소의 설립 방향을 제시한다. 선도거래 청산소는 산지유통인의 계약불이행에 따른 농가피해를 방지함으로써 농가경영의 안정성을 제고하고, 산지유통인의 거래비용을 감소시키며, 채소시장의 가격효율성 제고에 기여할 수 있다.

2절에서는 농산물 가격위험을 관리하는 기구로서 산지유통인에 의한 선도거래와 정부(그리고 시행주체로서 농협)에 의한 채소수급안정화사업을 비교하여 주요 채소작물 유통의 문제점을 분석한다. 3절은 농산물 선도거래 청산소의 기능과 역할을 설명하고, 청산소 설립에 대한 설문조사 결과를 제시한다. 4절에서는 선도거래의 설립 방향과 적정 자본금 규모를 제시하고, 5절에서 결론을 맺는다.

Ⅱ. 농산물 가격위험관리제도: 선도거래와 채소수급안정화사업

1. 농산물 선도거래의 현황과 문제점

기상변동과 병충해로 인한 작황의 불안은 수요의 비탄력성과 맞물려 농산물의 심각한 가격 등락을 초래하고 있다. 농산물 가격위험에 대한 제도적 위험관리 수단이 미흡한 상황에서 산지에서는 산지유통인을 통한 선도거래를 주요 방안으로 활용하고 있다. 생산농가가 선도거래를 선택하는 주 요인으로 수확기 가격 불안 이외에도 수확기 노동력의 부족, 영농자금의 확보, 생산농가의 시장교섭력 부족으로 인한 직출하 어려움 등을 제시하고 있다(양승룡 · 문진영, 1999; 강태훈, 2001; 한국농수산식품유통공사, 2006).

한국농수산식품유통공사에 의하면 선도거래 비중이 높은 21개 품목의 평균 선도거래 비율은 약 56.4%이다(표 2). 이들 품목은 배추, 무 등 저장성이 없는 품목뿐만 아니라, 콩, 감자, 감귤, 사과 등 저장성이 높은 품목도 포함되어 있으나, 대부분 가격변동성이 높은 공통점을 가지고 있다. 선도거래 방식은 포전매매(수확 전 거래), 정전거래(수확 후 거래), 창고거래(창고떼기)로 다양하나, 주로 포전매매를 중심으로 이루어지고 있다.

표 2. 품목별 선도거래 비율 (단위: %)

<table>
<tr><th colspan="2">구분</th><th>2007(A)</th><th>2008(B)</th><th>증감(B-A)</th><th colspan="2">구분</th><th>2007(A)</th><th>2008(B)</th><th>증감(B-A)</th></tr>
<tr><td rowspan="4">식량작물</td><td>콩</td><td>30.0</td><td>51.0</td><td>21.0</td><td>과채류</td><td>수박</td><td>80.0</td><td>80.0</td><td>0.0</td></tr>
<tr><td>봄감자</td><td>30.0</td><td>51.0</td><td>21.0</td><td rowspan="5">조미채소류</td><td>난지형마늘</td><td>23.0</td><td>21.0</td><td>-2.0</td></tr>
<tr><td>고랭지감자</td><td>35.0</td><td>43.0</td><td>8.0</td><td>한지형마늘</td><td>78.0</td><td>70.0</td><td>-8.0</td></tr>
<tr><td>가을감자</td><td>52.0</td><td>28.0</td><td>-24.0</td><td>양파</td><td>45.0</td><td>58.0</td><td>13.0</td></tr>
<tr><td rowspan="7">엽근채류</td><td>봄배추</td><td>79.0</td><td>91.0</td><td>12.0</td><td>대파</td><td>86.0</td><td>85.0</td><td>-1.0</td></tr>
<tr><td>고랭지 배추</td><td>71.0</td><td>75.0</td><td>4.0</td><td>생강</td><td>35.0</td><td>45.0</td><td>10.0</td></tr>
<tr><td>가을배추</td><td>76.0</td><td>77.0</td><td>1.0</td><td rowspan="4">과일류</td><td>사과</td><td>13.0</td><td>13.0</td><td>0.0</td></tr>
<tr><td>봄무</td><td>79.0</td><td>94.0</td><td>15.0</td><td>배</td><td>22.0</td><td>11.0</td><td>-11.0</td></tr>
<tr><td>고랭지무</td><td>65.0</td><td>69.0</td><td>4.0</td><td>단감</td><td>10.0</td><td>16.0</td><td>6.0</td></tr>
<tr><td>가을무</td><td>81.0</td><td>80.0</td><td>-1.0</td><td>감귤</td><td>60.0</td><td>62.0</td><td>2.0</td></tr>
<tr><td>당근</td><td>50.0</td><td>60.0</td><td>10.0</td><td colspan="2">전체 평균</td><td>53.3</td><td>56.4</td><td>3.1</td></tr>
</table>

자료. 한국농수산식품유통공사, 2008년 주요 농산물 유통실태

선도거래는 주로 산지유통인을 통해 이루어진다. 산지유통인은 선도거래 경험이 풍부하고, 산지 및 소비지 도매시장에 대한 정보가 많기 때문에 생산농가와의 거래관계에서 상대적으로 우월한 지위에 있다고 볼 수 있다. 산지유통인과 생산농가의 비대칭적 관계로 인해 발생할 수 있는 불공정거래의 소지를 해소하기 위해 2007년 밭떼기거래의 서면계약 의무화 등을 골자로 하는 관련 법령이 개정되었다. 그러나 구두계약이 여전히 상존하고 있으며, 가격 폭락 시 산지 유통인의 계약파기로 인한 생산농가의 피해가 적지 않게

발생하고 있다.

2. 채소수급안정화사업의 현황과 문제점

채소수급안정화사업은 산지농협(영농법인 등)이 농가와의 계약재배를 통해 채소류(1995년부터 노지 7개 품목)의 생산 및 출하를 조절함으로써 재배농가의 소득을 안정적으로 보장하기 위해 시행된 사업이다. 특히 가격 급변 시 산지 폐기, 저온저장, 비축수매 등 수급안정 대책을 추진하여 채소류의 수급 및 가격안정을 도모한다. 최근 생산비 상승에 따른 정부부담 급증 등으로 최저가격 보장제가 폐지되면서, 수급안정 대책으로서 채소수급안정화사업의 중요성이 증대되고 있다. 2007년에는 기존 계약재배 방식의 문제점을 개선하여 개별 농협이 자율적으로 결정하던 계약가격, 가격 안정대, 수익 배분율, 손실 부담율 등의 사업제원을 단일화한 〈계약재배안정화사업〉[4]을 시범적으로 시행하였으나, 시범사업 대상 품목의 가격 폭락에 따른 손실 증가 및 기준가격 미흡 등의 이유로 기존 방식으로 전환하였다.

채소수급안정화사업의 품목별 사업실적(평균)을 보면 고랭지 무 · 배추, 가을 무 · 배추, 마늘, 양파, 당근 등이 전체 유통물량의 10% 이상을 차지한 반면, 봄 무 · 배추, 파, 고추 등의 품목은 10% 미만의 저조한 실적을 나타내고 있다(표 3). 사업실적과 관련하여 사업 추진과정에서 산지농협의 마케팅 능력(브랜드 개발, 공동판매 등) 부족으로 산지유통 개선에 대한 효과가 미흡하고, 계약문화 미 정착으로 계약을 위반하는 위약농가가 지속적으로 발생하여 사업실적이 당초 계획량에 미치지 못하였다. 특히 수확 시 노동력 제공 등의 부가서비스 제공 측면에서 산지유통인의 선도거래에 비해 열위에 있다. 최정열(2005)은 생산농가의 계약 미 참여 사유로 낮은 수취가격과 수확 시 노동력 부담 등을 지적하였다.

4 계약재배안정화사업에 관한 상세한 내용은 양승룡·구지영(2007) 참조 바람

표 3. 품목별 생산량 대비 계약재배 물량 비율 (단위: %)

구분	봄 무/배추	고랭지 무/배추	가을 무/배추	마늘	양파	파	고추	당근
2003	4.5	29.9	16.9	9.2	17.6	1.6	3.7	11.3
2004	4.0	27.8	14.5	9.5	18.5	6.3	3.5	13.8
2005	3.2	30.7	9.4	9.6	17.2	2.1	5.1	16.1
2006	2.0	33.5	12.7	11.2	19.8	3.7	5.9	10.8
2007	1.8	42.5	9.5	13.8	17.0	3.7	5.5	19.5
2008	1.6	54.3	11.5	15.7	22.4	7.1	6.5	13.0
평균	2.8	36.4	12.4	11.5	18.7	4.1	5.0	14.1

자료. 농협중앙회 연도별 채소수급안정사업(계약재배사업)물량, 통계청 농작물 생산조사
주: 연도별 평균은 품목별 비율의 산술 평균임.

3. 농산물 선도거래와 채소수급안정화사업의 비교

일반적으로 생산자가 도매시장이나 대형 할인점 등에 직접 출하하는 경우 산지유통인을 통하는 경우에 비해 더 높은 가격을 받을 수도 있으나 가격위험을 감수해야 한다. 이와 함께 적절한 출하처를 모색하기 위한 탐색비용과 협상비용이 발생하고, 도매시장 내 유통인(중도매인)으로부터 공정하지 못한 평가를 받을 수 있다. 또한 전문성 결여로 인한 상품성 부족, 선별 포장 및 출하시기 조절의 미흡 등으로 제값을 받을 수 없는 경우가 많다. 생산자들이 산지유통인에 의한 선도거래를 선호하는 것은 이러한 농가 직상장의 문제점 때문이다.

선도거래는 산지 및 소비지 시장에서의 산지유통인의 오랜 경험과 정보를 바탕으로 이루어지고 있어 상품 선별, 출하 시기 조정, 소비지 도매시장 등에 대한 신용구축의 측면에서 농가 직상장에 비해 우위를 나타내고 있다. 특히 생산농가는 선도거래를 통해 가격위험을 헤지할 수 있다. 그러나 신용위험이 존재하여 가격폭락 시 산지유통인의 계약불이행(default)에 의한 생산자 피해 사례가 적지 않게 발생한다.

채소수급안정화사업은 생산과 판매를 농가와 농협이 분담함으로써 전문성을 제고시키고, 계약재배를 통해 생산농가가 가격위험을 헤징할 수 있는 기회를 제공한다. 또한 산지유통인의 선도거래에 대안을 제공함으로써 생산자의 가격교섭력을 제고에 기여한다. 그러나 선도거래에 비해 거래 조건

이 까다롭고, 상대적으로 수취가격이 선도거래에 비해 낮다. 이는 농협의 계약가격이 공개되는 반면 산지유통인의 선도가격은 계약당사자들만 알고 있기 때문이다. 농가가 직접 수확을 해야 하는 것도 산지유통인이 수확을 담당하는 선도거래에 비해 약점이 된다.

Ⅲ. 농산물 선도거래 청산소 도입 타당성 분석

1. 청산소의 기능과 역할

청산소는 장내 파생상품(exchange-traded derivatives)인 선물과 옵션 등 만기가 연기된 계약(deferred delivery contracts)의 신용위험을 제거하기 위한 기구로서 매입자와 매도자의 중간에서 거래상대방(counter-party)의 역할을 맡아 계약이행을 책임지는 역할을 수행한다.

최근 들어 선도거래와 스왑 등 장외(over-the-counter) 파생상품을 위한 청산소의 도입이 활발해지고 있다. 전 세계 파생상품시장의 규모는 400조 달러(BIS 추정)에 달하며, 이 중 96%가 장외거래로 이루어진다(한국은행, 2007). 이는 엄청난 규모의 거래가 계약불이행의 신용위험에 노출되어 있음을 의미하고, 특히 2008년 세계적 금융위기 이후 신용위험관리가 국제금융시장에서 핵심 이슈로 등장하였다. 이와 관련하여 미국과 유럽에서는 계약명목잔액이 62조 달러(한국 주식시장 시가총액의 62배)에 달하는 신용디폴트스왑(Credit Default Swap, CDS) 거래를 중앙청산소 설립 및 감독업무 선점을 위해 경쟁적으로 나서고 있고(한국금융연구원, 2009), 장외 파생상품의 위험을 관리하는 제도로서 청산소의 역할이 매우 중요해지고 있다.

청산소는 거래의 청산(clearing)뿐만 아니라, 결제(settlement), 증거금(margin)의 수납과 일일정산(marking-to-the-market), 인수도(delivery) 관리, 거래 자료의 통보 등 신용위험을 제거하고, 시장의 효율성을 제고하기 위한 필수적인 역할을 수행한다. 청산소의 가장 기본적인 기능은 이미 발생한 거래의 중간에 서서 거래 쌍방의 상대자가 됨으로써 거래 일방의 계약불이행이 거래 상대방에게 전달되지 않게 하는 것이다.

〈그림 1〉은 청산소 도입 전후의 선도거래 구조를 도식화한 것이다. 청산소 도입 이전에는 거래와 계약이행의무가 거래 쌍방에 부여되어 계약불이행의 위험을 지게 된다. 그러나 청산소가 도입되면 일단 계약이 체결된 후 그 계약은 청산소에 통보되어 청산소가 각각 거래상대방이 되어 계약이행의 의무를 지게 된다. 이처럼 청산소가 계약이행을 대신하기 때문에 농가와 산지유통인은 각각 거래상대방의 계약불이행 위험으로부터 해방된다.

그림 1. 선도거래에서 청산소의 역할

청산소 도입 전	청산소 도입 후
• 신용 파괴 행위로 인새 선도거래의 가격 위험 헤징 지능 저해 • 생산 농가의 안정적 농가 경영 위협	• 신용 파괴 행위 방지를 통해 선도거래의 기능 보완 • 생산 농가의 경영안정화를 통해 가격 및 품질 경쟁력 강화

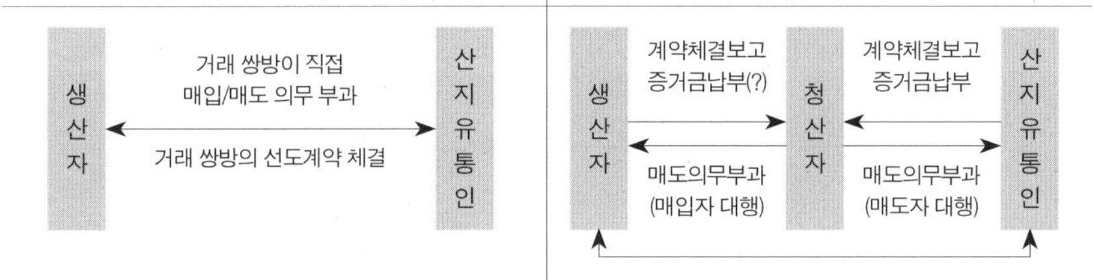

그러나 청산소가 거래당사자들의 계약불이행에 의한 신용위험에 노출된다. 청산소는 자기가 직면한 신용위험을 줄이기 위해 각 거래당사자들로부터 계약의 성실한 이행을 약속하는 증거금(initial margin)을 요구하며, 일일정산을 통해 예치된 증거금의 품질을 유지한다. 만약 일일정산을 통해 증거금이 통상 70% 이하(maintenance margin)로 감소하면 마진콜(margin call)을 통해 원래의 증거금 수준으로 회복시킬 것을 요구한다. 만약 마진콜에 응하지 않으면 청산소는 다음 날 반대매매를 통해 강제로 계약을 해지시킨다. 청산소는 최소한의 신용위험을 수용함으로써 원 거래 당사자들의 신용위험을 완전히 제거할 수 있다.

선도거래 청산소의 도입에 따른 효과는 매우 크고 다양하다. 우선 가격 폭락 시 발생하는 산지유통인의 계약불이행에 따른 신용위험을 제거함으로써 선도거래를 활성화 시키고, 안정적인 가격위험 헤징이 가능해진다. 이를 통해 시장안정화를 위한 정부의 정책적 개입을 최소화할 수 있다.

산지유통인에 대한 설문조사 결과 이들은 대체로 시장가격이 계약가격의 60.6% 이하로 하락할 경우 계약을 파기하는 것으로 조사되었다. 이러한 설문결과를 이용하여 추정한 산지유통인의 계약불이행으로 인한 배추, 무 등의 6개 품목 생산농가의 평균 피해규모는 1,856억 원에 이르며, 최악의 경우(Value-at-Risk 95% 수준) 무려 3,423억 원에 달하는 것으로 나타났다(표 4).[5] 이는 청산소 도입으로 신용위험이 제거될 경우 증가할 수 있는 농가 후생으로 간주할 수 있다.

표 4. 계약불이행으로 인한 농가 피해 추정 결과 (단위: 억원)

구분	백분위	배추	무	당근	마늘	양파	파	소계
계약 불이행 발생 시	25%	637	424	17	227	134	530	1,140
	50%	999	649	22	321	186	791	1,753
	75%	1,435	887	31	436	261	1,138	2,470
	95%	2,010	1,180	47	619	371	1,648	3,423
	평균	1,070	666	25	344	210	867	1,856
배추와의 상관계수		1.000	0.767	0.132	0.558	-0.117	0.121	-
디폴트 발생 확률		38.4%	56.8%	5.2%	17.0%	2.8%	75.3%	-

주1: 디폴트 발생 확률은 로그정규분포 하에서 시장가격(경매가격-유통비용)이 디폴트 가격(계약가격의 60.6%) 이하로 떨어질 확률을 의미함

주2: 소계는 배추를 기준으로 배추의 도매가격과 다른 품목의 도매가격간의 상관계수를 가중치로 사용하여 합산한 것임.

정부 입장에서는 농산물 선도거래의 신용위험이 제거됨으로써 산지유통인의 계약파기로 인한 생산농가의 피해 방지를 위해 시행되었던 채소수급안정화사업 등의 정책 시행에 따른 비용 부담을 줄일 수 있다.

또한 청산소에 의해 신용위험이 제거된 계약은 제 3자에게 이전될 수 있으며, 이에 따라 계약의 가치가 증가하고 시장의 유동성과 효율성이 제고될 수

5 농가피해규모 추정에 관한 상세한 내용은 부록 참조 바람.

있다.

선도거래 청산소는 농가의 담보력도 제고시킨다. 현행의 농산물 거래 관행 하에서는 높은 가격위험으로 인해 농작물의 안정적 가치를 인정받지 못하고 있다. 그러나 청산소는 인수도 시점의 신용위험을 제거하여 선도계약을 체결한 농작물의 고정된(lock-in) 가치를 인정받을 수 있게 한다. 이에 따라 농작물의 담보가치가 높아진다.

산지유통인의 경우 청산소 도입을 통해 거래비용을 절감할 수 있다. 산지유통인은 선도계약 체결 시 생산농가에 계약금액의 일정 부분을 계약금으로 지급한다. 그러나 청산소가 도입될 경우 농가에 계약금을 지급하는 대신 청산소에 증거금(margin)을 납부하며, 증거금 수준은 계약금보다 낮은 것이 일반적이다.[6] 또한 관행적으로 100% 현금으로 지급하는 계약금과 달리 증거금은 채권이나 주식 등유가증권으로 대납이 가능하다.

청산소는 시장효율성 제고에도 기여한다. 일일거래에 대한 정보를 공표하고, 계정의 규모를 바탕으로 주기적으로 시장참여자들의 포지션에 대한 분석을 제공함으로써 시장의 정보를 전파하고, 이를 통해 시장의 효율성을 제고시킨다.

2. 농산물 선도거래 관련 설문조사 결과

선도거래 비중이 높은 채소수급안정화사업 대상 품목을 중심으로 생산농가 및 산지유통인에 대한 설문조사를 실시하였다. 생산농가는 강원도 태백시 등 5개 시군 고랭지 배추 생산 농가 50명에 대하여 선도거래 실태, 청산소 설립 시 참여 의사 등 23개 항목을 2008년 8월 13일에서 28일까지 면접조사하였다. 산지유통인은 전국에서 배추, 무, 양파, 대파, 당근을 취급하는 50명을 대상으로 선도거래 현황, 청산소 설립 시 참여 의향 등 10개 항목에 대해

6 생산농가 및 산지유통인에 대한 설문조사 결과 계약금은 계약금액의 29.1-32.9% 정도를 지급하고 있는 것으로 나타났으며, 선물거래가 이루어지고 있는 돈육선물의 증거금은 계약금액의 21% 수준이다.

2009년 4월 21일에서 5월 15일까지 전화 및 면접조사를 실시하였다.

설문조사 결과 대상 농가의 96%가 선도거래를 선호한다고 응답하였다. 선도거래를 선호하는 이유로 판로확보의 어려움과 수확기 가격불안이 94%를 차지하였다(표 5). 이는 선도거래가 생산농가의 가격안정 및 판로 안정에 기여함을 의미한다. 선도거래를 선호하지 않는 2명 중 1명은 계약가격을 신뢰할 수 없기 때문이라고 답변하였고, 다른 1명은 도매시장과 채소수급안정화사업과 같은 안정적인 출하처가 있기 때문이라고 답하였다.

선도거래 시 가장 중요한 요소인 가격결정의 주도권과 관련해서는 72%의 생산농가가 협상을 통해 결정한다고 응답하였다(표 6). 이는 최근 도매시장 등을 통해 주요 농산물의 가격에 대한 정보가 과거보다 신속하게 전파되고 있고, 채소수급안정화사업이라는 경쟁 상대가 존재하기 때문으로 판단된다.

표 5. 선도거래 선호 이유

구분	빈도	퍼센트
수확기 가격 불안	11	22.0
판로 확보 어려움	36	72.0
계약금 많이 받음	1	2.0
기타(선도거래를 하지 않음)	2	4.0
합계	50	100.0

표 6. 선도거래 가격결정 주도권

구분	빈도	퍼센트
상인	5	10.0
생산농가	3	6.0
산지 소개장 중재 협상	6	12.0
서로 협상 가격결정	36	72.0
합계	50	100.0

설문대상 농가 중 채소수급안정화사업에 참여하는 농가는 전체의 10%로 미미하였다. 이러한 결과는 채소수급안정화사업의 경우 계약금을 미리 받아 영농자금으로 사용할 수 있지만, 선도거래에 비하여 수취가격이 낮다(응답자 24명 중 12명)는 점이 작용하기 때문인 것으로 사료된다. 많은 생산농가들이 도매시장에 직접 출하를 원하고 있으나, 도매시장 여건이 여의치 않아 직접 출하를 하지 못한다고 하였다. 생산농가가 직접 출하하는 경우 산지유통인이 출하할 경우에 비해 경매가격이 20-30% 낮게 형성된다고 답하였다.

선도계약 시 서면계약은 24%에 불과하였다. 구두계약을 하는 이유로는 오랜 관행이라는 응답이 80%로 대부분이었다. 선도거래 시의 문제점으로 대부분의 농가(80%)가 계약파기 또는 감액요구를 지적하였다(표 7). 이는 신용위험으로 인한 농가의 어려움이 큼을 의미한다. 감액도 사실상 계약파기의 일종으로 볼 수 있으며, 평균적인 감액 비율은 계약금액의 30% 정도로 답변하였다. 가격 하락 시 생산농가가 감액을 해 준 경우는 96%인 반면, 가격 상승 시 산지유통인이 이익금의 일부를 생산농가에게 지급하는 비율은 14%에 불과하였다.

표 7. 선도거래 시의 문제점

구분	빈도	퍼센트
가격결정	5	10.0
계약파기 또는 감액	40	80.0
포전관리	2	4.0
계약이행지연	3	6.0
합계	50	100.0

선도거래 계약금의 수준은 생산농가의 경우 계약금액의 29.1%, 산지유통인은 32.9%를 지급한다고 응답하였다(표 8). 가격 폭락 시 산지유통인에 의한 계약파기 비율에 대해 생산농가는 15.2%라고 답한 반면, 산지유통인은 9.8%라고 답하였다. 가격 폭등 시 생산농가에 의한 계약파기 비율은 생산농가가 1.2%라고 답한 반면, 산지유통인은 8.5%라고 답하였다.

선도계약 이행을 위한 청산소 도입에 대해 생산농가의 86%가 찬성한 반면, 산지유통인은 31.4%만이 찬성하였다. 산지유통인의 청산소 도입 반대 이유로 현행 선도거래가 잘 이루어지고 있다는 응답이 67.8%, 해당 제도가 산지유통인에게 불리하다는 응답이 16.9%, 농산물의 경우 청산소 도입 자체가 불가능하다는 응답이 15.3% 순으로 나타났다. 청산소에 대한 참여와 관련하여 생산농가의 82%, 산지유통인의 19.8%가 증거금을 납부해야 할 경우에도 참여하겠다고 답하였다.[7]

7 생산농가의 경우 현물을 담보로 할 수 있기 때문에 증거금을 면제할 수 있다.

표 8. 생산농가 및 산지유통인에 대한 설문조사 주요 결과

구분		생산농가	산지유통인
계약금		29.1%	32.9%(배추 33.6, 무 32.2, 당근 31.3, 양파 32.9, 파 33.3)
산지유통인의 계약파기 비율		15.2%	9.8%
생산농가의 계약파기 비율		1.2%	8.5%
청산소 도입 찬성 여부	찬성	86%(43명)	31.4%(27명)
	반대	4%(2명)	68.6%(59명)
	잘 모르겠다.	10%(5명)	-
증거금 납부하고 참여 여부	참여	82%(41명)	19.8%(17명)
	미참여	1%(2명)	41.9%(36명)
	잘 모르겠다.	14%(7명)	38.4%(33명)

주: 산지유통인 조사대상은 50명이나, 1명이 2~4개 품목을 취급하는 경우가 있어 샘플 수는 86개임

3. 선도거래 청산소 도입의 제도적 검토

파생상품에 대한 청산소 규정은 시장거래에 대한 일종의 규제에 해당한다. 이러한 규제의 목적은 공익 차원에서 거래질서를 유지하고, 사익 차원에서 위탁자 내지 투자자를 보호하는 것이다. 규제의 내용이나 강도는 나라마다 경제적 여건과 장외거래에 대한 규제의 관행 등에 따라 다소 차이가 있다.

현재 대부분의 국가에서 장외 선물거래를 허용하고 있다. 특히 스웨덴에서는 대부분의 장외 파생거래의 결제에 청산소가 이용되고 있으며, 미국과 EU에서는 장외 파생상품의 중앙청산소(central clearing house)를 설립하여 표준화된 거래체계와 위험관리 방안을 마련하는 논의가 활발하게 이루어지고 있다.

한국은 선물거래 자체가 투기성을 내포하고 있고, 선물가격은 일반적으로 현물의 가격형성에 상당한 영향을 미친다 하여 장외 선물거래를 금지하였으나, 2004년 1월 관련 법령조항인 선물거래법 제6조 '유사시설 개설 등의 금지'를 삭제하였다. 그러나 동법 제93조 '장외거래에 대한 명령'을 개정하여 장외거래에 시장 감시·명령 조항을 신설하여 정부에서 기본적인 거래질서 유지 업무를 할 수 있도록 하였다. 이후 2009년부터 시행된 '자본시장통합법'은 파생상품 관련 규제를 상당 부분 완화하여 장외 파생상품 시장의 활성화에 크게 기여할 것으로 판단된다. 장외 파생상품시장의 활성화는 금

융서비스를 이용하는 소비자들에게 다양한 상품을 제공하여 효용을 증대시키고, 금융회사의 입장에서는 리스크 헤징 및 새로운 수익원을 창출하는 기회가 될 것이다. 그러나 장외 파생상품에 내재된 리스크 평가, 거래 상대방에 대한 리스크 관리, 감독체계의 정비 등 인프라 면에서는 해결해야 할 과제가 산적해 있다.

농산물 선도거래 청산소의 설립과 운영은 신용위험 감소와 유동성 증가로 유통 비용 절감 및 농산물 경쟁력 강화가 예상됨에도 불구하고 청산소 초기 투자비용, 거래가격 노출 등으로 산지유통인이 청산소 이용을 기피할 가능성이 있다. 따라서 청산소 이용을 법제화할 필요가 있다. 산지유통인이 '농수산물유통및가격안정에관한법률(이하 농안법)'에 의거 산지유통인 등록 신청을 할 경우 청산소 이용을 의무화하고, 청산소 설립에 필요한 자본금이나 운영 경비 등을 채소수급안정화사업에 사용되는 농안기금으로 지원하는 방법도 고려할 수 있다.

Ⅳ. 농산물 선도거래 청산소 설립 방향

1. 청산소 지배구조

청산소 설립 주체로는 한국농수산식품유통공사, 서울시농수산물공사, 농협중앙회, 전국농산물산지유통인중앙연합회, 도매시장법인협회 등을 고려할 수 있다. 농림수산식품부나 지방자치단체의 참여도 고려할 수 있으나, 해당 기관들은 설립 주체보다 지도 · 감독기관의 역할을 수행하는 것이 적절한 것으로 사료된다.

한국농수산식품유통공사, 서울시농수산물공사 등의 공사는 출하자 · 소비자 · 유통인의 중간자 입장에서 불공정 거래행위 단속, 산지유통인 등록 업무 등을 수행하고 있어 청산소 설립 주체로 고려할 수 있다. 한국농수산식품유통공사는 농림수산식품부가 출자한 정부 공기업으로 농안법에 의거 도매시장을 위탁관리할 수 있으며, 농안기금을 관리하고 있어 전액 또는 일부 출자하여 청산소의 설립 주체로 참여하는 것이 바람직하다. 서울시농수산물공사의 경우 가락시장 등 3개 시장을 관리하면서 축적된 노하우를 청산소 운영에 연계할 수 있다.

농협중앙회의 참여도 고려할 수 있다. 농협중앙회는 채소수급안정화사업을 하면서 축적된 노하우가 있고, 지역농협과의 공조를 통해 산지유통 업무를 효율적으로 관리할 수 있다는 장점이 있다. 그러나 채소수급안정화사업의 경우 산지유통인에 의한 선도거래와 경쟁관계에 있고, 농민조직인 농협중앙회의 경우 산지유통인에 대한 행정처분권이 없다는 측면에서 농협이 청산소의 운영 주체가 될 경우 산지유통인과의 마찰이 발생할 수 있다.

전국농산물산지유통인중앙연합의 경우 선도거래를 하고 있는 산지유통인이 설립한 단체이다. 해당 단체가 청산소의 설립에 참여할 경우 산지 및 소비지 시장에서 축적된 선도거래 노하우를 청산소 운영에 반영할 수 있어 청산소의 조기 활성화에 기여할 것으로 판단된다.

도매시장법인(협회)은 상장된 농수산물을 경매하고 정산하는 기업으로 경매와 정산업무의 연장선상에서 참여가 가능하다. 해당 단체의 참여는 현물거래와 선도거래 연계로 청산소의 업무 효율성 제고에 기여할 수 있다. 향후 위에서 제시한 주요 기관 및 단체들의 여건과 정부 정책 등을 고려하여 청산소 설립 주체를 결정해야 할 것이다.

청산소 운영과 관련하여 출자기관 및 단체가 직접 운영하는 경우 청산소 운영에 주주 의사를 반영할 수 있고, 출자기관 및 단체들의 노하우를 활용할 수 있지만, 청산업무에 대한 전문성이 부족하다는 단점이 있다. 따라서 출자와 운영을 분리하여 경영하는 것을 고려할 필요가 있다.

2. 청산소 회원자격 및 역할

청산소에 청산을 청구할 수 있는 회원은 선도거래 시 서면계약[8]을 체결한 생

8 농안법 제53조 (포전매매의 계약) ①농림수산식품부장관이 정하는 채소류 등 저장성이 없

산농가[9]와 등록을 한 산지유통인[10]에 한하는 것이 적절하다. 청산회원은 선도가격 공시와 분쟁 예방 등을 위하여 선도계약 체결 시 거래계약서를 청산소에 신고[11]해야 하며, 해당 자격을 충족한 회원에 한하여 청산이행의 보호를 받을 수 있도록 해야 한다.

이 경우 미등록 산지유통인과 생산농가가 체결한 선도계약이 문제가 될 수 있다. 미등록 산지유통인에 대하여는 정부에서 행정처분과 함께 세금 추징 등의 방법을 통해 등록을 유도할 수 있으나, 청산소가 이행 보증을 해 줄 수 없다. 산지유통인에 의한 선도거래와 별개로 대형 유통업체 등에 의한 선도거래 시의 계약 불이행 및 불공정 행위도 문제가 될 수 있지만, 이에 대한 연구는 향후 과제로 남겨둔다.

3. 청산 대상 품목

정부에서는 1995년부터 수급불안과 가격변동성이 커서 선도거래가 많이 발생하는 7개 품목을 중심으로 채소수급안정화사업을 실시하고 있다. 따라서 청산대상 품목으로 채소수급안정화사업 대상 중 선도거래 비중이 미미한 고추를 제외한 무, 배추, 마늘, 양파, 파, 당근의 6개 품목이 적절할 것이다.

4. 청산소의 필요자본금 규모

선도거래 및 선물거래 시 청산소의 적정 증거금 수준 및 필요자본금 산출에 관한 선행연구로 Baer, France, and Moser(1996), Longin(1999), Shanker and

---

는 농산물의 포전(포전)매매(생산자가 수확하기 이전의 경작상태에서 면적단위 또는 수량단위로 매매하는 것을 말한다. 이하 이 조에서 같다)의 계약은 서면에 의한 방식으로 하여야 한다.

9 농민임을 증명할 수 있는 농지원부를 제출하여야 한다.

10 농안법 제29조 (산지유통인의 등록) ①농수산물을 수집하여 도매시장에 출하하고자 하는 자는 농림수산식품부령이 정하는 바에 따라 부류별로 도매시장의 개설자에게 등록하여야 한다.

11 농안법 제53조 (포전매매의 계약) ④ 농림수산식품부장관과 지방자치단체의 장은 생산자 및 소비자의 보호나 농산물의 가격과 수급의 안정을 위하여 특히 필요하다고 인정하는 때에는 대상품목·지역과 신고기간 등을 정하여 계약 당사자에게 포전매매 계약의 내용을 신고하도록 할 수 있다.

Balakrishnan(2005), Haene and Sturm(2009) 등 다수의 연구가 있다. 선행연구에서는 거래자들의 기회비용 및 유동성 비용 측면에서 적정 증거금 및 필요자본금, 그리고 적정 가격제한 수준을 유지하는 것이 중요한 것임을 지적하였다. 그러나 적정 증거금 수준 등에 관한 논의는 향후 청산소를 설립한 이후 실시하는 것이 적절한 것으로 사료되어 본 연구에서는 돈육선물 거래 시 적용되는 증거금 비율을 이용하여 필요자본금을 산출하였다. 특히 청산소가 부담하게 될 신용위험 헤징 차원에서 보유해야 할 필요자본금의 최대 규모 도출에 초점을 맞추었다.

본 연구에서는 2004년에서 2007년까지의 자료를 활용한 VaR(Value at Risk) 추정 모형을 통해 청산소의 필요자본금을 산출하였다. VaR은 주어진 신뢰수준 하에서 목표기간 동안에 예상되는 최대손실금액을 의미한다. VaR을 측정하는 데 있어서 변동성(volatility)이 매우 중요한 역할을 한다. 본 연구에서는 비모수적 접근법 중 하나인 역사적 시뮬레이션 방법을 사용하였다.

i 품목의 특정 시점의 수익률을 $r_{i,t}$라고 할 때 청산소에서 거래되는 전체 품목의 가상적 포트폴리오의 수익률 $r_{p,t}$는 식(1)에 의해 도출된다. 이 때 신뢰수준은 백분위수(percentile)를 적용하게 되고, 해당 백분위수에 의해 도출되는 $r_{p,t}$를 VaR 산출에 활용한다. 예를 들어 100개의 수익률이 존재한다고 할 때 전체 수익률 중 최상위에서 95번째에 해당하는 수익률이 95% 신뢰수준에서의 VaR 산출 시 사용된다.

일반 투자자와 달리 청산소의 포트폴리오는 가격 상승에 따른 수익이 발생하지 않는다. 따라서 $r_{i,t}$가 0보다 클 경우 청산소의 기대 수익률은 0이 된다. $r_{p,t}$산출 시 $\min(r_{i,t}, 0)$를 곱해 준 것은 이러한 특징을 반영한 것이다.

가중치 ω_i는 i 품목의 거래비중으로 i 품목의 일일계약금액이 일일계약총액에서 차지하는 비중을 의미한다(표 10). 역사적 시뮬레이션 방법에서 가중치 ω_i는 포트폴리오의 수익률 $r_{p,t}$에 중요한 영향을 미친다. 예를 들어 두 개 품목만이 존재하고, 각 품목의 수익률이 각각 20%와 -50%라고 할 때 품목별 가중치에 따른 수익률의 범위는 최소 -50%에서 최대 0%까지이다. 이에 본 연구에서는 품목별 일일계약금액 산출 시 가락동 도매시장의 실제 출하 실적을 이용한 일일계약물량과 한국농수산식품유통공사의 조사자료를 활용한 계약가격을 적용하여 임의의 가중치 적용에 따른 편의(bias)를 최소화하였다.

$$(1)\ r_{p,t} = \sum_{i=1}^{k} [w_i \times \min(r_{i,t}, 0)]\ (\text{단, k는 품목의 수})$$

〈표 9〉는 로그수익률을 적용한 개별 품목의 수익률의 기초통계량을 정리한 것이다. 배추, 양파, 마늘의 경우 왜도(skewness)가 음(-)으로서 왼쪽으로 치우친 형태를 보이고 있고, 무, 당근, 대파의 경우 오른쪽으로 치우친 형태를 나타내고 있다.

표 9. 수익률의 기초통계량

(단위: %)

구분	배추	무	당근	대파	양파	마늘
평균	0.004	0.043	0.066	0.026	-0.043	-0.057
최대	92.1	71.4	63.6	77.1	25.4	242.3
최소	-133.4	-54.3	-59.2	-73.5	-32.4	-243.6
S.D	14.6	13.1	12.7	16.0	6.2	21.8
Skew	-0.457	0.433	0.143	0.247	-0.297	-0.063
Kurt	13.48	5.71	5.20	5.57	6.24	29.30
J-B	5,664**	414**	252**	352**	557**	35,397**

주: 수익률은 가락시장 일일도매가격을 활용하여 $r_t = \ln(P_t/P_{t-1})$의 식을 이용하여 산출한 것이고, J-B는 J-B 통계량을 의미하고, *(**) 표기는 정규성의 귀무가설이 5%(1%) 유의수준에서 기각됨을 의미함

가상 포트폴리오의 특정 신뢰수준에서의 수익률 $r_{p,t}{}^*$와 선도계약총액 V를 곱하면 특정 신뢰수준에서의 VaR이 산출된다(식 2). 본 연구에서는 신뢰수준이 95%, 99%일 때의 VaR을 산출하였다.

$$(2)\ VaR = r_{p,t}{}^* \times V$$

선도계약총액 V는 품목별 선도계약가격과 계약물량을 곱하여 산출되는

품목별 일일계약금액의 합이다. 품목별 계약가격은 한국농수산식품유통공사의 주요 농산물 유통실태에 제시된 조사지역의 연도별 계약가격의 평균을 해당 품목의 대표 계약가격으로 가정하여 적용하였다. 일일선도계약물량은 가락동 농수산물 도매시장의 일일거래물량을 이용하여 8주(가락시장 기준 48일), 12주(가락시장 기준 72일), 16주(가락시장 기준 96일) 동안의 누적도매거래물량의 평균 및 최대값이 연평균 도매거래물량에서 차지하는 비중을 산출한 후 이를 연평균 선도거래량($Q_{선도}$)에 곱하여 산출하였다(식 3). 이는 품목별로 선도계약이 이루어지는 주 거래시기가 상이하지만, 대체로 출하 2개월 전부터 출하 직전 사이에 이루어지고 있음을 고려할 때 청산소에 등록되는 일일계약물량이 주 거래시기의 두 배인 16주 동안 거래되는 물량을 초과하지 않음을 가정한 것이다. 또한 극단적 사례로 연평균 선도거래량 전체가 하루 동안 거래되는 경우도 고려하였다.

$$(3)\ 품목별\ 일일선도거래물량 = \frac{E(\sum_{i=0}^{m} Q_{도매,t-i})}{연평균\ 도매\ 거래물량} \times Q_{선도}$$

(단, m=47 일 경우 $48 \le t \le T$, m=71일 경우 $72 \le t \le T$, m=95일 경우 $96 \le t \le T$,

T=1228(배추, 무, 파), 1227(마늘), 1223(당근), 1219(양파))

청산소의 필요자본금은 식(2)에서 도출된 VaR 에 디폴트 확률을 곱한 후 증거금을 공제하는 식(4)를 통해 도출된다. 분석의 단순화를 위해 디폴트 확률은 100%를 적용하였고, 증거금 수준은 돈육선물의 증거금인 계약금액의 21%를 적용하였다. 증거금을 품목별로 적용하지 않은 것은 증거금은 청산소에서 통합 관리되는 부채 형태의 자산이기 때문이다.

$$(4)\ 필요자본금 = VaR \times 디폴트\ 확률 - 증거금$$

필요자본금 추정에 사용된 주요 자료는 〈표 10〉에 정리하였고, 필요자본금 총액 추정 결과는 〈표 11〉과 같다. VaR 95%를 적용하였을 경우에는 수익

표 10. 필요자본금 추정에 사용된 주요 자료

구분			배추	무	당근	대파	양파	마늘	합계
계약가격 (만원/톤)			27.0	30.5	40.4	145.9	29.1	178.0	-
증거금 (만원/톤)			5.7	6.4	8.5	30.6	6.1	37.4	-
연평균 선도거래량 (천톤)			1,945	1,042	54	335	506	134	-
도매시장 누적거래 비중(%)	8주 기준	평균	15.7	15.5	15.7	15.5	15.8	15.8	-
		최대	22.2	20.0	20.0	20.2	22.4	57.2	-
	12주 기준	평균	23.5	23.2	23.5	23.2	23.8	23.9	-
		최대	33.1	29.0	28.8	29.4	32.6	61.0	-
	16주 기준	평균	31.2	30.8	31.3	30.8	31.8	32.0	-
		최대	42.2	37.6	36.6	38.2	40.5	69.3	-
일일 거래 금액 (억원)	8주 기준 평균	금액	823	491	34	759	233	378	2,718
		비중(%)	30.3	18.1	1.3	27.9	8.6	13.9	100.0
	8주 기준 최대	금액	1,165	635	44	987	330	1,365	4,526
		비중(%)	25.7	14.0	1.0	21.8	7.3	30.2	100.0
	12주 기준 평균	금액	1,232	735	51	1,134	351	570	4,074
		비중(%)	30.2	18.1	1.3	27.8	8.6	14.0	100.0
	12주 기준 최대	금액	1,737	923	63	1,441	481	1,454	6,098
		비중(%)	28.5	15.1	1.0	23.6	7.9	23.8	100.0
	16주 기준 평균	금액	1,639	977	68	1,508	469	764	5,426
		비중(%)	30.2	18.0	1.3	27.8	8.6	14.1	100.0
	16주 기준 최대	금액	2,215	1,194	80	1,869	596	1,652	7,607
		비중(%)	29.1	15.7	1.0	24.6	7.8	21.7	100.0
	전체 물량	금액	5,251	3,177	218	4,894	1,474	2,386	17,399
		비중(%)	30.2	18.3	1.3	28.1	8.5	13.7	100.0

률 하락으로 인한 손실액이 증거금보다 작아 모든 경우에 자본금이 필요하지 않는 것으로 나타났다. VaR 99%를 적용하였을 경우에는 최소 60억 원에서 최대 388억 원의 자본금이 필요하다는 결과가 도출되었다. 최대 필요자본금 388억 원은 전체 물량에 VaR 99%를 적용하였을 경우 도출되었으며, 이는 연구대상 품목의 연평균 총생산액 2조 291억 원의 1.9%에 해당하는 금액이다.

이와 관련하여 2008년 현재 8,614조 원(28.5억 계약)의 선물 및 옵션 상품

(금리 상품 제외)이 거래되는 한국거래소(KRX, Korea Exchange)의 자기자본금 규모는 1,000억 원이다. 한국거래소(KRX)는 증권 및 파생상품을 포함한 모든 금융투자상품을 거래하는 종합거래소로서 자본시장의 공정성, 신뢰성 유지를 위해 대규모의 자본금 요건을 충족시키지 않으면 안 된다.[12] 더욱이 한국거래소 설립 이전에 선물거래소의 역할을 수행했던 한국선물거래소(KOFEX)는 거래소(exchange)와 청산소(clearing house)의 기능을 함께 갖춘 선물거래소로서 출자금 규모가 310억 원으로 본 연구에서 추정된 최대 필요자본금 수준 388억 원보다 낮다. 이는 농산물 유통의 특성 상 한국거래소의 주 거래대상인 외국환, 금 등에 비해 가격변동성이 커서 디폴트 확률이 높기 때문이다. 그러므로 청산소 설립으로 디폴트 확률이 감소할 경우 필요자본금 규모는 더욱 감소할 것이다. 예를 들어 전체 물량을 대상으로 한 VaR 99% 시나리오에서 디폴트 확률이 1%만 감소해도 필요자본금은 VaR의 1% 수준인 40.4억 원만큼 감소하여 디폴트 확률이 10% 감소할 경우 디폴트로 인한 피해액이 증거금 수준보다 작아져서 필요자본금은 0원이 된다.

표 11. 필요자본금 추정 결과 (단위: 억원)

구분		8주 기준		12주 기준		16주 기준		전체
		평균	최대	평균	최대	평균	최대	
VaR 95%	수익률($r_{p,t}^*$, %)	14.3	16.3	14.3	15.1	14.3	15.2	14.3
	계약총액	2,718	4,526	4,074	6,098	5,426	7,607	17,399
	VaR(A)	390	738	584	921	777	1,157	2,490
	증거금(M)	571	950	856	1,281	1,139	1,597	3,654
	필요자본금(A-M)	-181	-212	-272	-359	-362	-440	-1,164
VaR 99%	수익률($r_{p,t}^*$, %)	23.2	25.2	23.2	23.7	23.2	23.3	23.2
	계약총액	2,718	4,526	4,074	6,098	5,426	7,607	17,399
	VaR(A)	631	1,142	946	1,443	1,260	1,771	4,042
	증거금(M)	571	950	856	1,281	1,139	1,597	3,654
	필요자본금(A-M)	60	192	90	163	121	173	388

12 자본시장과 금융투자업에 관한 법률(자본시장법)에서는 한국거래소(KRX)의 자본금을 1,000억 원 이상으로 규정하고 있다.

V. 결론

본 연구에서는 산지유통인에 의한 선도거래의 신용위험 헤징을 위한 농산물 선도거래 청산소 설립의 타당성을 검토하고, 설립 및 운영방안을 모색하였다. 본 연구에서 제시한 농산물 선도거래 청산소 설립 및 운영방안의 주요 내용은 〈표 12〉와 같다.

표 12. 농산물 선도거래 청산소 설립 및 운영방안

구분		내용
청산소 지배구조	설립 주체	aT, 서울시농수산물공사, 농협중앙회, 전국농산물산지유통인중앙연합회, 도매시장법인 (기관 특성과 정부정책에 따라 설립주체 결정)
	운영 주체	청산소 설립 주체 또는 전문 기관
청산회원 자격 및 역할		선도계약을 체결한 생산농가와 산지유통인
청산 대상 품목		고추를 제외한 채소수급안정화사업 6개 품목 (무, 배추, 마늘, 양파, 파, 당근)

선도거래 청산소의 기대효과는 매우 크다. 첫째, 가격 폭락 등에 따른 신용파괴 행위를 방지함으로써 선도거래에 따른 신용위험을 감소시켜 선도거래를 활성화시키고, 안정적인 가격 위험 헤징이 가능할 수 있도록 한다. 둘째, 정부 입장에서는 농산물 선도거래의 신용위험이 제거됨으로써 산지유통인의 계약파기로 인한 생산농가의 피해 방지를 위해 시행되었던 채소수급안정화사업 등의 정책 시행에 따른 비용 부담을 줄일 수 있다. 셋째, 청산소에 의해 신용위험이 제거된 계약은 제 3자에게 이전될 수 있으며, 이에 따라 계약의 가치가 증가하고 시장의 유동성과 효율성이 제고될 수 있다. 넷째, 선도거래 청산소는 농가의 담보력을 제고시킨다. 청산소 도입으로 인수도 시점의 신용위험이 제거될 경우 선도계약을 체결한 농작물의 고정된 가치를 인정받을 수 있다. 다섯째, 산지유통인의 경우 청산소 도입을 통해 거래비용을 절감할 수 있다. 마지막으로 청산소는 일일거래에 대한 정보를 공표함은 물론 계정의 규모를 바탕으로 주기적으로 시장참여자들의 포지션에 대한 분석을 제공함으로써 시장의 정보를 전파하고, 이를 통해 시장의 효율성을

제고시킨다.

선도거래 청산소는 향후 농산물 선물 및 옵션 등 파생상품 시장의 도입에도 견인차 역할을 할 수 있다. 정부의 역할이 줄어들 수밖에 없는 시장개방 시대에 정부의 위험관리 정책을 보다 효과적이고 효율적으로 대체할 수 있는 시장기구의 도입은 필수적이다. 국내외의 충분한 사례와 경험으로부터 시행착오를 줄이고 국내 농산물 유통 환경에 부응하는 방안으로 설립, 운영되어야 한다.

청산소 설립과 운영을 위해서는 청산소 직원, 산지 유통인, 생산자 등을 대상으로 하는 체계적 교육 프로그램과 연수 자료의 개발이 필요하고, 불공정 행위에 대한 안전장치 마련, 표준 계약서 설계, 선도가격과 현물가격 · 청산가격이 연계되는 청산소 거래정보 시스템 개발이 필요하다.

최근 농안법 개정이 추진되고 있다. 이번 기회에 농산물 선도거래 청산소가 채소부문의 고질적인 가격위험과 신용위험을 해소하고 시장의 효율성을 제고할 수 있는 역할을 담당할 수 있도록 다양한 이슈에 대한 본격적인 논의와 연구가 이루어지기를 바란다.

참고문헌

강태훈, 〈고랭지 배추 밭떼기거래의 실태와 제도화 방안〉, 《농업경영 · 정책연구》 28, 2001, 642-664쪽.

한국농수산식품유통공사 (각 연도), 《주요 농산물 유통실태》.

양승룡 · 문진영, 〈상품선물을 통한 가격위험 관리의 효과분석〉, 《농업경제연구》 40, 1999, 57-83쪽.

양승룡, 〈농업경영환경의 변화와 파생상품의 역할〉, 《농업경영 · 정책연구》 27, 2000, 134-146쪽.

양승룡 · 구지영, 〈계약재배안정화사업의 옵션 가치 평가〉, 《농업경영 · 정책연구》 34, 2007, 242-263쪽.

최정열, 〈채소수급안정화사업의 효과분석과 개선방안〉, 고려대학교 대학원 석사학위 논문, 2005.

한국금융연구원, 〈최근 CDS 중앙청산소 설립 현황 및 감독체계 구축방향〉, 《주간금융 브리프》 18, 2009, 22-23쪽.

한국은행, 〈BIS의 세계 외환 및 장외파생상품시장 거래규모 조사결과〉, 《한국은행 공보》 2007-10-5호, 2007.

Shanker and Balakrishnan, "Optimal Clearing Margin, Capital and Price Limits for Futures Clearinghouses", *Journal of Banking & Finance* 29, 2005, pp.1611-1630.

Longin, "Optimal Margin Level in Futures Markets : Extreme Price Movements", *Journal of Futures Markets* 19, 1999, pp.127-152.

Baer, France, and Moser, "Opportunity Cost and Prudentiality : An Analysis of Futures Clearinghouse Behavior", OFOR Paper Number 96-01, 1996.

Haene and Sturm, "Optimal Central Counterparty Risk Management", Swiss National Bank Working Papers 2009-7, 2009.

부록

1. 계약불이행(디폴트)으로 인한 농가피해규모 추정 모형

▶ 디폴트로 인한 농가 피해 규모

$$=[(C.P-\tilde{P}-E.M)\times Q_{선도}]\times I_{디폴트,\ if\ P<D.P\ then\ I_{디폴트}=1,\ others\ 0}$$

○ $C.P$: 계약가격, 만원/톤

- 연구대상 기간 동안의 실제 계약가격을 이용하여 추정
- 자료: 주요농산물유통실태(한국농수산식품유통공사)

○ $\tilde{P}$: 시장가격 = 경매가격 - 유통비용(유통마진-유통이윤), 만원/톤

- 연도별 유통비용은 경매가격에서 유통비용이 차지하는 비중을 구한 후 해당 값을 경매가격에 곱하여 평균 유통비용을 산출함
- 시장가격이 로그정규분포를 한다는 가정 하에 몬테카를로 시뮬레이션을 이용하여 10,000개의 가격 샘플을 추출함
- 자료: 서울시 농수산물 공사(일일경매가격), 한국농수산식품유통공사(유통비용)

○ E.M: 계약금, 계약가격의 32.9% (설문조사 결과)

○ $Q_{선도}$: 선도거래물량, 톤

- 연구대상 기간 동안의 실제 선도거래 물량을 이용하여 추정함
- 자료: 주요농산물유통실태(한국농수산식품유통공사)

○ $I_{디폴트,\ if\ P<D.P\ then\ I_{디폴트}=1\ ,\ others\ 0}$: 디폴트 발생 시 1, 나머지는 0

- D.P: 디폴트가격=계약가격 × 디폴트 가격 비율, 만원/톤
- 디폴트 가격 비율: 계약가격의 60.6% 적용(설문조사 결과)
- 몬테카를로 시뮬레이션에 의해 추출된 시장가격이 디폴트가격보다 작을 경우 디폴트 발생

※ 계약파기 지점(2,500천원 기준): 1,909천원

- 배추 1,913천원, 무 1,937천원, 당근 1,952천원, 양파 1,864천원, 파 1,856천원
- 유통비용 제외 시의 디폴트 가격 비율(평균)

$$=\frac{시장가격(경락가격-유통비용)}{계약가격}=\frac{909천원}{1,500천원}=60.6\%$$

11장 김치지수의 개발과 선물시장 상장 가능성 분석

김장철을 앞두고 배추가격이 크게 떨어지면서 농가와
관계 당국에 비상이 걸렸다…

— 아시아경제, 2013.10.24.

Ⅰ. 서론

김치는 한국의 식문화를 대표하는 식품이며 한국인의 식탁에서 빼놓을 수 없는 대표적인 식품이다. 1980년대부터 국제적인 행사를 통해 한국의 식문화가 외국에 선보이기 시작했고, 1990년대에 들어서면서부터 빨라진 국내 식문화의 변화속도와 해외의 수요에 부응하며 김치의 상품화가 활발해졌다. 그로 인해 많은 김치 생산 업체가 생겨나면서 생산량이 급증했고, 2000년 CODEX(국제식품규격위원회) 24차 총회에서 '김치(KIMCHI)'로 승인을 받아 국제적인 식품으로 자리매김을 하였다. 이를 계기로 한국 식문화 수출을 김치가 선도하고 있으며, SARS(급성호흡기증후군)에 효과적인 예방식품으로 소문이 나면서 수출이 급격하게 늘어나고 있다.

하지만 현재 김치업계가 처해 있는 현실은 순탄하지만은 않다. 해외 시장에서는 중국산 저가 김치의 공세로 한국 김치의 위상이 위협받고 있으며, 국내적으로도 원료 농산물의 높은 가격변동성에 어려움을 겪고 있다. 김치의 중요성과 시장의 규모가 커짐에 따라 김치 원료가 되는 농산물의 안정적인 수급은 김치 생산업체뿐만 아니라 원료 생산농민에게 있어서도 중요한 화두로 떠오르고 있다. 그러나 김치의 원재료인 채소 자체의 가격 변동성이 매우 크고, 이러한 높은 가격 불확실성으로 인해 생산의 상당량이(대략 80%) 선도거래를 통해 이루어지고 있다.[1]

이러한 현실에 비추어 볼 때 김치 관련 생산자들의 가격위험 회피를 위한 보다 체계적이고 효율적인 위험관리기구가 요구되며, 이에 대해 채소의 선물거래에 대한 관심이 높아지고 있다(양승룡, 2002). 하지만 채소를 개별 품목으로 선물상품화하여 상장시키기에는 시장규모가 매우 적고, 충분한 헤지수요를 유발하기 어려운 점이 있다. 따라서 채소를 개별 품목으로 상장시키기보다는 김치의 원재료가 되는 채소들로 품목군(바스켓)을 구성하여 지수로서 상장시킨다면 규모의 문제를 해결할 수 있고, 헤지 및 투기적 수요의 증대와 시장의 관심을 증폭시킬 수 있는 보다 현실적인 방안이 될 것이다.

이 장에서는 채소를 김치의 원재료로 품목을 제한하여 선물상품의 대상이 되는 김치지수를 개발하고, 해당 지수의 선물상품화 가능성을 타당성 분석을 통해 검증해 보고자 한다. 장의 구성은 첫째, 김치 산업의 현황을 파악하고, 둘째, 설문 조사를 통해 김치지수선물 상장에 관한 인식도를 분석한다. 셋째, 김치 원재료 농산물 가격을 기반으로 지수를 개발한 후, 마지막으로 김치지수선물의 상장 타당성을 분석하고 결론을 도출한다.

상품선물의 상장 또는 개발에 관한 선행연구로 미국산 옥수수, 생돈, 원유, 쌀 등에 관한 연구들이 있다. 미국산 옥수수는 윤병삼(1996), 노재선 외(1998; 2002), 임성수 외(2001) 등 여러 연구에서 가장 가능성을 인정받은 품목이다. 서문원 외(1998)는 돈지육 선물의 상장가능성을 평가하고 계약을 설계하였다. 노재선 외(2003)는 원유선물의 상장가능성을 제시하고 있으며, 강태훈(2003)은 쌀 시장 개방에 대비하여 쌀 선물거래의 타당성과 상품설계를 제시하고 있다.

지수개발 관련 연구로 김정훈(1993)은 주가지수선물 대상지수 선정에

1 《농수축산신문》은(2003. 10. 23) "2003년 여름철 잦은 비와 태풍으로 김치 원재료 가격이 오르고 품질마저 떨어지고 있다. 연간 배추 값이 5톤 트럭당 70만 원에서 700만 원 사이를 넘나드는 상황에서 일정 가격대로 판매용 김치를 만들어내는 것이 상당히 어려운 실정이다. 또한 가격이 오르자 파기되는 계약이 90%에 달하고 있다"라고 보도하고 있다.

관한 연구를 수행하였으며, 장하성(2000)은 코스닥지수를 기반으로 한 선물상품 개발에 관한 연구를 하였다. 농산물 가격지수와 관련하여 Yang and Koo(1995)는 5가지 품종으로 구성되어 있는 미국의 밀 가격의 지수화 가능성을 분석하였다. 국내 농산물 관련 지수로는 Fisher의 Ideal Price Index방식을 통해 개발된 GPI(가락시장 농수산물 표준가격 지수, 2000)가 있다.

GPI는 한국의 대표적인 농산물 시장의 가격지수이지만, 지수 산정을 위해 필요로 하는 거래수량이 파악되지 않는 최근 1개월은 전년 동기의 거래수량을 이용하고 이후에 수정하므로 선물거래를 위한 지수로는 적당하지 않다. 또한 GPI의 품목군이 너무 커서 김치와 같은 특정한 상품의 대상지수로 적절하지 않는 점도 있다.

Ⅱ. 김치생산 현황 및 구조 분석

최근 식문화의 지속적인 변화로 인해 가정에서 만드는 김치의 수가 빠른 속도로 감소하고 있다. 농협 경남지역본부에서 실시한 조사결과에 따르면 2003년도 도시지역 주부의 42%가 김장을 하지 않을 것이라고 조사되었다(농수축산신문, 2003. 10. 20). 또한 김장에는 세대간 격차가 발생하여 50대 이상 주부의 절대다수가 김장을 계획하고 있는 반면, 20대의 62.9%, 30대 46.1%가 김장 계획이 없다고 밝혔다[2]. 이러한 변화는 향후 공장산 김치시장의 확대를 가늠하게 하는 현실적인 지표라 할 수 있다.

채소류의 대부분은 노지에서 생산됨에 따라 기상과 병충해의 영향을 크게 받아 커다란 가격 등락폭을 나타낸다. 〈표 1〉에서 보는 바와 같이, 특히 배추, 무, 생강, 파 등은 60%에 달하는 가격변동률을 보이고 있으며, 태국산 장립종쌀(20%), 미국산 옥수수(15.6%)에 비해 월등히 높음을 알 수 있다. 이렇게 높은 가격변동은 채소 생산농민뿐만 아니라, 유통업체, 김치 생산업체 등

2 www.chosun.com 2003. 10. 26

산업 전반에 걸쳐 경영상의 커다란 위험으로 작용하고 있다. 김치 생산업체는 가격변동의 위험을 회피하기 위해 선도거래, 산지 직거래, 자체 생산 등의노력을 기울이고 있지만 합리적이고 완벽한 대안은 되지 못하고 있는 것이 현실적인 문제점이다.

표 1. 김치원재료 가격 동향(1992.1.3 - 2002.12.31: 가락동 도매시장 일일자료)

	배추5ton(상)	무5ton(상)	건고추600g(상)	마늘1kg(상)	생강20kg(상)	파1kg(상)
변이계수*	0.64	0.62	0.21	0.45	0.56	0.58

주: *는 변이계수 = 표준편차/평균

이러한 가격의 극심한 변동에는 생산부분의 극심한 변동이 주원인이다. 〈표 2〉에서 보는 바와 같이 연도별 김치 원재료의 생산현황은 매년 많은 변동을 보이고 있다. 이는 이들 품목의 생산주기가 짧고, 가격변화에 따라 투기적으로 생산의사결정이 이루어지고 있기 때문이라 할 수 있다.

표 2. 김치 원재료 생산 현황(단위: 1,000톤)

0.15pt	1996	1997	1998	1999	2000	2001	2002
배추	2,793	2,479	2,496	2,289	2,689	2,804	2,139
무	1,554	1,276	1,395	1,232	1,507	1,502	1,201
건고추	218	201	147	215	194	180	193
마늘	456	394	394	484	474	406	394
파	523	485	500	606	-	-	
생강	28	33	47	39	-	-	

자료: 농림부 주요통계 (2003)

김치 생산업체 수는 1996년을 기준으로 급격히 증가(전년 대비 200% 증가)하고 있다(표 3). 2000년도 김치 생산의 비율은 가정생산 59%, 공장 34%, 요식업체 7% 정도이다.[3] 2002년 현재 공장김치 생산량은 50만 톤이며, 매출액 약 5,000억 원의 규모를 나타내고 있다.[4] 향후 가정을 중심으로 김치를 구

3 이계임, 최지현, 안병일, 〈김치수요의 변화와 전망〉, 2000. 12, 한국농촌경제연구원 연구보고.
4 민동원, "한국음식의 상품화 · 국제화 전략", 2003. 5, 삼성경제연구소 참조.

매하는 식문화가 확산되고, 요식업체의 공장김치 수요가 증가하면 현재 5천억 원 규모의 김치시장이 지속적으로 증가할 것으로 예상된다.

표 3. 김치 제조 업체수 현황(단위: 개소)

	1992	1993	1994	1995	1996	1997	2003
김치업체 수	160	174	183	200	402	459	546

자료: 1997년 까지 식품유통연감 (2003) 참조
2003년 민동빈, "한국음식의 상품화 · 국제화 전략", 2003. 5, 삼성경제연구소

연도별로 김치 수요량은 1998년 159만 톤을 기점으로 조금씩 줄어들고 있는 추세를 보이고 있지만, 전체인구의 증가에 따라 연간 총 수요량은 150만 톤 정도로 유지될 것이다(표 4).

표 4. 연도별 김치 수요량 예측과 소비비율 추정결과

연도	연간 총 수요량 (톤)	1인당 1일 수요량 (g)	인구수 (천 명)	공장김치 소비량	연간수요량중 공장 김치비율
1997	1,504,401	91.07	45,258	417,385	27.7
1998	1,595,285	95.94	45,556	455,405	28.5
1999	1,570,900	93.88	45,844	473,314	30.1
2000	1,556,621	92.47	46,120	487,405	31.3
2001	1,542,507	91.11	46,384	507,792	32.9

자료: 한국식품개발 연구원, "김치산업 육성에 관한 연구"(2001)

〈그림 1〉에서 보는 바와 같이 공장김치의 비중은 매년 꾸준히 증가하고 있다. 향후 공장김치가 가정김치를 대체하여 지속적으로 증가할 것으로 전망된다.

전체 김치 중 공장김치의 소비형태를 보면 일반시판, 단체급식, 관 · 군납, 수출 순으로 비중이 크며, 유통업체나 홈쇼핑 등을 통해 가정으로 판매되고 있는 비중이 전체의 64.5%를 차지하고 있다(표 5).

김치 수출은 1999년에 들어 큰 폭으로 상승했으며, 전체 수출의 95% 정도를 일본으로 수출하고 있다(표 6). 이는 1990년대 일본의 건강식품 붐에 김치가 부응하면서 일본 내 수요가 급증 한 것이 가장 큰 원인으로 꼽히고 있다.

그림 1. 연도별 김치 수요량 예측과 소비비율 추정결과

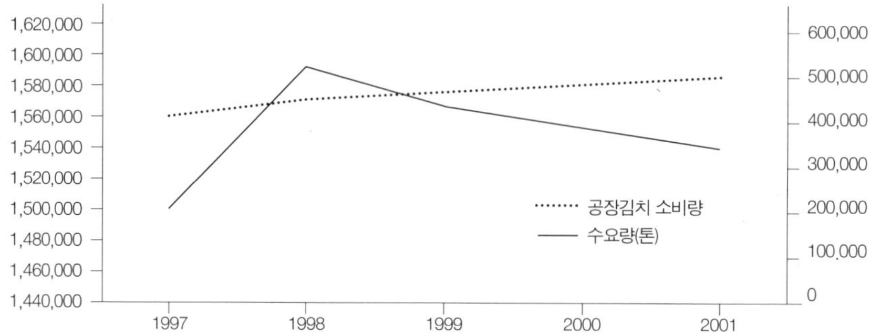

표 5. 김치 소비 및 소비형태 (단위: 톤, %)

연도별	단체급식	일반시판	관,군납	수 출	합계	연간증가율
1997	89,990	267,873	47,453	12,069	417,385	-
1998	94,490	296,970	48,006	15,939	455,405	9.1
1999	96,380	302,761	49,612	24,561	473,314	3.9
2000	96,380	312,412	51,596	27,017	487,405	3
2001	96,380	328,033	53,660	29,179	507,792	4.2

자료: 식품유통연감 (2003)

표 6. 김치 수출 동향

구분		1996	1997	1998	1999	2000	2001	2002	2003(추정)
전체	물량(톤)	10,786	12,069	15,939	24,561	23,433	23,785	29,213	
	금액(천달러)	39,420	39,691	43,743	78,840	78,847	68,731	79,318	90,000
일본	물량(톤)	9,759	11,226	15,229	23,816	22,261	22,200	27,109	
	금액(천달러)	36,662	37,648	42,236	77,038	76,463	65,028	74,162	83,700

자료: 관세청, 조선일보, 식품유통연감(2003), KOTIS

특히 2003년의 수출증가는 전년대비 18.3%의 증가를 보이고 있는데, 이는 SARS(급성호흡기 증후군)의 영향으로 김치가 효과적인 예방식품으로 인정받으면서 수출이 증가하였다[5](그림 2).

5 과학기술부 프론티어사업단인 미생물유전체활용기술개발사업단은 김치 유산균 2종에 대한 유전체 염기서열을 해독하는 데 성공했으며, 김치의 발효과정에서 생성되는 유익한 박테리아는 유해 미생물을 퇴치하는 효과가 있고, 감염 억제 효능도 있다고 발표했다. 또 김치가 사스 감염을 막아낼 정도로 면역증진 효과가 있다고 보고되었다.(머니투데이, 2003. 7. 10)

그림 2. 김치 수출 동향

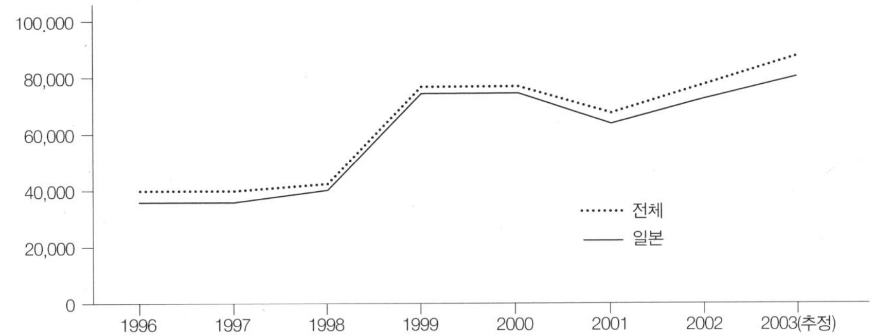

2004년 김치수출액은 신선농산물 가운데 단일품목으로는 처음으로 1억불 수출을 이루었으며(식품저널 2004. 12. 27), 향후 김치의 수출은 업계와 농림부의 지속적인 노력과 한국문화의 세계화가 진행됨에 따라 꾸준한 상승세를 이어갈 것으로 판단된다. 2005년에도 이러한 상승추세는 지속될 것으로 전망되며, 이는 김치수출업체의 원자재 가격변동에서 오는 위험관리기구의 필요성이 그만큼 증가한다는 것을 의미한다.

1990년대 후반까지 미미했던 김치 수입은 2000년에 들어서면서부터 급격하게 증가하기 시작했다. 특히 2003년의 증가세는 전년대비 1,915.5%로 나타나 매우 급 격한 성장추세를 보이고 있다(표 7). 이는 값싼 김치를 필요로 하는 단체 급식과 김치 가공식품의 증가가 원인이 되고 있다. 또한 수입

표 7. 김치 수입 동향

		1998	1999	2000	2001	2002	2003.11
일본	물량(톤)		2	6	0.3	-	-
	금액(천달러)		7	25	3	-	-
중국	물량(톤)	10	90	467	393	20	-
	금액(천달러)	5	33	177	195	33	-
불명	물량(톤)		0.008			9	-
	금액(천달러)		0			6	-
계	물량(톤)	10	92.2	473.2	393	-	-
	금액(천달러)	5	40	202	199	469	8,984

자료: 관세청, 식품유통연감(2003)

산 김치의 국산 둔갑으로 인한 국내 김치 시장 교란에 대한 합리적인 대안이 필요한 시점이라 할 수 있다.

현재 김치업계는 국내적으로는 업체간의 과당경쟁, 원료농산물의 극심한 가격 변동, 높은 가격 경쟁력을 가진 중국산 김치 원료 농산물의 수입과 완제품 김치의 수입으로 몸살을 앓고 있으며, 국제적으로는 수입 측의 가격하락 요구, 수출가격 설정의 어려움, 중국산 저가 김치의 국제시장 공략 등 다양한 형태의 어려움에 처해 있다. 하지만 김치는 한국의 식문화를 대표하는 식품으로서 국제적인 공인을 받았으며, 정부와 한국농수산식품유통공사의 후원을 받아 해외시장 개척에 노력을 기울이고 있다. 이와 함께 국내 식문화의 변화로 인해 국내 김치시장의 규모도 꾸준한 상승세를 보이고 있다.

이러한 시점에서 김치 원재료의 안정적인 수급은 김치 생산자뿐만 아니라 원재료를 생산하는 농민에게도 중요한 문제라 할 수 있다. 그러나 일반 공산품에 비해 생산이 기후 변동에 의해 지대한 영향을 받으며 그에 따른 수급의 불균형이 커다란 가격변동으로 이어지고 있다. 이런 상황에서 김치업계는 선도거래, 직접생산, 직거래 등 각 업체만의 다양한 위험회피 전략을 통해 가격위험에 대처하고 있다. 하지만 이러한 방법들은 김치 생산자와 원료 농산물 생산농민 모두에게 충분히 효율적이고 효과적인 방안이 되지 못하고 있으며, 예상치 못한 상황에 대해서 온전히 책임을 져야하는 어려움이 있다. 따라서 김치의 원료 농산물을 안정적으로 수급하기 위한 합리적이고 과학적인 대안이 제시되어야 하며, 이는 정부의 개입을 최소화하고 시장원리를 바탕으로 하는 채소류 선물시장이 필요한 이유가 될 것이다.

Ⅲ. 김치선물상품 상장에 대한 인식도 조사

본 연구에서는 김치를 생산하고 있는 업체를 대상으로 설문을 실시하여 김치업계의 현실적인 상황을 파악하고 김치지수선물에 대한 인식도를 조사하였다. 설문조사는 전체 546개 김치생산업체 중 종업원 수 15인 이상의 100여 업체를 대상으로 우편조사와 방문조사를 통해 실시하였다. 응답률은 40% 정도이며, 답변 업체의 전국적인 분포는 서울 8%, 경기 21%, 충청 15%, 강원 18%, 전라 15%, 경상 21%, 기타도서 3%로 나타나고 있다. 생산규모의 분포는 〈표 8〉과 같다.

표 8. 김치생산업체 생산 규모

생산량	1000톤 미만	1000톤~2000톤	2000톤~3000톤	3000톤 초과
업체수	18	5	4	6

주: 생산규모에 답변한 업체는 33개 업체임

답변업체의 생산 기간은 최소 1년에서 최장 25년, 규모는 최저 180톤(연간), 최대 8000톤(연간)에 이르는 분포를 보이고 있다. 김치생산 종류는 배추 80%, 무 12%, 기타 8%로 나타났으며, 응답 업체의 50%가량이 김치산업의 수익성을 긍정적으로 평가하고 있다. 향후 시장규모는 5년 후 8100억 원(평균), 10년 후 1조 3천억 원(평균)으로 예상하였다.

그림 3. 김치 업체 경영시 애로사항

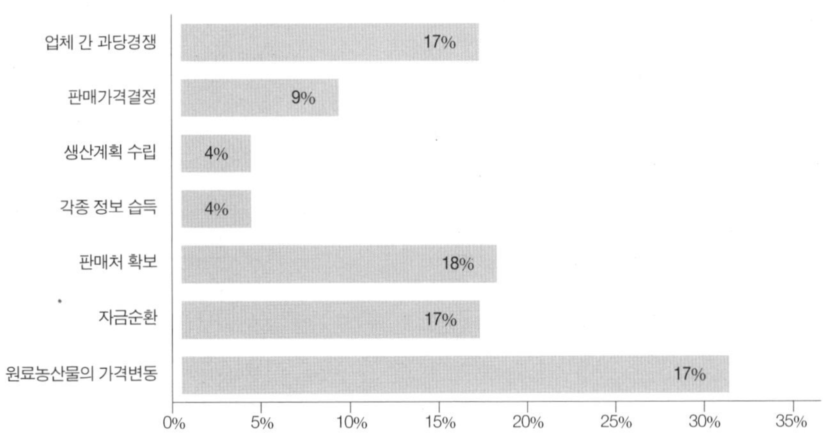

〈그림 3〉에서 보는 바와 같이 김치 생산업체가 가지는 경영상의 중요한 애

로사항으로는 원료농산물의 가격변동이 가장 크게 나타났으며,[6] 98%의 응답자가 원료 농산물 가격 변동이 순이익에 미치는 영향이 매우 크다고 응답하고 있다(그림 4).

그림 4. 원료 농산물 가격 변동이 업체 순이익에 미치는 영향

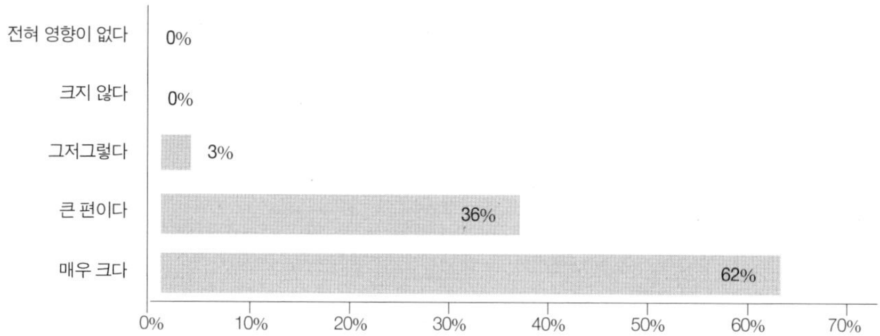

김치 업체들이 주로 선택하고 있는 원재료 구매 방식으로는 산지 직거래, 선도거래, 계약재배를 주로 이용하고 있었으며, 이는 각 업체별로 다양한 방식으로 가격 위험을 관리하고 있는 것으로 분석할 수 있다(그림 5).

그림 5 원재료 구매 방식

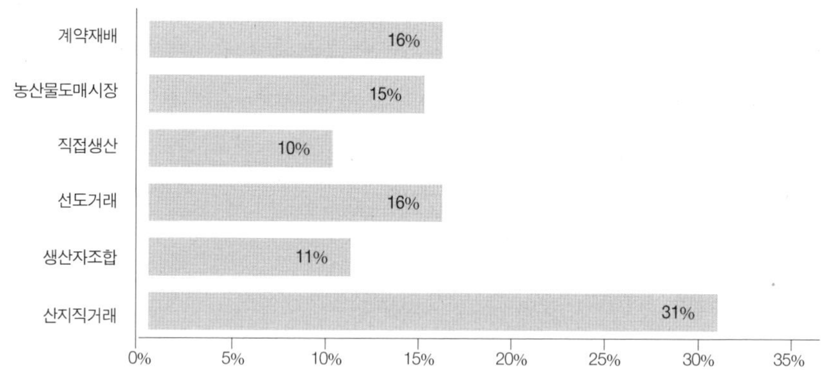

6 김치업체가 당면하는 가장 큰 애로 중 하나는 작황변동에 따른 원료 확보의 문제를 들 수 있다. 이러한 문제는 궁극적으로 원료가격의 폭등에 따른 가격위험으로 표출될 것이다.

이 중 산지직거래는 선도거래를 통해 원료농산물을 수집, 공급하는 산지 수집상을 포함하고 있으므로 선도거래를 통한 거래 비중은 더 높다고 볼 수 있다. 선도거래 이용 이유로는 가격 위험 회피(43%), 안정적 구매처 확보(50%)로 나타났다. 한편 계약 시 가격예측의 어려움과 대체 방안의 부재 등이 선도거래와 관련된 불만사항으로 나타났다. 김치 원재료 가격정보는 주로 농산물 도매시장(60%), 산지 수집상(23%)에서 얻는 것으로 나타났다.

주된 김치 판매대상으로는 수출(18%), 유통업체(27%), 급식업체(34%), 음식점(11%), 가정(10%)으로 나타났다(그림 6).

그림 6. 주된 김치 판매 대상

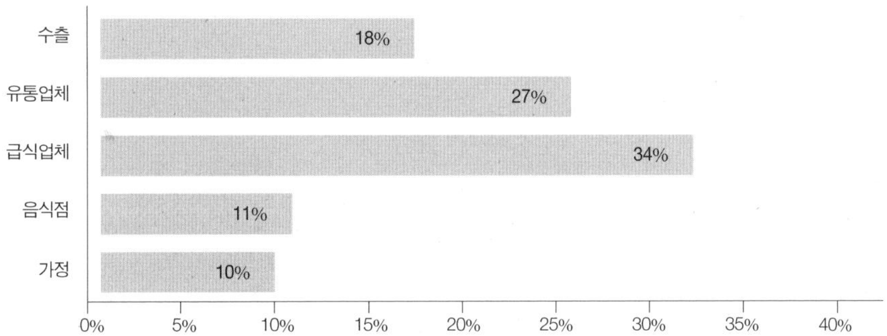

원재료 저장기간은 1개월 37%, 2개월 30%, 3개월 이상은 33%로 나타났으며, 이 중 3개월 이상도 100일 정도 저장이 주된 답변이었다. 원료 특성상 장기보관의 어려움을 잘 보여주고 있으며, 특히 고춧가루, 소금 등의 부원료보다는 주원료가 되는 배추, 무 등 채소류의 경우에 장기 보관이 어려운 것으로 볼 수 있다.

선물거래에 관한 배경 지식을 묻는 질문에 약 90%의 응답자가 선물에 대해 익숙하지 않다고 답변하고 있다. 그러나 김치선물이 상장되었을 경우 이용의사에 관한 질문에서는 79%가 이용의사를 밝히고 있다(그림 7).

설문 분석의 결과는 2장 김치생산현황 및 구조분석에서 분석하고 있는 김치생산 현황과 구조분석의 결과와 크게 다르지 않음을 볼 수 있다. 원료농산물의 높은 가격 변동이 업체 경영에 가장 큰 애로사항으로 인식되고 있으며, 가격 변동에 대처하기 위한 각 업체들만의 원료 구매방식이 있음을 알 수 있다. 또한 이러한 현실에 대처하기 위한 합리적인 수단으로 선물거래를 이용할 뜻이 있음을 보여주고 있으며, 선물거래에 대한 이해의 수준을 높인다면 이용의사는 더 높게 나타날 것으로 판단된다.

그림 7. 김치 선물 이용 의사

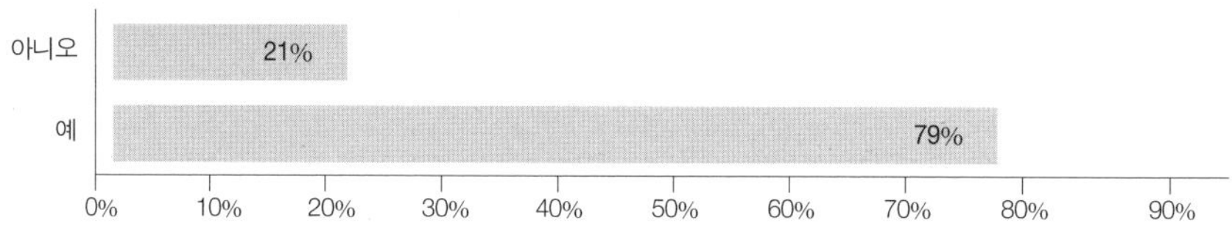

Ⅳ. 김치지수의 개발

현재 김치생산과 관련된 김치생산업체, 김치수입업체, 김치원료 생산농민, 도매상인 등은 불안정한 채소가격 위험에 노출되어 있다. 이에 대한 헤지 수단으로서 선물상품을 도입하기 위해서 김치지수의 개발은 필수적이라 할 수 있다. 가격지수란 시장에서 거래되는 모든 상품의 가격을 일정한 기준에 따라 평균한 통합적인 가격수준을 의미하며, 물가지수는 물가의 움직임을 한눈에 알아 볼 수 있게 하나의 숫자로 나타낸 것이다(한국은행, 2000). 즉, 가격 지수는 여러 가지 품목들의 가격을 평균화하여 통합한(aggregate) 개념이라 할 수 있다.

Varian(1992)은 상품들 간 통합의 전제조건으로 첫째, 효용함수의 함수적 분리성(functional separability), 둘째, 가격 변동에 대한 힉스의 통합화(Hicks' aggregation)를 제시하고 있다. Gorman(1959)은 완벽한 가격 지수가 성립되기 위해서는 동조성을 가지는 하부 효용함수(sub-utility function) 간에 약 분리성(weak separability)이 존재해야 한다고 말하고 있다. 여기서 약 분리성은 어떤 상품 묶음을 구성하고 있는 품목들은 효용함수 내의 다른 품목(군)들과 함수적으로 분리될 수 있어야 한다는 것이다. 이는 김치지수의 경우 김치를 구성하는 품목군인 배추, 무, 고추, 마늘, 파, 생강으로 구성된 효용함수가 동조적 분리성을 가져야 한다는 것이다. 현실적으로 해당 품목들의 효용함수를 추정하고, 그 함수들의 동조적 분리성을 검정하는 것은 어려운 일이다. 하지만 직관적으로 김치를 구성하고 있는 품목들은 여타 품목(군)들과 분리된 효용함수를 가지고 있다고 할 수 있다.

Hicks의 통합화는 어떠한 제품을 구성하고 있는 품목들의 가격이 일정한 동일 비율로 움직인다면 해당 가격들을 대표할 수 있는 가격지수가 존재할 수 있다는 것을 제시하고 있다. 여기서 가격의 비율적 움직임(등락)은 장기균형(long-run co-movements)을 의미한다. 즉 각 품목들의 가격이 단기에는 균형을 이루지 못할 수 있지만, 장기에 균형을 이루고 있다면 이는 가격의 비율적 움직임을 만족시킬 수 있다는 것이다(Yang and Koo 1995).

본 연구에서는 힉스의 통합화(Hicks' aggregation)를 통해 김치지수의 지수화 작업이 이론적으로 가능한가를 검증하였다. 힉스의 통합화를 통한 검증을 위해서는 김치지수를 구성하는 각각의 가격들 간에 장기적 균형이 있는 가를 검정해야 하므로 공적분 분석을 통해 이를 분석한다. 해당 자료가 시간의 변동에 따라 변동하는 비정상성을 가질 수 있는 시계열 자료들인 것을 감안하여 시계열자료의 정상성을 판별하는 단위근 검정이 우선적으로 필요하다.

분석모형은 각각 가격 자료의 단위근 검정을 위해서 ADF(augmented Dickey and Fuller)를 이용하며, 공적분 분석은 최대 특성근 검정(maximum eigenvalue test)를 선택하였다.

공적분 분석은 두 경우로 나누어 이루어진다. 이는 지수 개발 시 김치의 주재료 군으로 분류되는 배추, 무, 고추, 마늘 4가지 품목의 지수 시나리오와 주재료와 부재료를 포함시킨 배추, 무, 고추, 마늘, 생강, 파 6가지 품목으로 구성된 시나리오를 고려하기 때문이다(표 9).

본 연구에 이용된 가격 자료는 1992년 1월 3일부터 2002년 12월 31일까지의 가락도매시장 일일가격 데이터이다(표 10). 배추와 무는 5톤 트럭의 가격,

건고추 1근, 마늘 1kg, 생강 20kg, 파 1kg의 가격을 이용하였으며, 각 품목들의 품질은 상품으로 분류된 것을 기본으로 하였다.

표 9. 공적분 모형

	모 형
모형 1	배추, 무, 고추, 마늘
모형 2	배추, 무, 고추, 마늘, 생강, 파

표 10. 표본의 기초 통계량(단위: 원)

	표본수	최대	최소	평균	편차	변이계수
배추	3252	7,500,000	350,000	1,980,691	1271474	0.64
무	3252	8,830,000	375,000	1,882,337	1175290	0.62
건고추	3252	7,075	2,625	4,762.477	993.5393	0.20
마늘	3252	6,400	500	1,914.969	862.0072	0.45
생강	3252	200,000	14,000	65,157.57	36530.68	0.56
파	3252	4,700	225	1,334.137	770.738	0.57

단위근 검정결과는 〈표 11〉에 나타나 있다. 검정결과 배추, 무, 마늘, 파는 1% 유의수준에서 정상적으로 나타났으며, 고추는 5%, 생강은 10%에서 각각 유의하게 정상적인 것으로 검정되었다. 결과적으로 본 연구에서 이용하는 시계열자료들은 관행적인 유의수준에서 모두 정상적인 시계열임을 알 수 있다.

〈표 11〉에서 보여주고 있는 결과는 여섯 품목의 가격 자료가 모두 안정적인 시계열임을 나타내고 있다. 이 결과는 여섯 품목의 가격 자료들이 당연

표 11. ADF 단위근 검정결과

	Level
배추	-5.449067***
무	-5.106750***
고추	-2.906172**
마늘	-3.490795***
생강	-2.643081*
파	-6.420681***

*** 1%, ** 5%, *10% 수준에서 통계적으로 유의함

히 장기 균형을 이루고 있음을 시사해 주는 것이다.

김치지수선물 개발을 위해 세 가지의 기본원칙을 통해 각 상황별로 지수를 산정한 후 IOSOC[7]에서 제시하고 있는 지수선정기준에 의해 최종적으로 전체 시장을 가장 잘 설명하고 있는 지수를 선정하였다.

1. 지수구성품목 선정의 원칙

김치를 대표할 수 있는 품목으로 지수를 구성하기 위해 본 연구에서는 CODEX(국제식품규격)에 의해 정의된 품목을 기준으로 지수를 구성하였다. 그 품목으로는 주재료군 배추, 무, 마늘, 고춧가루와 부재료군 생강, 파 등 모두 여섯 품목으로 결정하였다. 이들 품목들은 생산량의 상당량이 김치 생산에 이용되고 있다.

2. 지수산정방식 선정의 원칙

본 연구에서 개발하고자 하는 지수는 CODEX 규격에서 정의하고 있는 품목을 이용하게 되므로 향후 품목 변동에 의한 지수 왜곡현상이 자연스레 해결된다. 지수 산정 방식은 가락시장 물량자료의 불확실성으로 인해 발생 할 수 있는 왜곡 현상을 방지하기위해 Laspeyres[8]식을 선정하였다.

3. 품목별 가중치 선정 기준

품목별 가중치는 설문을 통해 결정된 가중치와 가락시장에서 운영 중인 김장지수에서 이용하고 있는 시장 거래금액의 품목별 구성비를 이용하였다. 시장 상황을 가장 잘 설명할 수 있는 지수개발을 위해 품목과 가중치에 변화를 주어 각각의 방식별로 지수를 산정하였다.

---

7 IOSCO는 파생상품시장과 현물시장 간 조화문제에 대한 연구논문을 통해 지속적으로 관련 정책들을 제시해 왔으며, 신지수 개발 시 고려할 기준을 제시하고 있음

8

$$\text{Laspeyres Price Index} = \frac{\sum_{i=1}^{n} \text{비교년도}i\text{상품가격} \times \text{기준년도}i\text{상품수량}}{\sum_{i=1}^{n} \text{기준년도}i\text{상품가격} \times \text{기준년도}i\text{상품수량}} \times 100$$

ⅰ. Codex 4-1 : 설문을 통한 가중치

(배추×55%) + (무×10%) + (건고추×20%) + (마늘×15%) = 100

ⅱ. Codex 4-2 : 김장지수와 동일한 가중치

(배추×34%) + (무×9%) + (건고추×44%) + (마늘×13%) = 100

ⅲ. Codex 6-1 : 설문을 통한 가중치

(배추×55%) + (무×10%) + (건고추×20%) + (마늘×5%) + (생강×5%) + (파×5%) = 100

ⅳ. Codex 6-2 : 김장지수와 동일한 가중치

(배추×33%) + (무×8%) + (건고추×41%) + (마늘×13%) + (생강×3%) + (파×2%) = 100

네 가지 가중치 모형의 선정기준은 각 지수를 구성하는 품목별 가격과의 상관관계를 고려하여 선정하였다. 이는 지수와 가격 간의 상관관계가 높을수록 해당 지수가 가격과 시장을 잘 설명하고 있는 것으로 볼 수 있기 때문이다.

각 가격 간의 상관관계에서 김장지수와의 상관관계는 본 연구에서 개발된 지수와 비교를 위해 포함하였으며, 시장에서 발표하는 김장지수[9]가 한 시적이므로 Laspeyres식을 이용하여 다시 산정하였다(표 11). 전체적으로 시장을 잘 설명하고 있는 지수는 김장지수와 동일한 가중치를 통해 산정된 Codex 4-2와 Codex 6-2이며, 비교를 위해 포함시켰던 김장지수는 가장 시장의 움직임을 잘 설명하지 못하고 있는 것으로 분석되었다.

지수선정기준은 IOSOC에서 발표한 기준과 본 연구의 특성을 동시에 감

9 (배추×26.14%)+(무×6%)+(건고추×33.42%)+(마늘×10.16%)+(생강×0.73%)+(당근×1.02%)+(파×2%)+(굴×6.72%)+(새우젓×13.24%)=100

안하여 선정하였다.

표 11. 지수와 각 가격 간의 상관관계

지수	Codex4-1	Codex4-2	Codex6-1	Codex6-2	김장지수
배추	0.96	0.88	0.93	0.83	0.96
무	0.78	0.78	0.79	0.75	0.79
건고추	0.08	0.28	0.09	0.24	0.21
마늘	0.17	0.19	0.03	0.23	-0.22
생강			0.08	0.05	-0.14
파			0.39	0.38	0.25

ⅰ. 시장전체를 대표할 수 있는 대표성과 객관성

지수 구성 품목이 국제적인 공인을 받아 정의된 것을 기본으로 하고 있으며, 각 품목들의 시장 규모에 비례해서 잘 설명하고 있다.

ⅱ. 특정 소수 품목이 지수 전체에 미치는 영향이 너무 크지 않아야 함

상관관계에서 나타나는 것처럼 각 품목이 시장 규모에 비례해서 비중을 차지하고 있다.

ⅲ. 각 상품의 시장규모에 비례하는 상관관계

김치 구성요소 중 가장 중요한 배추가 가장 큰 비중을 차지하고 있다.

ⅳ. 시장 정보가 지수에 즉시 반영되어야 함

본 연구에서는 기준 시점의 수량을 가중치로 고정하는 Laspeyres식 지수 산식을 이용하므로 가격변동에 관한 시장 정보가 빠르게 지수에 반영될 수 있다.

ⅴ. 지수자체의 변동성

지수자체의 변동성은 시장의 유동성과 투기자를 끌어들이는 중요한 요인이라 할 수 있다.

이상의 다섯 가지 기준에 의해 선정된 지수 산정 방식은 Codex 6-2이다. 해당 방식은 여타 방식보다 대표성, 각 가격과의 합리적인 상관관계 등이 높게

나타나고 있다.

V. 김치지수 선물의 상장 타당성 분석

본 연구에서는 신규 선물상품의 선정시 고려사항인 가격 변동성, 현물시장 규모, 가격 결정의 경쟁성 및 시장구조, 정부의 시장 개입정도의 4가지 기준으로 김치지수선물의 상장 가능성을 분석하였다.

1. 가격 변동성

본 연구에서는 지수 구성품목의 가격 변동성과 지수 자체의 변동을 동시에 고려하게 된다. 지수 구성 품목의 가격 변동성은 〈표 1〉에 나타나 있는 것처럼 매우 높은 변동성을 가지고 있다. 이러한 변동성은 Treat(1990)에 의한 선물상품으로 성공하기 위한 기준인 20%를 크게 웃돌고 있으며, 상장 관련 기존의 연구보다도 월등히 높은 변동성을 지니고 있다.[10] 또한 전체표본기간(1993. 1. 3-2002. 12. 31)을 대상으로 개발된 김치지수선물 자체의 변동성도 26%로 높은 변동성을 보이고 있다.

2. 현물시장규모

2002년 현재 김치시장은 50만 톤의 생산과 5000억 원의 시장 규모를 가지고 있으며, 원재료 시장 규모는 배추, 무, 고추, 마늘 4가지 품목만을 고려 할 경우에 2조 2천억 원에 이르고 있다. 또한 나머지 품목들의 시장 규모를 포함하고 향후 김치시장의 성장을 감안한다면 전체시장 규모는 더 커질 것으로 예상 할 수 있다. 이 규모는 미국산 옥수수(1조 원)보다 크며, 지육돈 시장규모인 3조 2천억 원과 비슷하다. 또한 현재 성공적으로 거래가 되고 있는 일

10 지육돈 17%(서문원 외 1998), 수입원유 16%(윤원철 2000), 미국산 옥수수 15.5%(임성수 외 2001)

본의 미국산 옥수수 시장규모인 약3조 원과도 비슷한 규모이다.

3. 가격 결정의 경쟁성 및 시장구조

현재 김치지수를 구성하고 있는 품목들의 대표가격은 농산물 도매시장에서 경매를 통해 이루어지고 있다. 김치지수 선물시장에 헤저로 참여 할 수 있는 대상으로는 500여 김치생산업체, 김치수입업체, 김치원재료 생산 농민, 도매시장상인, 중개인 등을 들 수 있다. 이들 중 대형 김치업체나 도매상들이 가격 지배력을 가지고 있다고 볼 수 없으며, 이들 역시 생산 농민과 마찬가지로 가격 순응자이다. 즉 시장 담합을 통해 가격 결정에 영향력을 미칠 수 있는 지배력을 가진다고 볼 수 없다.

4. 정부의 시장 개입 정도

채소가격은 소비자 물가에 큰 영향을 미치기 때문에 정부는 가격의 등락폭이 심해지거나, 그것이 예상될 경우 정부가 직접 수매하는 등의 경우도 있다. 예를 들면 정부는 채소수급안정화사업을 통하여 채소류의 생산조정 및 출하조절을 실시함으로써 농가의 소득을 안정적으로 보장하고 채소류의 수급 및 가격을 안정시키는 정책을 운영하고 있다. 그러나 이 정책이 제한적인 효과를 얻고 있음에도 불구하고 배추나 무 등 김치 원재료들의 가격변동성은 보다 효과적인 헤지 수단을 요구할 만큼 크다고 할 수 있다.

5. 타당성 분석 결과

김치지수선물의 상장 타당성을 검증하기 위해서 가격변동성, 현물시장의 규모, 가격 결정의 경쟁성 및 시장구조, 정부의 시장 개입 정도를 살펴보았다. 그 결과는 채소를 기본 품목으로 하는 김치지수선물의 상장 가능성은 충분한 것으로 분석되었으며, 기존에 연구되거나 현재 거래중인 선물상품보다 상장 가능성이 높은 것으로 볼 수 있다(표 12).

표 12. 김치 지수 선물시장 상장 가능성 분석 결과

선정기준	분석 결과	고려사항
가격 변동성 현물시장 규모 가격결정의 경쟁성 및 시장구조 정부의 시장 개입정도	○ ○ ○ ○	높은 가격 변동성 충분한 현물시장 규모 완전경쟁적 시장 구조 정부정책의 영향력 작음
종합 평가	○	상장 가능성

Ⅵ. 결론

본 연구에서는 첫째, 김치산업의 현황을 파악함으로써 그 현실 속에서 함의를 찾고 그에 맞는 합리적인 대안을 제시하고자 했으며, 둘째, 합리적인 대안으로 김치를 구성하고 있는 품목들을 기본으로 하여 김치지수선물을 개발하고 그 지수를 대상으로 선물상품화가 가능한가를 검증하고 있다.

농산물을 대상으로 하는 선물 상품에 대한 연구가 꾸준히 이루어지고 있는 상황에서 가격의 변동성이 어떠한 상품보다도 높고, 선물상품으로서의 여건도 충분하지만 그 시장규모로 인해 상장가능성이 희박해 보였던 채소류에 대한 고민에서 시작하였다. 그리고 현실적인 가능성을 한국을 대표할 수 있는 김치라는 식품에서 찾게 되었고, 그 범위를 채소시장에서 김치시장으로 현실화 하였다. 범위를 현실화하고 난 후 김치산업의 현황을 파악하고, 김치생산업체들의 현실적인 인식도 조사를 통해 김치지수선물의 필요성을 확인하였다.

이에 따라 CODEX 규격에서 정의하고 있는 김치 구성 품목에 근거하여 김치지수를 개발하였고, 본 연구를 통해 개발된 지수는 이론적 기준, 해당 시장을 잘 설명할 수 있는지의 여부, 선물지수로서 요구되는 기준에 합당하게 부합하고 있는 것으로 나타났다. 또한 상장 타당성 분석을 통해 상장 가능성이 있음을 보이고 있다.

선물시장은 농산물의 거래로부터 시작된 역사를 가지고 있으며, 현재 해외에서 성공적으로 거래되고 있다. 이것은 농산물이라는 상품의 시장이 그만큼 완전경쟁시장에 가까우며 생산자의 헤지 수요가 높다는 것을 반영하고 있는 것이다. 현재 한국의 농업상황은 체질개선과 시장 개방의 압력에 몸살을 앓고 있어 건국 이래 가장 힘겨운 시기를 맞고 있다. 이 장에서는 현실적인 어려움을 타개할 수 있는 대안으로서 선물시장을 이용할 수 있는 상품을 제시하고 그 상장 가능성을 검토하였다는 데 의의가 있다. 이 장에서는 김치 생산자뿐만 아니라 채소 생산자를 위한 합리적인 대안을 제시하고 있다. 특히 한 가지 품목이 아니라 다수 품목을 대상으로 지수화하여 선물상품화에 대한 대안을 제시하고 있어 향후 농산물과 관련된 품목들의 지수선물상품에 관한 선행 연구로서도 의의가 크다고 할 수 있다.

참고문헌

강태훈, 〈쌀 선물거래의 타당성과 상품설계〉, 《동계심포지움 발표논문집》, 한국농업경제학회, 2003.

김원희, 〈주가지수에 관한 연구〉, 《경영논총》 제33권, 1990.

김정훈, 〈주가지수선물 대상지수 선정에 관한 연구〉, 석사학위논문, 고려대학교 대학원, 1993.

노재선·이경원, 〈농산물 상품선물의 상장가능성 검토 및 추진방안〉, 《하계심포지움 발표논문집》, 한국농업경제학회, 1998.

노재선·양승룡, 《옥수수선물 상장타당성 연구》, 한국상품선물연구회, 2002.

노재선·윤원철·윤병삼·남상정·조용택, 《원유선물의 상장타당성에 관한 연구》, 연구보고서, 한국선물거래소, 2003

민동원, 《한국음식의 상품화·국제화 전략》, 삼성경제연구소, 2003. 5.

서문원, 〈선물거래 현황과 이용 전망〉, 《농업정책연구》 제23권 제1호, 1996.

서문원·정복조·양승룡, 〈돈지육 선물의 상장 타당성 분석과 선물 계약 설계〉, 《농업경제연구》 제39권 제2호, 1998.

서울시농수산식품공사, 《가락시장 농수산물 표준 가격 지수》 지식경영시리즈 제14권, 2000.

석문식·배민정·서현, 〈농협김치 생산과 유통현황〉, 《한국식품유통연구》 제18권 제3호, 2001.

이계임·최지현·안병일, 《김치수요의 변화와 전망》, 연구보고서, 한국농촌경제연구원, 2000.

임성수·홍성규·양승룡, 〈미국산 옥수수의 한국선물거래소 상장 타당성 분석〉, 《농업경영·정책연구》 제28권 제4호, 2001.

양승룡·문진영. 〈상품선물을 통한 가격위험 관리의 효과 분석〉, 《농업경제연구》 제40권 제2호, 1999.

양승룡, 〈농업경영환경의 변화와 파생상품의 역할〉, 《농업경영·정책연구》 제27권 제3호, 2000.

양승룡, 〈농산물 선물의 도입과 과제〉, 대구한국선물포럼, 2002.

윤병삼, 〈국내 선물거래소 설립과 옥수수선물의 상장 타당성에 관한 연구〉, 석사학위논문, 고려대학교 대학원, 1996.

장하성, 《코스닥 대표지수(KOSDAQ 50)개발》, 연구보고서, 고려대학교 기업경영연구원 재무금융센터, 2000.

Abdur R. Chowdhury, "Futures Market Efficiency: Evidence from Coin-tegrati on Tests," *The journal of Futures Markets* 11(5), 1991, pp.577-589.

Robert G. Chambers. *Applied production analysis*. Cambridge University Press, 1998.

Yang, Seung-Ryong and Won W. Koo. "Hicksian Aggregation and Price Dynamics: Tests for a Single Wheat Price Index," *Journal of Rural Development* 18, 1995, pp.227-242.

Treat, J. E. "Futures Past and Present," Energy Futures: Trading Opportunities for the 1990s, ed. by John Elting Treat, PennWell Books. 1990.

농산물 유통의 길을 묻다

초판 발행	2018년 2월 5일
초판 2쇄	2018년 7월 19일
편저자	양승룡
펴낸곳	고려대학교출판문화원
	www.kupress.com
	kupress@korea.ac.kr
	02841 서울특별시 성북구 안암로 145
	02-3290-4230, 4232
	Fax 923-6311
찍은곳	네오프린텍(주)

ISBN 978-89-7641-947-7 93520

값 16,000원

* 잘못 만들어진 책은 바꿔드립니다.